CATALOGUE

DES

COLÉOPTÈRES

DE FRANCE

Par M. le Dᴿ A. GRENIER

ET

MATÉRIAUX POUR SERVIR

A LA FAUNE DES COLÉOPTÈRES FRANÇAIS

PAR

MM. E. ALLARD, Dᴿ Cʜ. AUBÉ, Cʜ. BRISOUT ᴅᴇ BARNEVILLE,
A. CHEVROLAT, L. FAIRMAIRE, Aʟ. FAUVEL, Dᴿ A. GRENIER, Dᴿ KRAATZ,
J. LINDER, L. REICHE ᴇᴛ FÉLICIEN ᴅᴇ SAULCY.

PRIX : 4 FANCS 50 CENTIMES

PARIS

CHEZ M. LE DOCTEUR A. GRENIER, RUE DE VAUGIRARD, 63
ET CHEZ M. LE TRÉSORIER DE LA SOCIÉTÉ ENTOMOLOGIQUE DE FRANCE
RUE SAINT-PLACIDE, 50

6 AOUT 1863

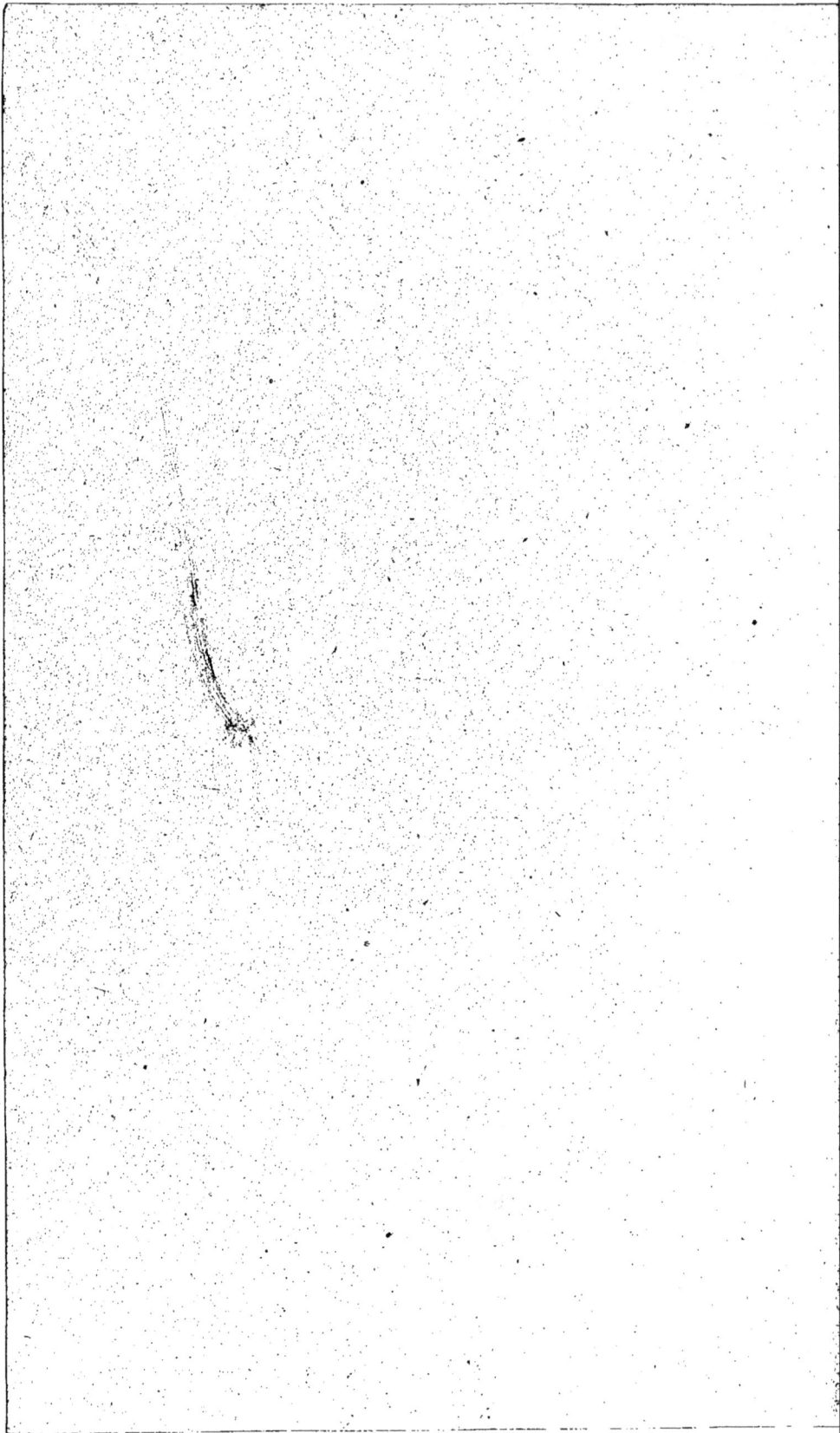

CATALOGUS

COLEOPTERORUM GALLIÆ

AUCTORE

Dr A. GRENIER

3 FR. 75 CENT.

PARISIIS

APUD DOM. L. BUQUET, VIA SAINT-PLACIDE, N° 50
ET Dr A. GRENIER, VIA VAUGIRARD, N° 63

1863

COLÉOPTÈRES

DE FRANCE

IMPRIMERIE DE L. TOINON ET C⁰, A SAINT-GERMAIN.

CATALOGUE

DES

COLÉOPTÈRES

DE FRANCE

Par M. le Dr A. GRENIER

ET

MATÉRIAUX POUR SERVIR

A LA FAUNE DES COLÉOPTÈRES FRANÇAIS

PAR

MM. E. ALLARD, Dr Ch. AUBÉ, Ch. BRISOUT de BARNEVILLE,
A. CHEVROLAT, L. FAIRMAIRE, Al. FAUVEL, Dr A. GRENIER, Dr KRAATZ,
J. LINDER, L. REICHE et FÉLICIEN de SAULCY.

PARIS

CHEZ M. LE DOCTEUR A. GRENIER, RUE DE VAUGIRARD, 63
ET CHEZ M. LE TRÉSORIER DE LA SOCIÉTÉ ENTOMOLOGIQUE,
RUE SAINT-PLACIDE, 50

21 JUILLET 1863

AVANT-PROPOS

Depuis longtemps j'entendais dire, surtout à ceux qui, comme moi, ont restreint leurs études et leurs recherches aux Coléoptères de la France, qu'il serait utile qu'on publiât un catalogue de la faune française ; qu'il était honteux que notre pays fût presque le seul qui manquât de cet ouvrage ; que notre Société aurait dû depuis de longues années prendre cette initiative, puisqu'elle s'intitule *entomologique de France*, etc., etc. J'étais parfaitement de cet avis, et j'attendais toujours que quelqu'un de nos maîtres voulût bien enfin entreprendre ce travail ; mais voyant que personne ne se préparait à commencer, quoique tout le monde reconnût que la chose était avantageuse sinon urgente, je me suis décidé à faire cette assez longue nomenclature, et j'ai l'honneur d'offrir aujourd'hui aux entomologistes français le résultat de mon travail.

La France entomologique n'est point la France politique, c'est-à-dire restreinte en deçà de ses limites naturelles. J'ai donc pensé qu'il fallait embrasser tout ce qui est renfermé entre le Rhin et les Alpes d'un côté, et l'Océan de l'autre, espace baigné au nord par la Manche, au midi par la Méditerranée et séparé de l'Espagne par les Pyrénées. Ainsi, m'embarrassant peu des traités, j'annexe entomologiquement parlant les provinces rhénanes et la Belgique ; mais, par la même raison, j'élimine la Corse, que je considère comme terre italienne plutôt que française.

Voulant faire vite, afin de pouvoir, comme d'habitude, aller explorer quelque partie de notre si riche pays, je n'ai point la prétention d'avoir mis au jour une œuvre scientifique, et peut-être aurais-je dû modestement intituler ce petit livre : Liste des Coléoptères de France. Quoi qu'il en soit, ce catalogue ou cette liste, comme on voudra l'appeler, pourra quant à présent rendre quelques services, j'espère, et plus tard, bientôt peut-être, je le remplacerai par un autre beaucoup plus complet où je compte introduire le plus d'indications possibles.

D'abord j'ai l'intention d'insister sur les synonymies plus que cela n'a lieu ordinairement, et, comme l'a déjà fait M. de Marseul, j'aurai soin de noter l'ouvrage où chaque espèce aura été décrite pour la première fois, et celui où la description présentera le plus de détails; en outre, j'ajouterai à la désignation de la localité l'époque à laquelle l'insecte a été pris et les conditions dans lesquelles il a été trouvé. Est-ce en battant ? et sur quels arbres ? Est-ce en fauchant ? Est-ce sur la montagne ou dans la plaine, dans un endroit sec, humide ou marécageux, etc., etc ? Il est facile de comprendre l'importance de tous ces détails pour ceux qui cherchent et de quelle utilité ils seront pour ceux qui commencent à se livrer à notre aimable science ; pour eux ce sera le véritable manuel du chasseur, car, en le parcourant, ils apprendront à chercher et par conséquent à trouver.

Mais pour que je puisse arriver à un résultat profitable pour tous, il faudrait que tous voulussent bien me donner les renseignements que leur expérience personnelle aura pu leur fournir dans le cours de leurs explorations.

Je désirerais aussi qu'on me signalât l'existence des catalogues partiels, afin que je puisse me les procurer et être bien à même de comparer leurs indications avec celles qu'on voudra bien me communiquer.

Je fais donc appel à la bonne volonté de tous mes confrères en entomologie, et je les supplie de m'aider de tout leur pouvoir. Qu'ils ne craignent point de m'adresser les observations qu'ils auront pu faire, je croirai toujours n'en pas avoir assez; et, comme je crains qu'on puisse supposer que je veux faire le savant avec la science des autres, j'aurai soin de noter, entre parenthèses, pour chaque indication que j'aurai reçue, l'auteur qui aura contribué à donner de la valeur à mon travail.

En somme, cet ouvrage, qui dans de pareilles conditions sera assez volumineux, sauf les quelques observations que j'aurai pu faire moi-même, ne sera véritablement qu'un résumé fidèle du travail de tous ceux de mes confrères qui auront été assez aimables pour se mettre à ce sujet en relation avec moi.

En attendant que je puisse réunir tous les matériaux nécessaires pour une pareille publication, je ne veux point terminer cet avant-propos sans exprimer ma vive reconnaissance à ceux de mes amis qui m'ont encouragé, qui m'ont aidé surtout dans l'exécution de cette liste de Coléoptères : s'il y a quelque chose de bien, c'est à eux seuls qu'il faut en savoir gré. M. Charles Brisout de Barneville a fait toute la famille des Staphylinides, dont je n'aurais jamais pu venir à bout, sans compter plusieurs genres difficiles, les *Ceutorhynchus* entre autres; M. Fairmaire m'a donné la plus grande partie des Carabiques et M. Reiche le catalogue des *Aphodius;* M. Allard s'est chargé des Altises, et M. Wencker, quoique je n'aie pas l'honneur de le connaître, a bien voulu m'envoyer la liste des Apions de France, liste extraite de la monographie qu'il doit prochainement publier; qu'il reçoive ici tous mes remercîments et qu'il me pardonne un petit changement, un seul, que je me suis permis en élevant à la dignité d'espèce un nom qu'il considère comme synonyme.

J'ai voulu profiter de cette publication pour faire paraître un certain nombre de descriptions d'espèces nouvelles toutes françaises, espérant bien donner ainsi à mon catalogue une valeur scientifique dont il aurait été privé sans cette addition. Ces descriptions, au nombre de plus de cent cinquante, sont faites en très-grand nombre par M. Charles Brisout de Barneville, qu'on trouve toujours en première ligne dès qu'il s'agit de faire preuve de science ou de bonne volonté; puis par MM. E. Allard, le docteur Charles Aubé, A. Chevrolat, L. Fairmaire, Albert Fauvel, le docteur Kraatz, J. Linder, L. Reiche, Félicien de Saulcy, tous noms qui présentent les meilleures garanties, et moi-même enfin ; mais je n'en ai fait que deux, de sorte que je puis affirmer que l'immense majorité de ces descriptions constitue une véritable conquête pour notre faune.

Dr A. GRENIER,

63, rue de Vaugirard.

CATALOGUS

COLEOPTERORUM GALLIÆ

CICINDELIDÆ.

Cicindela L.

Maura, L.
campestris, L.
  v. connata, Heer.
  v. maroccana, F.
hybrida, L.
  v: riparia, Dj.
    transversalis, Dj.
  v: maritima, Dj.
sylvicola, Dj.
chloris, Dj.
  gallica, Br.
sylvatica, L.
literata, Sulz.
  lugdunensis, Dj.
  v: sinuata, F.
trisignata, Dj.
circumdata Dj.,
littoralis, F.
  v. nemoralis, Ol.
flexuosa, F.
paludosa, Duf.
  scalaris, Dj.
germanica, L.
  v: sobrina Gory.

CARABIDÆ.

Omophron

Latreille.

limbatus, F.

Notiophilus

Dumèril.

aquaticus, L.
Germinyi, Fauvel.
palustris, Duft.
biguttatus, F.
  semipunctatus, F.
quadripunctatus, Dj.
rufipes, Curt.
germinatus, Dj.

punctulatus, Wesm.

Elaphrus

Fabricius.

uliginosus, F.
  v. pyrenæus, Mots.
cupreus, Duft.
riparius, L.
aureus, Müll.
  littoralis, D.

Blethisa

multipunctata, L.

Loricera

Latreille.

pilicornis, F.

CARABII.

Cychrus

Fabricius.

rostratus, L.
  v: elongatus, Hoppe.
  v: pygmæus, Chaud.
attenuatus, F.
spinicollis, Duf.

Carabus

Linné.

coriaceus, L.
morbillosus, F.
  alternans, Dj.
melancholicus, F.
intricatus, L.
  cyaneus, F.
hispanus, F.
pyrenæus, Dj.
Fabricii, Panz.
depressus, Bon.
irregularis, F.
rutilans, Dj.
splendens, F.
auronitens, F.

  v: festivus, Dj.
punctato-auratus, Germ.
auratus, L.
  v: lotharingus, Dj.
  v: Lasserrei, Doué.
nitens, L.
clathratus, L.
cancellatus, F.
granulatus, L.
vagans, Ol.
italicus, Dj.
monilis, F.
  v: consitus, Panz.
arvensis, F.
cristoforii, Spence.
catenulatus, Scop.
Brisoutii, Fauv.
monticola, Dj.
nemoralis, Ill.
  hortensis, F.
convexus, F.
hortensis, L.
  gemmatus, F.
sylvestris, F.
alpinus, Dj.
alyssidotus, Ill.
trabuccarius, Fairm.
glabratus, Payk.
violaceus, L.
  v: exasperatus, Duft.
  v: purpurascens, F.
  v: fulgens, Charp.

Calosoma

Weber.

inquisitor, L.
sycophanta, L.
sericeum, F.
  auropunctatum, Payk.
indagator, F.

Nebria

Latreille.

Complanata, L.

4

arenaria, F.
livida, L.
　sabulosa, F.
psammodes, Rossi.
picicornis, F.
salina, Fairm. Lab.
brevicollis, F.
Jockischii, St.
Gyllenhalii, Sch.
　v : arctica, Dj.
rubripes, Dj.
Olivieri, Dj.
laticollis, Dj.
Lafrenayei, Dj.
Foudrasii, Dj
castanea, Bon.
　v : brunnea. Duft.
　v : atrata. Dj.

Leistus
Frœhlich.

spinibarbis, F.
　v : rufipes, Chaud.
? montanus, Steph.
rhæticus, Heer.
puncticeps, Fairm. Lab.
fulvibarbis, Dj.
nitidus, Duft.
ruformarginatus, Duft.
ferrugineus, L.
spinilabris, Panz.
rufescens, F.
terminatus, Panz.
piceus, Frœhl.
analis, Dj.

Scarites
Fabricius.

Gigas, F.
pyracmon, Ol.
lævigatus, F.
arenarius, Bon.
v. terricola, Bon.
planus, Bon.

Clivina
Latreille.

fossor, L.
　v : collaris, Herbst.
ypsilon, Dj.

Dyschirius
Bonnelli.

thoracicus, F.
obscurus, Gyll.
rugicollis, Fairm. Lab.

fulvipes Dj.
impunctipennis, Daws.
arenosus, Putz.
lævistriatus, Fair. Lab.
chalceus, Er.
oblongus, Putz.
nitidus, Dj.
inermis, Curt.
politus, Dj.
cylindricus, D.
angustatus, Ahr.
pusillus, D.
salinus, Schm.
punctipennis, Putz.
æneus. Dj.
intermedius, Putz.
impressus, Putz.
minutus, Putz.
punctatus, Dj.
rufo-æneus, Chaud.
æmulus, Putz.
apicalis, Putz.
substriatus, Duft.
semistriatus, Dj.
v. Lafertei, Putz.
rufipes, Dj.
globosus, Hrsebt.
gibbus, F.

Reicheia
Saulcy.

lucifuga, Saulcy.

Aptinus
Bonnelli.

displosor, Dufour.
ballista, Germ.
alpinus Dj.
pyrenæus, Dj.
cordicollis, Chaud.

Brachinus
Weber.

humeralis, Ahr.
causticus, Dj.
exhalans, Rossi.
psophia, Dj.
bombarda, Dj.
crepitans, L.
immaculicornis. Dj.
atricornis, Fairm. Lab.
nigricornis Dj. ex Parte.
explodens, Duft.
nitidulus, Muls.
　v : glabratus, Dj.
sclopeta, F.

Drypta
Fabricius.

dentata, Rossi.
emarginata, F.
distincta, Rossi.
cylindricollis, F.
v. intermedia, Ramb

Zuphium
Latreille.

olens, F.
Chevrolatii, Br.
unicolor, Germ.

Polystichus
Bonnelli.

vittatus, Br.
fasciolatus F.
fasciolatus, Rossi.
discoideus, Dj.

Odacantha
Paykull.

melanura, L.

Actophorus
Schmidt-Gœbel

imperialis, Germ.
　v : ruficeps, Gené.

Demetrias
Bonnelli.

unipunctatus, Germ
atricapillus, L.

Dromius
Bonnelli.

capitalis, Fairm.
longiceps, Dj.
linearis. Ol.
marginellus, F.
meridionalis. Dj.
testaceus, Er.
agilis, F.
fenestratus. F.
quadrimaculatus, L
quadrinotatus. Pan
quadrisignatus. Dj
bifasciatus. Dj.
nigriventris. Thom
fasciatus. Dj.
oblitus, Boield.
sigma. Rossi.
fasciatus. Payk.
melanocephalus, L
myrmidon, Fairm.

Blechrus
Motschulsky.

glabratus, Duft.
maurus, St.
plagiatus, Duft.
  corticalis, Duf.

Metabletus
obscuroguttatus, Duft.
truncatellus, L.
foveola, Gyll.
  punctatellus, Duft.

Lionychus
Wissmann.

quadrillum, Duft.
Sturmii, Gené.
albonotatus, Dj.
maritimus, Fairm.

Apristus
Chaudoir.

subæneus, Chaud.

Amblystomus
metallescens, Dj.
  v : niger, Heer.
Raymondi, Gaut.

Plochionus
Dejean.

Bonfilsii, Dj.

Lebia
Latreille.

fulvicollis, F.
cyanocephala, L.
chlorocephala, Eut. Heft.
rufipes, Dj.
crux-minor, L.
  v : nigripes, Dj.
cyathigera, Rossi.
turcica, F.
  v : quadrimaculata, Dj.
hæmorrhoidalis F.
elevata, F.
  massiliensis, Fairm.

Platytarus
Fairm.

Faminii, Dj.

Cymindis
Latreille.
humeralis, F.

cingulata, Dj.
axillaris, F.
  homagrica, Duft.
  v : lineata, Sch.
coadunata, Dj.
melanocephala, Dj.
scapularis, Schaum.
  axillaris, Duft.
angularis, Gyll.
vaporariorum, L.
  punctata, Dj.
miliaris, F.
canigoulensis, Fairm. Lab.

Masoreus
Dejean.
wetterhalii, Gyll.
luxatus, Dj.

Panagæus
Latreille.
crux-major, L.
  v : trimaculatus Dj.
quadripustulatus, Sturm.

Callistus
Bonnelli.
lunatus, F.

Chlænius
Bonnelli.
circumscriptus, Duft.
velutinus, Duft.
festivus, F.
  auricollis, Gené.
spoliatus, Rossi.
agrorum, Ol.
vestitus, Payk.
chrysocephalus, Rossi.
Schrankii, Duft.
tibialis, Dj.
nigricornis, F.
  v : melanocornis, Dj.
holosericeus, F.
fulgidicollis, Duf.
  nigripes, Dj.
sulcicollis, Payk.
cælatus, Weber.
azureus, Duft.
rufipes, Dj.

Atranus
Le Conte.
collaris, Mén.
  ruficollis, Gautier.

Oodes
Bonnelli.
helopioides, F.
gracilis, Villa.
  gracilior, Fairm. Lab.

Licinus
Latreille.
agricola, Ol.
silphoides, F.
æquatus Dj.
cassideus, F.
depressus, Payk.
Hoffmanseggii, Panz.
oblongus, Dj.

Badister
Clairville.
unipustulatus, Bon.
  cephalotes, Dj.
v. lacertotus, St.
  cephalotes, L.
bipustulatus, F.
humeralis, Bon.
peltatus, Panz.

Broscus
Panzer.
caphalotes, L.

Pogonus
Dejean.
pallidipennis, Dj.
flavipennis, Dj.
luridipennis, Germ.
iridipennis, Nicol.
  fulvipennis, Dj.
littoralis, Duft.
chalceus, Marsh.
  halophilus, Nicol.
viridanus, Dj.
riparius, Dj.
meridionalis, Dj.
gilvipes, Dj.
gracilis, Dj.
testaceus, Dj.

Patrobus
Dejean.
excavatus, Payk.
  rufipes, Gyll.

6

septentrionis, Dj.
  alpinus, Curt.
rufipennis, Dj.

Sphodrus

Clairville.

leucophtalmus, L.
  planus, F.

coeruleus, Dj.
alpinus, Dj.
  v : chalybeus, Dj.
complanatus, Dj.
venustus, Dj.
oblongus, Dj.
pyrenæus, Duf.
Jacquelinii, Boield.
hypogæus, Fairm.
latebricola, Fairm.
cyanescens, Fairm.
Balmæ, Delar.
terricola, Herbst.
  subcyaneus, Ill.
australis, Fairm.

Calathus

Bonnelli.

punctipennis, Germ.
  latus, Dj.
cisteloides, Ill.
glabricollis, Dj.
gallicus, Fairm. Lab.
circumseptus, Germ.
  limbatus, Dj.
fulvipes, Gyll.
  flavipes, Duft.
fuscus, F.
mollis, Marsh.
  ochropterus, Dj.
melanocephalus, L.
  v : alpinus, Dj.
micropterus, Duft.
  microcephalus, Dj.
piceus, Marsh.
  rotundicollis, Dj.

Taphria

Bonnelli.

nivalis, Panz.

Dolichus

Bonnelli,

flavicornis. F.

Cardiomera

Bassi.

Bonvouloirii, Schaum.

Anchomenus

Erichson.

Anchomenus Bon.

longiventris, Mannh.
angusticollis, F.
livens, Gyll.
  memnonius, Nicol.
cyaneus, Dj.
prasinus, Thunb.
albipes, F.
  pallipes, Dj.
oblongus, F.

Agonum, Bon.

marginatus, L.
impressus, Panz.
sexpunctatus, F.
parumpunctatus, F.
gracilipes, Duft.
  elongatus, Dj.
austriacus, F.
  v : modestus, St.
lugens, Duft.
viduus, Panz.
  v : mœstus, Duft.
  v : emarginatus, Gyll.
versutus, St.
dolens, Sahlb.
  triste, Dj.
antennarius, Duft.
  subæneus, Dj.
atratus, Duft.
lucidus, Fairm.
micans, Nicol.
  pelidnus, Duft.
scitulus, Dj.
piceus, L.
  picipes F.
gracilis, St.
fuliginosus, Panz.
puellus, Dj.
  pelidnus, [Payk.
Thoreyi, Dj.
4-punctatus, de Geer.

Olisthopus

Dejean.

rotundatus, Payk.
glabricollis. Germ.
  punctulatus. Dj.

fuscatus. Dj.
  sardous, Küst.
Sturmii, Duft.

Stomis

Clairville.

pumicatus, Panz.

Platyderus

Stephens.

ruficollis, Marsh.
  depressus, Dj.
jugicola, Fairm.

Abacetus

Dejean.

Astigis Ramb.

Salzmanni, Germ.
  rubripes, Dj.

Feronia

Dejean.

Pœcilus

Bonnelli.

punctulata, F.
cuprea, L.
  v : aflinis, St.
cursoria, D.
dimidiata, Ol.
  tricolor, F.
Koyi, Germ.
  viatica, Dj.
lepida, F.
  v : gressoria. Dj.
subcœrulea, Sch.
  striatopunctata, Duft.
obscura, Fairm. Lab.
puncticollis, Dj.
infuscata, Dj.

Adelosia

Stephens.

picimana, Duft.

Lagarus

Chaudoir.

vernalis, Panz.
  v : maritima Gaub.
inquinata. St.
  inquieta. Dj.
inæqualis. Marsh.
  longicollis. Duft.
  negligens. Dj.

Orthomus
Chaudoir.
barbara, Dj.

Lyperus
Chaudoir.
atterrima, Payk.
elongata, Duft.
 meridionalis, Dj.
nigerrima, Dj.

Omaseus
Ziegl.
nigra, Schall.
 v: distinguenda, Heer.
vulgaris, L.
 melanaria, Ill.
 v. pennata, Dj.
nigrita, F.
anthracina, Ill.
gracilis, D.
minor, Gyll.

Argutor
Meg.
interstincta, St.
 erudita, Dj.
strenua, Panz.
 erythropa, Marsh.
 pygmæa, St.
diligens, St.
 pulla, Gyll.
 strenua, Er.
negligens, St.
 Sturmii, Dj.
nicæensis, Vill. Fairm.

Platysma
Bonnelli.
oblongo-punctata, F.
angustata, Duft.

Steropus
Meg.
madida, F.
 v: concinna, St.
 v: strenua, Dj.
 amplicollis, Fairm.
globosa, F.
æthiops, Panz.

Pterostichus
Bonnelli.
melas, Creutz.
maura, Duft.
 v: Escheri, Heer.

Yvanii, D.
Xatartii, D.
multi-punctata, D.
Spinolæ, D.
externe-punctata, D.
impressa, Fairm. Lab.
Prevosti, Dj.
vage-punctata, Heer.
impressicollis, Fairm.
rutilans, D.
 v: aurata, Heer.
parum-punctata, Germ.
Lasserrei, Fairm. Lab.
platyptera, Fairm. Lab.
Hagenbachi, St.
 alpicola, Muls.
Honnorati, D.
rufipes, D.
Dufouri, D.
Boisgiraudi, Duf.
truncata, D.
femorata, D.
Panzeri, Panz.
metallica, F.

Haptoderus
Chaudoir.
amœna, D.
pumilio, D.
nivalis, Ch. B.
pusilla, D.
spadicea, D.
unctulata, Duft.
 alpestris, Heer.
amaroïdes, D.
abacoides, D.

Abax
Bonnelli.
striola, F.
 v: grandicollis F. Lab.
parallelipipeda, D.
pyrenæa, D.
exarata, D.
oblonga, D.
carinata, Duft.
ovalis, Duft.
parallela, Duft.

Molops
Bonnelli.
terricola,, F.
 v: rufipes, Chaud.
elata, F.
spinicollis, D.

Percus
Bonnelli.
patruelis, Duf.
 navaricus, Dej.

Amara
Bonnelli.

Bradytus Steph.
fulva, de Geer.
 ferruginea, Payk.
apricaria, Payk.
consularis, Duft.

Curtonotus
Stephens.

Leirus Meg.
cardui, Dj.
aulica, Panz.
 picea, Er.
convexiuscula, Marsh.

Leiocnemis
Zimm.
pyrenæa, Dj.
puncticollis, Dj.
 crenata, Dj.
planiuscula, Ros.
 Barnevillii, Fairm.
 v: sabulosa, Dj.
dalmatina, Dj.
montana, Dj.
 distincta, Ramb.
eximia, Dj.
glabrata, Dj.

Celia
Zimm.
ingenua, Duft.
ruficornis, Dj.
fusca, Dj.
municipalis, Duft.
 modesta, Dj.
erratica, Duft.
 punctulata Dj.
Quenselii, Sch.
 monticola, Dj.
infima, Duft.
granaria, Dj.
bifrons, Gyll.
 v: livida, F.
rufo-cincta, Sahlb.
grandicollis, Heer.

8

Acrodon
Zimm.

brunnea, Gyll.
lapponica, Sahlb.

Percosia
Zimm.

sicula, D.
patricia, Duft.
v: dilatata, Heer.
v: zabroides, Dj.

Amara
Zimm.

tibialis, Payk.
lucida, Duft.
gemina, Zimm.
familiaris, Duft.
perplexa, Dj.
acuminata, Payk.
trivialis, Gyll.
spreta, Dj.
curta, Dj.
vulgaris, Panz.
colunicollis, Schiodte.
mmunis, Panz.
nitida, St.
montivaga, St.
ovata, F.
obsoleta, Dj.
similata, Gyll.

Triæna
Le Conte.

striatopunctata, Dj.
valida, Fairm.
rufipes, Dj.
erythrocnemis, Zimm.
floralis, Gaubil.
lepida, Zimm.
tricuspidata, Dj.
strenua, Er.
vectensis, Daws.
plebeja, Gyll.
varicolor, Heer.
lapidicola, Heer.

Zabrus
Clairville.

obesus, Dj.
inflatus, Dj.
pyrenæus, Fairm. Lab.
curtus, Dj.
piger, Dj.
gibbus, F.

Aristus
Latreille.

capito, Dj.
bucephalus, Duf.
clypeatus, Rossi.
sulcatus, F.
sphærocephalus. Ol.

Ditomus
Bonnelli.

calydonius, F.
tricuspidatus, F.
cornutus, Dj.
dama, Rossi.
fulvipes, Latr.

Apotomus
Dejean.

rufus, Ol.

Daptus
Fischer.

vittatus, Fisch.

Acinopus
Dejean.

megacephalus, Rossi.
bucephalus, Dj.
tenebrioides, Duft.
megacephalus, Dj.

Pangus
Schaum.

scaritides, St.

Gynandro-
morphus
Dejean.

etruscus, Sch.

Apatclus
Schaum.

oblongiusculus, Dj.

Diachromus
Erichson.

germanus, L.

Dichirotrichus
Duval.

pubescens, Payk.
obsoletus. D.
dorsalis, D.
pallidus, D.
chloroticus, D

Anisodactylus
Dejean.

heros, F.
signatus. Panz.
intermedius, Dj.
binotatus, F.
v. spurcaticornis, Dj.
nemorivagus, Duft.
gilvipes, Dj.
pœciloides, Steph.
virens, Dj.
pseudoæneus Dj.

Harpalus
Latreille.

Ophonus Ziegl.

columbinus. Germ.
sabulicola, Panz.
obscurus, F.
monticola, Dj.
diffinis, Dj.
rotundicollis, Fairm. Lab.
obscurus, Dj.
ditomoides, Dj.
incisus, Dj.
punctatulus, Duft.
azureus, F.
chlorophanus, Panz.
v: similis, Dj.
cribricollis, Dj.
crassiusculus, Frm. Lab.
cordicollis, Dj.
meridionalis, Dj.
subquadratus Dj.
cordatus, Duft.
rupicola, St.
subcordatus, Dj.
puncticollis, Payk.
brevicollis, Dj.
parallelus, Dj.
Mellelii, Heer.
maculicornis, Duft.
signaticornis. Duft.
cephalotes. Fairm. Lab.
hirsutulus, Dj.
planicollis, Dj.
mendax, Rossi.
Fauvelii, Math.

Harpalus

ruficornis, F.
griseus. Panz.
Janus. Fairm. Lab.
calceatus. Duft.

anthracinus, Fairm. Lab.
punctipennis, Muls.
ferrugineus, F.
fulvus, Dj.
hottentotta, Duft.
lævicollis Duft.
satyrus, St.
v: nitens, Heer.
ignavus, Duft.
honestus, Duft.
sulphuripes, Germ.
consentaneus, Dj.
maxillosus, Dj.
pygmæus, Dj.
dispar, Dj.
punctatostriatus, Dj.
fastiditus, Dj.
patruelis, D.
oblitus, D.
distinguendus, Duft.
v: saxicola, Dj.
æneus, F.
v: confusus, Dj.
cupreus, Dj.
discoideus, F.
perplexus, Gyll.
rubripes, Duft.
v: sobrinus, Dj.
latus, L.
fulvipes, F.
limbatus, Duft.
luteicornis, Duft.
quadripunctatus, Dj.
neglectus, Dj.
tenebrosus, Dj.
Solieri, Dj.
litigiosus, Dj.
melancholicus, Dj.
ineditus, Dj.
v: decolor, Fairm. Lab.
tardus, Panz.
flavicornis, Dj.
Frohlichii, St.
segnis, Dj.
serripes, Sch.
convexus, Fairm. Lab.
hirtipes, Panz.
zabroides, Dj.
?Lycaon, Lind.
caspius, Steven.
semiviolaceus, Dj.
v: hypocrita, Dj.
impiger, Duft.
servus, Duft.
anxius, Duft.
pumilus, Dj.

subcylindricus, Dj.
flavitarsis, Dj.
modestus, Dj.
picipennis, Duft.
vernalis, F.
seriatus, Muls. God.

Stenolophus

Dejean.

teutonus, Schrank.
vaporarorium, F.
v: abdominalis, Gené.
humeratus, Muls.
skrimshiranus, Steph.
melanocephalus, Heer.
discophorus, Stev.
proximus, Dj.
vespertinus, Panz.
marginatus, Dj.
elegans, Dj.
v: ephippium, Dj.

Acupalpus Latr.

flavicollis, St.
nigriceps, Dj.
dorsalis, F.
v: derelictus, Daws.
brunnipes, St.
atratus, Dj.
exiguus, Dj.
v: luridus, Dj.
meridianus, L.
pallipes, Dj.
consputus, Duft.
longicornis, Schaum.
notatus, Muls.

Bradycellus

Erichson.

placidus, Gyll.
distinctus, Dj.
verbasci, Duft.
rufulus, Dj.
harpalinus, Dj.
collaris, Payk.
similis, Dj.
cognatus, Gyll.

TRECHII

Trechus

Clairville.

discus, F.
micros, Herbst.
longicornis, St.
littoralis, Dj.
fulvus, Dj.

rubens, F.
paludosus, Gyll.
amplicollis, Fairm.
minutus, Fab.
rubens, Dj.
obtusus, Er.
palpalis, Dj.
pinguis, Kiesw.
distigma, Kiesw.
latebricola, Kiesw.
lævipennis, Heer.
Pertyi, Heer.
pyrenæus, Dj.
angusticollis, Kiesw.
distinctus, Fairm.
Bruckii, Fairm.
planiusculus, Fairm.
secalis, Payk.
testaceus, F.

Anopthalmus

Sturm.

Ghilianii, Fairm.
gallicus, Delar.
Discontignyi, Fairm.
Raymondi, Delar.
orcinus, Lind.
Minos, Lind.
Rhadamanthus, Lind.
Lespesii, Fairm.

Aphœnops

Bonvouloir.

Leschenaultii, Bonv.
crypticola, Lind.
Pandellei, Lind.

Aëpus

Curtis.

marinus, Strœm.
fulvescens, Curtis.
Robinii, Laboulb.

Perileptus

Schaum.

areolatus, Creutz.

BEMBIDII

Anillus

Duval.

cœcus Duv.
hypogæus, Aub.
frater, Aubé.

Eunectes
Erichson.
sticticus, L.
griseus, F.

Hydaticus
Leach.
transversalis, F.
Hybneri, F.
Leander, Rossi.
stagnalis, F.
grammicus, Germ.
cinereus, L.
bilineatus, de G.
Zonatus, Hopp.
austriacus, St.
Nauzieli, Fairm.

Colymbetes
Clairville.
coriaceus, Lap.
fuscus, L.
Paykulli, Er.
striatus, L.
dolabratus, Payk.
pulverosus, St.
notatus, F.
collaris, Payk.
bistriatus, Berg.
adspersus, F.
Grapii, Gyll.

Hybius
Erichson.
ater, de Ger.
obscurus, Marsh.
fenestratus, F.
guttiger, Gyll.
angustior, Gyll.
fuliginosus, F.
meridionalis, A.

Agabus
Leach.
serricornis, Payk.
agilis, F.
uliginosus, F.
  v: Reichei, Aub.
femoralis, Payk.
congener, Payk.
Sturmii, Gyll.
chalconotus, Panz.
maculatus, L.
abbreviatus, F.
didymus, Ol.

brunneus, F.
paludosus, F.
bipunctatus, F.
conspersus, Marsh.
confinis, Gyll.
nigricollis, Zoubk.
guttatus, Payk.
dilatatus, Brull.
biguttatus, Ol.
melas, A.
affinis, Payk.
vittiger, Gyll.
subtilis, Er.
bipustulatus, L.
Solieri, A.

Noterus
Clairville.
crassicornis, F.
semipunctatus, F.
lævis, St.

Laccophilus
Leach.
hyalinus, de G.
minutus, L.
testaceus, A.
variegatus, Germ.

Hyphydrus
Illiger.
ovatus, L.
variegatus, Brull.

Hydroporus
Clairville.
inæqualis, F.
reticulatus, F.
decoratus, Gyll.
cuspidatus, Kunze.
bicarinatus, Clairv.
geminus, F.
minutissimus, Germ.
  delicatulus, Schaum.
unistriatus, Schr.
pumilus, A.
12-pustulatus, F.
depressus F.
  elegans, Ill.
  v: marginicollis, A.
luctuosus, A.
alpinus, Payk.
Davisii, Curt.
assimilis, Payk.
hyperboreus, Gyll.
septentrionalis, Gyll.

Sanmarkii, Sahl.
rivalis, Gyll.
halensis, F.
canaliculatus, Lac.
griseostriatus, de G.
Cerisyi, A.
picipes, F.
parallelogrammus, Ahr.
confluens, F.
dorsalis, F.
opatrinus, Germ.
vestitus, Fairm.
platynotus, Germ.
Aubei Muls.
  v: Delarouzei, J. du V.
  v: semirufus, Germ.
ovatus, St.
palustris, L.
erythrocephalus, L.
rufifrons, Duft.
vagepictus, Fairm.
planus, F.
pubescens, Gyll.
vittula, Er.
marginatus, Duft.
lituratus, Brull.
limbatus, A.
analis, A.
Victor, A.
memnonius, Nic.
Atropos, Muls.
piceus, Steph.
incertus, A.
melanarius, St.
melanocephalus, Marsh.
nigrita, F.
discretus, Fairm.
longulus, Muls.
neuter, Fairm.
nivalis, Heer.
brevis, Sahlb.
tristis, Payk.
elongatulus, St.
augustatus, St.
obscurus, St.
pygmæus, St.
neglectus, Scha.
umbrosus, Gyll.
striola, Gyll.
notatus, St.
lineatus, Ol.
  v. pygmæus, F.
flavipes, Ol.
meridionalis, A.
granularis, L.
bilineatus, St.

12

varius, A.
  bihamatus, Chevr.
ignotus, Muls.
pictus, Fairm.
fasciatus, A.
lepidus, Ol.

Haliplus

Latreille.

elevatus, Panz.
æquatus, A.
obliquus, F.
maritimus, Fairm.
lineatus, A.
fulvus, F.
flavicollis, St.
mucronatus, Steph.
guttatus, A.
pyrenæus, Delar.
variegatus, St.
cinereus, A.
ruficollis, de G.
fulvicollis, Er.
fluviatilis, A.
lineatocollis, Marsh.
  transversalis, Gaut.

Cnemidotus

Illiger.

cæsus, Duft.
rotundatus, A.

Pelobius

Schonherr.

Hermanni, F.

GYRINIDÆ

Gyrinus

Geoffroy.

concinnus, Klug.
  striatus, A.
  strigipennis, Suff.
striatus, F.
  strigosus, A.
urinator, Ill.
natator, L.
distinctus, A.
bicolor, Payk.
  v: angustatus, A.
  v: elongatus, A.
marinus, Gyll.
  v: dorsalis, Gyll.
nitens, Suff.
æneus, A.
minutus, F.

Orectochilus

Lacordaire.

villosus, Ill.

HYDROPHILIDÆ

Hydrophilus

Geoffroy.

piceus, L.
pistaceus, Lap.
aterrimus, Esch.

Tropisternus

Muls.

apicipalpis, Muls.

Hydrous

Brullé.

caraboïdes L.
  v: scrobiculatus, Panz.
  v: substriatus, St.
  v: intermedius, Muls.
flavipes, Stev.

Hydrobius

Leach.

fuscipes, L.
oblongus, Herbst.
convexus, Brull.
bicolor, Payk.
æneus, Germ.
globulus, Payk.

Philhydrus

Solier.

marginellus, F.
nitidus, Heer.
melanocephalus, Ol.
  v: testaceus, F.
  v: ferrugineus, K.

Helochares

Muls.

lividus, Forst.

Laccobius

Erichson.

minutus, L.
globosus, Heer.
pallidus, Muls.

Berosus

Leach.

spinosus, Stev.
æriceps, Curt.

luridus, L.
affinis, Brullé.

Limnebius

Leach.

truncatellus, Thunb.
papposus, Muls.
sericans, Muls.
nitidus, Marsh.
atomus, Duft.
gyrinoïdes, A.

Cyllidium

Erichson.

seminulum, Payk.

Spercheus

Kugelann.

emarginatus, Schal.

HELOPHORIDÆ

Helophorus

Fabricius.

rugosus, Ol.
nubilus, F.
fracticostis, Fairm.
alpinus, Heer.
intermedius, Muls.
grandis, Ill.
dorsalis, Marsh.
aquaticus, L.
granularis, L.
griseus, Herbst.
pumilio, Er.
nanus, St.
arvernicus, Muls.
glacialis, Heer.

Hydrochus

Leach.

brevis, Herbst.
carinatus, Germ.
elongatus, Schal.
angustatus, Germ.
nitidicollis, Muls.

Ochthebius

Leach.

granulatus, Muls.
exsculptus, Germ.
  sulcicollis, St.
lividipes, Fairm.
gibbosus, Germ.

margipallens, Latr.

marinus, Payk.
crenulatus, Muls.
pygmæus, F.
bicolon, Germ.
exaratus, Muls.

*

æratus, Steph.
pellucidus, Muls.
pyrenæus, Fauv.
foveolatus, Germ.
difficilis, Muls.
hibernicus, Curt.
punctatus, Muls.

*

quadricollis, Muls.
subinteger, Muls.

Hydraena
Kugelann.
testacea, Curt.
palustris, Er.
carbonaria, Kiesw.
riparia, Kug.
rugosa, Muls.
nigrita, Germ.
curta, Kiesw.
augustata, St.
polita, Kiesw.
gracilis, Germ.
flavipes, St.
pulchella, Germ.
producta, Muls.
Sieboldii, Rosenh.

SPHÆRIDIDÆ
Cyclonotum
Erichson.
orbiculare, F.

Sphæridium
Fabricius.
scarabæoides, L.
bipustulatum, F.
v: marginatum.

Cercyon
Leach.
obsoletum, Gyll.
hæmorrhoidale, F.
laterale, Marsh.
hæmorrhoum, Gyll.
anale, Payk.
granarium, Er.
castaneum, Heer.

pulchellum, Heer.
pygmæum, Ill.
littorale, Gyll.
aquaticum, Steph.
melanocephalum, L.
terminatum, Marsh.
plagiatum, Er.
quisquilium, L.
unipunctatum, L.
centrimaculatum, St.
flavipes F.
minutum, F.
lugubre, Payk.

Pelosoma Muls.
Lafertei, Muls.
Megasternum
Muls.
boletophagum, Marsh.
Cryptopleurum
Muls.
atomarium, F.

SILPHIDÆ
Necrophorus
Fabricius.
germanicus, L. ●
humator, Fab.
vespillo, L.
vestigator, Hersch.
v: interruptus, Brullé.
interruptus, Steph.
fossor, Er.
gallicus, Duval.
ruspator, Er.
sepultor, Charp.
mortuorum, Fab.
Silpha
Latreille.
littoralis, L.
*
thoracia, L.
quadripunctata, L.
rugosa, L.
sinuata, F.
Dispar, Herbst.
Opaca, L.
*
carinata, Illig.
v: lunata, Heer.
puncticollis, Luc.
hispanica, Kust.

reticulata, Fab.
granulata, Oliv.
nigrita, Creutz.
v. alpina, Germ.
Souverbii, Fairm.
tristis, Illig.
obscura, L.
*
lævigata, Fab.
atrata, L.
Necrophilus
Latreille.
subterraneus, Illig.
Sphærites
Duftsch.
glabratus, Fab.
Agyrtes
Frœhlich.
bicolor, Casteln.
subniger, Kr.
castaneus, Fab.
Choleva
Latreille.
spadicea, St.
intermedia, Kz.
Sturmii, Ch. Bris.
v. angustata, St.
angustata, Fab.
cisteloides, Frohl.
agilis, Illig.
*
umbrina, Er.
Fusca, Panz.
depressa, Murr.
picipes, Fab.
nigricans, Spence.
v. fuliginosa, Er.
coracina, Kelln.
nitidicollis, Kr.
morio, Fab.
quadraticollis, Aub.
nigrita, Er.
grandicollis, Er.
chrysomeloides, Panz.
tristis, Panz.
Kirbyi, Spence.
rotundicollis, Kelln.
neglecta, Kr.
alpina, Gyll.
Watsoni, Spence.
fumata, Er.

14

brevicollis, Kr.
fumata, Spence.
scitula, Er.

velox, Spence.
anisotomoides, Spence.
Wilkinii, Spence.
præcox, Er.
sericea, Panz.
colonoides, Kz.

Catopsimorphus

Aubé.

arenarius, Hampe.
pilosus, Muls.
formicetorum, Peyr. (Ch.)
Fairmairii, Delar.
Josephinæ, Saulcy.
Marqueti, Fairm.

Colon

Herbst.

viennensis, Herbst.
puncticollis, Kr.
serripes, Sahlb.
claviger, Herbst.
murinus, Kz.
Zebei, Kz.
Barnevillei, Kz.
emarginatus, Rosenh.
appendiculatus, Sahlb.
calcaratus, Er.
rufescens, Kr.
denticulatus, Kr.
angularis, Er.
confusus, Fairm.
Brunneus, Latr.
Latus, Kz.

Leptinus

Muller.

testaceus, Muller.

Adelops

Tellkf.

Bonvouloirii, Duv.
pyrenæus, Lesp.
gallo-provincialis, Fairm.
Aubei, Ksw.
meridionalis, Duv.
depressus, Fairm.
asperulus, Fairm.
Delarouzei, Fairm,
Bruckii, Fairm,

Schiœdtei, Ksw.
ovatus, Kiesw.
montanus, Schiœd.
lucidulus, Delar.
speluncarum, Delar.
grandis, Fairm.

Pholeuon

Hampe.

Querilhaci, Lespès.

ANISOTOMIDÆ

Triarthron

Schmidt.

Mærkelii, Schmidt.

Xanthosphera

Fairm.

Barnevillei, Fairm.

Hydnobius

Schmidt.

punctatissimus, Steph.
Perrisii, Fairm.
punctatus, St.
strigosus, Schmidt.

Anisotoma

Illiger.

Cinnamonea, Panz.
grandis, Fairm. et Lab.
rugosa, Steph.
Triepkii, Schm.
rotundata, Er.
picea, Illig.
lucens, Fairm.
obesa, Schm.
dubia, Kugel.
flavescens, Schm.
curta, Fairm. et Lab.
silesiaca, Kr.
Caullei, Ch. Bris.
pallens, St.
ovalis, Schm.
nigrita, Schm.
rubiginosa, Schm.
geniculata, Muls et Rey.
calcarata, Er.
distinguenda, Fairm.
ornata, Fairm.
Badia, St.
parvula, Sahl.

Cyrtusa

Erichson.

subtestacea, Gyl.
minuta, Ahr.
latipes, Er.

Colenis

Erichson.

dentipes, Gyll.
Bonnairii, Duv.

Agaricophagus

Schmidt.

cephalotes, Schm.

Liodes

Latreille.

humeralis, Fab.
axillaris, Gyl.
glabra, Kug.
castanea, Herb.
orbicularis, Herb.

Amphicyllis

Erichson.

globus, Fab.
globiformis, Sahl.

Agathidium

Illig.

nigripenne, Fab.
atrum, Payk.
pallidum, Gyll.
seminulum, L.
dentatum, Muls et Rey.
badium, Er.
intermedium, Fairm. Lab.
mandibulare, St.
piceum, Er.
globosum, Muls et Rey.
rotundatum, Gyl.
nigrinum, St.
discoideum, Er.
marginatum, St.
confusum, Ch. Bris.
Haemorrhoum. Er.

CLAMBIDE

Clambus

Fischer.

pubescens, Redt.
minutus, St.
punctulum, Beck.
armadillo, de Geer.

Loricaster
Muls et Rey.
testaceus, Muls et Rey.

Comazus
Fairm. et Lab.
dubius, Marsh.
enshamenis, Steph.
troglodytes, Fauvel.

Calyptomerus
Redtenbacher.
alpestris, Redt.

SCYDMÆNIDÆ
Cephennium
Müll.
Kiesenwetteri, A.
intermedium, Fairm.
laticolle, A.
thoracicum, Mull. K.
minutissimum, A.

Eutheia
Steph.
conicicollis, Fairm.
plicata, Gyll.
truncatella, Er.
scydmænoides, Steph.
abbreviatella, Er.
linearis, Muls.

Scydmænus
Latreille.
Godarti, Latr.
Raymondi, Saulcy.
scutellaris, Mull. K.
Helferi, Schaum.
collaris, Mull. K.
Dalmanni, Gyll.
pusillus, Mull. K.
exilis, Er.
myrmecophilus, A.
strictus, Fairm.
subcordatus, Fairm.
longicollis, Muls.
cordicollis, Ksw.
semipunctatus, Fairm.
angulatus, Mull. K.
elongatulus, Mull. K.
rubicundus, Schaum.
carinatus, Muls.
Sparshalli, Denny.
helvolus, Schaum.

pubicollis, Mull. K.
distinctus, Tourn.
Lœwii Ksw.
Ferrarii, Ksw.
Schiodtei, Ksw.
sulcatulus, Fairm.
oblongus, St.
Pandellei, Fairm.
denticornis, Mull. K.
rutilipennis, Mull. K.
Motschulskii, St.
hirticollis, Ill.
confusus, Ch. B.
claviger, Mull K.
Mæklini, Mann.
Wetterhalii, Gyll.
quadratus, Mull. K.
intrusus, Schaum.
Schaumii, Luc.
♀ tritomus, Ksw.
nanus, Schaum.
Linderi, Saulcy.

Chevrolatia
Duval.
insignis, Duv.
Holzeri, Hamp.

Eumicrus
Laporte.
tarsatus, Mull. K.
Hellwigii, F.
rufus, Mull. K.
hæmaticus, Fairm.
muscorum, Fairm.
Delarouzei Ch. B.

Leptomastax
Pirazz.
Delarouzei, Ch. B.

Mastigus
Latreille.
liguricus, Fairm.

PAUSSIDÆ
Paussus
Linné.
Favieri, Fairm.

PSELAPHIDÆ
Chennium
Latreille.
bituberculatum, Latr.

Centrotoma
Heyden.
lucifuga, Heyd.

Ctenistes
Reichenb.
palpalis, Reich.

Tyrus
Aubé.
mucronatus, Panz.

Faronus
Aubé.
Lafertei, Aubé.
♀ telonensis, Fairm.

Pselaphus
Herbst.
Heisei, Herbst.
dresdensis, Herbst.
longipalpis, Ksw.

Tychus
Leach.
niger, Payk.
ibericus, Motsch.
dichrous, Schmidt.
castaneus, Aubé.
tuberculatus, Aubé.
Jacquelinii, Boield.

Trichonyx
Chaudoir.
sulcicollis, Reich.
Mærkelii, Aubé.
Barnevillei, Saulcy.

Batrisus
Aubé.
formicarius, Aubé.
Delaporti, Aubé.
venustus, Reich.
oculatus, Aubé.
piceus, Muls.

Amaurops
Fairm.
gallicus, Delar.

Machærites
Muller.
Mariæ, Duv.

Bryaxis

Leach.

nigropygialis, Fairm.
sanguinea, L.
laminata, Motsch.
fossulata, Reichen.
tibialis, Aubé.
xanthoptera, Reich.
hæmoptera, Aubé.
Lefebvrei, Aubé.
Helferi, Schmidt.
Schuppelii, A.
hæmatica, Reich.
juncorum, Leach.
nigriventris, Schaum.
opuntiæ, Schaum.
impressa, Panz.
antennata, Aubé.
fulviventris, Tournier.
globulicollis, Muls.

Bythinus

Leach.

clavicornis, Panz.
convexus, Ksw.
puncticollis, Denny.
nigripennis, Aubé.
nigrinus, Muls.
Erichsonii, Ksw.
muscorum, Ksv.
Mulsantii, Ksw.
bulbifer, Reich.
Curtisii, Denny.
nodicornis, Aubé.
securiger, Reich.
Burellii, Denn.
uncicornis, A.
lævicollis, Fairm.
Pictetii, Tournier.
cocles, Saulcy.
pyrenæus, Saulcy.
Pandellei, Saulcy.

Euplectus

Leach.

Fischeri, Aubé.
Duponti, A.
signatus, Reich.
sanguineus, Denny.
Karstenii, Reich.
nanus, Reich.
ambiguus, Reich.
perplexus, Duv.
minutissimus, Aubé.
bicolor, Denny.

glabriculus, Gyll.
nitidus, Fairm.
punctatus, Muls.

Trimium

Aubé.

brevipenne, Chaud.
brevicorne, Reich.
leiocephalum, A.

Panaphantus

Kiesenw.

atomus, Ksw.

Claviger

Preyssler.

longicornis, Müll.
Pouzaui, Saulcy.
Duvalii, Saulcy.
foveolatus, Müll.

STAPHYLINIDÆ

ALEOCHARINI

Autalia

Stephens

impressa, Oliv.
rivularis, Grav.

Borboropora

Kraatz.

Kraatzii, Fuss.

Falagria

Stephens.

thoracica, Curtis.
sulcata, Payk.
sulcatula, Grav.
obscura, Curtis.
nigra, Grav.
  pusilla, Heer.

Bolitochara

Mannerheim.

lucida, Grav.
lunulata, Payk.
laevior, Fairm. Ch. Bris.
obliqua, Er.
flavicollis, Muls. Rey.

Phytosus

Curtis.

spinifer, Curtis.
nigriventris, Chevr.
balticus, Kraatz.

Arena

Fauvel.

Octavii, Fauvel.

Silusa

Erichson.

rubiginosa, Er.
rubra, Er.
rufa, Heer.

Ocalea

Erichson.

castanea, Er.
rivularis, Miller.
decumana, Er.
badia, Er.
concolor, Kiesw.

Stichoglossa

Fairm.

semi-rufa, Er.

Ischnoglossa

Kraatz.

rufo-picea, Kraatz.
corticina, Er.
depressipennis, Aubé.

Leptusa

Kraatz.

gracilis, Er.
nigra, Ch. Bris.
analis, Gyll.
  morosa Fairm. Lab.
fumida, Er.
ruficollis, Er.
  rubricollis, Heer.
globulicollis, Muls Rey.
testacea, Ch. Bris.
difformis, Muls. Rey.
myops, Kiesw.
montivaga, Ch. Bris.
lapidicola, Ch. Bris.
rupestris, Fauvel.
nivicola, Fairm.
piccata, Muls Rey.
chlorotica, Fairm.
curtipennis, Aubé.

Thiasophila

Kraatz.

angulata, Er.
inquilina, Maerk.
  diversa, Muls Rey.

Euryusa

Erichson.

sinuata, Er.
laticollis, Heer (Homal).
linearis, Maerk.

Homoeusa

Kraatz.

acuminata, Maerk.

Haploglossa

Kraatz.

gentilis, Maerk.
pulla, Gyll.
nidicola, Fairm.
prætexta, Er.
marginalis, Gyll.
rufipennis, Kr.

Aleochara

Gravenhorst.

major, Fairm.
ruficornis, Grav.
fuscipes, Grav.
discipennis, Muls. Rey.
clavicornis, Redt.
Grenieri, Frm. Ch. Bris.
spissicornis, Er.
laeta, Muls. Rey.
crassicornis, Lacord.
rufipennis, Er.
lateralis, Heer.
tenuicornis, Kraatz.
rufipes, Muls. Rey.
tristis, Grav.
nigripes, Miller.
crassiuscula, Sahlb.
tristis, Er.
scutellaris, Lucas.
bipunctata, Grav.
biguttata, Heer.
brevipennis, Grav.
fumata, Grav.
morosa, Heer.
lanuginosa, Grav.
villosa, Mannh.
rufitarsis, Heer.
obscurella, Grav.
grisea, Kraatz.
algarum, Fauvel.
albopila, Muls. Rey.
senilis, Muls. Rey.

procera, Er. (Ocalea.).
mæsta, Grav.
mœrens, Gyll.
? brunneipennis, Kraatz.
mycetophaga, Kraatz.
puberula, Klug.
decorata, Aubé.
lugubris, Aubé.
mœrens, Er.
bisignata, Er.
maculata, Ch. Bris.
cuniculorum, Kraatz.
bilineata, Gyll.
alpicola, Heer.
nitida, Grav.
longula, Heer. (Var).
inconspicua, Aubé.
morion, Grav.
eurynota, Muls. Rey.
leucopyga, Kraatz.
brevis, Heer.
nigrata, Fairm. (Calod).

Dinarda

Lacordaire.

Maerkelii, Kiesw.
dentata, Grav.

Lomechusa

Gravenhorst.

strumosa, Fab.
? inflata, Redt.
pubicollis, Ch. Bris.
paradoxa, Grav.
emarginata, Grav.
bifoveolata, Ch. Bris.

Myrmedonia

Erichson.

Haworthii, Steph.
elegans, Heer (Bolit.)
fulgida, Grav.
collaris, Payk.
humeralis, Grav.
cognata, Maerk.
rigida, Er.
tuberiventris, Fairm.
excepta, Muls. Rey.
funesta, Grav.
atrata, Heer.
similis, Maërk.
limbata, Payk.
lugens, Grav.
ruficollis, Grimm.
Fernandi, Fairm.

laticollis, Maërk.
Rougeti, Fairm.
canaliculata, Fab.
hippocrepis, Saulcy.

Dasyglossa

Kraatz.

prospera, Er.

Hygropora

Kraatz.

cunctans, Er.

Callicerus

Gravenhorst.

rigidicornis, Er.
obscurus, Grav.

Calodera

Mannerheim.

sulcicollis, Aubé.
nigricollis, Payk.
propinqua, Aubé.
forticornis, Lac.
unicarinata, Fairm.
nigrita, Mannh.
protensa, Mannh.
humilis, Er.
rubens, Er.
uliginosa, Er.
riparia, Er.
rufescens, Kraatz.
æthiops, Grav.
umbrosa, Er.
tenuis, Heer (Homalota).
longitarsis, Er.
rubicunda, Er.
oblita, Heer. (Ocalea.)
colorata, Fairm.
cingulata, Kraatz.

Tachyusa

Erichson.

balteata, Er.
flavo-cincta, Heer.
ferialis, Er.
concinna, Heer.
constricta, Er.
coarctata, Er.
nigrita, Heer.
scitula, Er.
umbratica, Er.
atra, Grav.
concolor, Er. (Homalota.)
lata, Kiesw.
læsa, Er.

2

18

uvida, Er.
sulcata, Kiesw.
forticornis, Fm. Ch. Bris.

Oxypoda

Mannerheim.

ruficornis, Gyll.
  v. spectabilis, Maërk.
lividipennis, Mannh.
luteipennis, Er.
vittata, Maërk.
longipes, Muls. Rey.
opaca, Grav.
longiuscula, Er.
  elongatula, Aubé.
umbrata, Er.
induta, Muls. Rey.
neglecta, Ch. Bris.
lentula, Er.
cuniculina, Er.
  litigiosa, Heer.
familiaris, Kiesw.
attenuata, Muls. Rey.
rugatipennis, Kraatz.
togata, Er.
abdominalis, Sahlb.
platyptera, Fairm.
  planipennis, Fairm.
bicolor, Muls. Rey.
planipennis, Thompson.
  sylvicola, Kraatz.
exigua, Er.
sericea, Heer.
præcox, Er.
formosa, Kraatz.
alternans, Grav.
lucens, Muls. Rey.
longula, Ch. Bris.
exoleta, Er.
  subflava, Heer.
rufula, Muls. Rey.
riparia, Fairm. Ch. Bris.
perplexa, Muls. Rey.
nitidiventris, Fairm.

::

incrassata, Muls. Rey.
  brevicornis, Muls. Rey.
parvula, Ch. Bris.
uliginosa, Ch. Bris.
recondita, Kraatz.
formicetocola, Maërk.
hæmorrhoa, Sahlb.
  promiscua, Er.
amœna, Fairm.
  flavicornis, Kraatz.

maura, Er.
picina, Aubé. (Calodera).
  ruficornis, K. (Ocyusa).
fulvicornis, Fairm.

::

pallidula, Sahlb.
  helvola, Er.
  rufula, Heer (Homal).
ferruginea, Er.
forticornis, Fm. Ch. Bris.
curtula, Er.
  carbonaria, Hampe.

Kraatzia

Saulcy.

lævicollis, M. R. (Hom.)
  attophila, Saulcy.

Homalota

Mannerheim.

currax, Kraatz.
gracilicornis, Er.
hypnorum, Kiesw.
  micans, Muls. Rey.
subalpina, Muls. Rey.
pagana, Er.
vestita, Grav.
  quisquiliarum, Gyll.
umbonata, Er.
  fucicola, Thompson.
parisiensis, Ch. Bris.
nitidula, Kraatz.
graminicola, Grav.
  granulata, Mannh.
nigrina, Aubé.
languida, Er.
  longicollis, Muls. Rey.
pavens, Er.
gregaria, Er.
  immunita, Er (Tach).
elongatula, Grav.
sequanica, Ch. Bris.
terminalis, Gyll.
hygrobia, Thomps.
  hygrotopora, Kr.
  hygrotophila, Fairm.
luridipennis, Mannh.
  producta, Muls. Rey.
fluviatilis, Kraatz.
  gagatina, Muls. Rey.
fragilis, Kraatz.
luteipes, Er.
meridionalis, Muls. Rey.
velata, Er.

labilis, Er.
carbonaria, Sahlb.
  cœrula, Sahlb.
ripicola, Kiesw.
plumbea, Waterh.
  Fairmairei, Ch. Bris.
  Godelinaisi, F. (Alcoch
longula, Heer.
  thinobioides, Kr.
subtilissima, Kr.
punctipennis, Kr.
atricilla, Er.
  puncticeps, Thomps.
  anthracina, Fairm.
occulta, Er.
incana, Er.
torrentum, Kiesw.
nigella, Er.
  æquata, Er.
rufipes, Heer.
angustula, Gyll.
  linearis, Grav.
arcana, Er.
debilis, Er.
gracilenta, Er.
ocaloides, Ch. Bris.
læviceps, Ch. Bris.
elegantula, Ch. Bris.
rufotestacea, Kr.
  atricapilla, Muls. Rey.
macella, Er.
  pallens, Muls. Rey.
luctuosa, Muls. Rey.
ægra, Heer.
deplanata, Grav.
polita, Rosenh.
eucera, Aubé.
plana, Gyll.
  planaticollis, Aubé.
immersa, Er.
planicollis, Thomps.
cupidata, Er.
inconspicua, Heer.
atomaria, Kraatz.
  minuscula, Ch. Bris.
minuta, Ch. Bris.
gemina, Er.
analis, Grav.
minor, Aubé.
soror, Kraatz.
vilis, Er.
difficilis, Ch. Bris.
palleola, Er.
exilis, Er.
pallens, Redt.
inconspicua Er.

talpa, Heer.
  parallela, Mannh.
flavipes, Grav.
confusa, Maërk.
anceps, Er.
  angularis, Heer.
brunnea, Fab.
  depressa, Fab.
hepatica, Er.
  major, Aubé.
Reyi, Kiesw.
merdaria, Thomps.
  Pertyi, Heer.
validicornis, Maërk.
  succicola, Thomps.
trinota, Kr.
  socialis, Thomps.
triangulum, Kraatz.
fungicola, Thomps.
xanthopus, Thomps.
  sublinearis, Kr.
nigritula, Grav.
Linderi, Ch. Bris.
subrecta, Muls. Rey.
subcavicola, Ch. Bris.
humeralis, Kr.
sodalis, Er.
  incisa, Muls. Rey.
divisa, Maërk.
  impressicollis, M. Rey.
nigricornis, Thomps.
coriaria, Kr.
nitidicollis, Fairm.
autumnalis, Er.
  basicornis, Muls. Rey.
  foveola, Muls. Rey.
lacustris, Ch. Bris.
Aubei, Ch. Bris.
gagatina, Baudi.
  variabilis, Kr.
  mutata, Fairm.
  conformis, Muls. Rey.
myrmecobia, Kr.
atrata, Sahlb.
  clancula, Er.
nigra, Kr.
cribrata, Kr.
cinnamomea, Grav.
hospita, Maërk.
  castanea, Aubé.
subterranea, Muls. Rey.
scapularis, Sahlb.
  ochracea, Er.
fuscicornis, Muls. Rey.
brevicollis, Baudi.
  varicornis, Kr.

dilaticornis, Kr.
oblita, Er.
sericea, Muls. Rey.
sordidula, Er.
inquinula. Er.
  minutissima, Heer.
marcida, Er.
. livida, Muls. Rey.
immunda, Ch. Bris.
intermedia, Thomps.
longicornis, Grav.
subrugosa, Kiesw.
atramentaria, Gvll.
cadavernia, Ch. Bris.
lævana, Muls. Rey.
ravilla, Er.
  angusticollis, Thomps.
palustris, Kiesw.
  brunnipes, Muls. Rey.
lepida, Kr.
  excavata, Er. (ex parte).
  corvina, Thomps.
liliputana, Ch. Bris.
melanaria, Sahlb.
lividipennis, Er.
testudinea, Er.
aterrima, Grav.
  lugens, Kiesw.
pygmæa, Grav.
  sericata, Mannerh.
  v. obfuscata, Grav.
parens, Muls. Rey.
fusca, Sahlb.
  vernacula, Er.
paradoxa, Muls. Rey.
sinuatocollis, Ch. Bris.
subsinuata, Er.
  fimetaria, Thomps.
  rustica, Ch. Bris.
parva, Sahlb.
  parvula, Mannh.
  cauta, Er.
pulicaria, Er.
carbonaria, Kolen.
  spreta, Fairm.
stercoraria, Kr.
  pilosiventris, Thomps.
muscorum, Ch. Bris.
cœlata, Er.
  indigena, Heer.
  montana, Muls. Rey.
pulchra, Kr.
fungi, Grav.
  v. nigriceps, Heer.
fimorum, Ch. Bris.
orbata, Er.

clientula, Grav.
  plebeja, Woll.
orphana, Er.
notha, Er.
tibialis, Heer.
nivalis, Kiesw.
picipennis, Muls. Rey.
circellaris, Grav.
cæsula, Er.
  brachyptera, Thomps

Placusa
Erichson.

complanata, Er.
pumilio, Grav,
infina, Er.
adscita. Er.
  granulata, Baudi.(Hom).

Phlœopora
Erichson.

reptans, Grav.
corticalis, Grav.

Tomoglossa
Kraatz.

luteicornis, Er.

Hygronoma
Erichson.

dimidiata, Grav.

Schistoglossa

viduata, Er.

Oligota
Mannerheim.

pygmæa, Kr.
pusillima, Grav.
atomaria, Er.
  punctulata, Heer.
inflata, Mannh.
  subtilis, Er.
rufipennis, Kr.
  apicata, Kr.
xanthopyga, Kr.
  apicata, Fairm.
granaria, Er.
  pentatoma, Forster.
flavicornis, Lac.

Gyrophæna
Mannerhem.

compliquans Westw.

20

nitidula, Gyll.
gentilis, Er.
pulchella, Heer.
affinis, Sahlb.
nana, Payk.
rugipennis, Muls. Rey.
congrua, Er.
lucidula, Er.
minima, Er.
strictula, Er.
  lævigata, Heer.
polita, Grav.
manca, Er.
Boleti, L.
  punctipennis, Thomps.

Agaricochara

Kraatz.

lævicollis, Kr.

Pronomœa

Erichson.

rostrata, Er.
  v: picea, Heer.

Diglossa

Haliday.

mersa, Haliday.
sub-marina, Fairm.

Myllæna

Erichson.

dubia, Grav.
intermedia, Er.
minuta, Grav.
gracilis, Heer.
  grandicollis, Kiesw.
elongata, Kr.
glauca, Aubé.
forticornis, Kr.
infuscata, Kr.
gracilicornis,Fm.Ch.Bris.

Gymnusa

Erichson.

brevicollis, Payk.
variegata, Kiesw.

Dinopsis

|Matthews.

fuscata, Matth.
  laticollis, Er.

TACHYPORINI.

Hypocyptus

Mannerheim.

longicornis, Payk.
pulicarius, Er.
discoideus, Er.
rufipes, Kr.
apicalis, Ch. Bris.
læviusculus, Mannh.
  nigripes, Heer.
seminulum, Er.

Trichophya

Mannerheim.

pilicornis, Gyll.

Habrocerus

Erichson.

capillaricornis, Grav.

Heterothops

Stephens.

prævius, Er.
brunneipennis, Kiesw.
binotatus, Er.
dissimilis, Grav.
quadripunctulus, Grav.

Cilea

Jacquelin du Val.

silphoides, L.

Tachinus

Gravenhorst.

humeralis, Grav.
  rufescens, Muls.
proximus, Kr.
  humeralis, Muls, Rey.
rufipes, de Geer.
flavipes, Fab.
pallipes, Grav.
bipustulatus, Fab.
subterranneus, L.
fimetarius, Fab.
marginellus, Fab.
laticollis, Grav.
collaris, Grav.
discoideus, Er.
elongatus, Gyll.

Tachyporus

Gravenhorst.

saginatus, Grav.

hæmatopterus, Kr.
erythropterus. Pz.
  Lasserrei, Heer.
obtusus, L.
formosus, Math.
  rufus, Er.
abdominalis, Er.
meridionalis,Fm.Ch.Bris.
solutus, Er.
chrysomelinus, L.
hypnorum, Fab.
ruficollis, Grav.
  pisciformis, Heer.
humerosus, Er.
  pulchellus, Mannh.
tersus, Er.
transversalis, Grav.
scitulus, Er.
  pulchellus, Heer.
pusillus, Grav.
brunneus, Fab.

Conurus

Stephens.

littoreus, L.
pubescens, Grav.
fusculus, Er.
pedicularius, Grav.
lividus, Er.
bipustulatus, Grav.
bipunctatus, Grav.

Bolitobius

Stephens.

analis, Payk.
cingulatus, Mannh.
inclinans, Grav.
formosus, Grav.
bicolor, Grav.
speciosus, Er.
atricapillus, Fab.
lunulatus, L.
  pulchellus, Mannerh.
striatus, Oliv.
trimaculatus, Payk.
trinotatus, Er.
exoletus, Er.
pygmæus, Fab.
cernuus, Grav.
rufus, Er.

Mycetoporus

Mannerheim.

angularis, Muls. Rey.

lucidus, Er.
niger, Fairm.
punctus, Gyll.
  bicolor, Mäklin.
splendens, Marsh.
longulus, Mannh.
ruficornis, Kr.
  punctiventris, Thomps.
lepidus, Grav.
  piceus, Mäklin.
nanus, Grav.
tenuis, Muls, Rey.
pronus, Er.
splendidulus, Grav.

QUEDIIFORMES.

Tanygnathus

Erichson.

terminalis, Er.

Acylophorus

Nordmann.

glabricollis, Grav.

Euryporus

Erichson.

picipes, Payk.

Astrapæus

Gravenhorst.

Ulmi, Rossi.

Oxyporus

Fabricius.

rufus, L.
maxillosus, Fab.

Velleius

Mannerheim.

dilatatus, Fab.

Quedius

Stephens.

lateralis, Grav.
fulgidus, Fab.
  variabilis, Gyll.
longicornis, Kr.
truncicola, Fairm.
cruentus, Oliv.
xanthopus, Er.
scitus, Grav.
lævigatus, Gyll.
punctatellus, Heer.
impressus, Pz.

brevis, Er.
curtus, Er.
molochinus, Grav.
  laticollis, Grav.
tristis, Grav.
  frontalis, Nordm.
fuliginosus, Grav.
  tristis, Gyl.
unicolor, Kiesw.
picipes, Mannh.
ochropterus, Er.
fimbriatus, Er.
  speculator, Kiesw.
  montanus, Heer.
peltatus, Er.
  irideus, Miller.
pyrenæus, Ch. Bris.
anceps, Fairm.
umbrinus, Er.
modestus, Kr.
muscorum, Ch. Bris.
nigriceps, Kr.
saturalis, Kiesw.
monticola, Er.
  paradisianus, Heer.
semi-obscurus, Marsh.
Bonvouloirii, Ch. Bris.
attenuatus, Gvl.
  picipennis, Heer.
boops, Grav.
brevipennis, Fairm.
obliteratus, Er.
  nemoralis, Baudi.
marginallis, Kr.
scintilans, Grav.
  monspeliensis, Fairm.
auricomus, Kiesw.
Kraatzii, Ch. Bris.
infuscatus, Er.
vicinus, Lac.

Staphylinus

Linné.

hirtus, L.
maxillosus, Lin.
nebulosus, Fab.
murinus, L.
chrysocephalus, Pz.
pubescens, de Géer.
lutarius, Grav.
stercorarius, Oliv.
chalcocephalus, Fab.
latebricola, Grav.
  rupicola, Kiesw.
Mulsanti, Godart.
  meridionalis, Rosenh.

fulvipes, Scop.
chloropterus, Pz.
erythropterus, L.
cæsareus, Cederh.

‡

olens, Muller.
brachypterus, Brul.
  micropterus, Redt.
alpestris, Er.
  v : brevipennis, Heer.
cyaneus, Payk.
similis, Fab.
æthiops, Walt.
  masculus, Nordm.
brunnipes, Fab.
  v: alpicola, Er.
fuscatus, Grav.
picipennis, Fab.
cupreus, Rossi.
confusus, Baudi.
fulvipennis, Er.
  vagans, Heer.
pedator, Grav.
ater, Grav.
morio, Grav.
melanarius. Heer.
compressus, Marsh.
  v?. cerdo, Er.
  luganensis, Heer,
minax Muls. Rey.
falcifer, Nordm.

Philonthus

Curtis.

splendens, Fab.
intermedius, Lac.
laminatus, Creutz.
cribratus, Er.
lævicollis, Lac.
  adscitus, Kiesw.
montivagus, Heer.
  lævicollis, Er.
cyanipennis, Er.
nitidus, Fab.
succicola, Thomps.
  carbonarius, Er.
æneus, Rossi.
tenuicornis, Muls. Rey.
scutatus, Er.
decorus, Grav.
politus, Fab.
lucens, Mannh.
atratus, Grav.
cœrulescens, Lac.

22

marginatus, Fab.
umbratilis, Grav.
varius, Gyl.
  v : bimaculatus, Grav.
albipes, Grav.
lepidus, Grav.
  v: gilvipes, Er.
nitidulus, Grav.
pyrenæus, Kiesw.
sordidus, Grav.
  v : placidus, Er.
sparsus, Luc.
fimetarius, Grav.
cephalotes, Grav.
  megacephalus, Heer.
xantholoma, Grav.
  v : variegatus, Er.
cicatricosus, Er.
ebeninus, Grav. .
  v : ochropus, Grav.
  v : corruscus, Er.
corvinus, Er.
fumigatus, Er.
strangulatus, Er.
bipustulatus, Pz.
sanguinolentus, Grav.
scybalarius, Nordm.
opacus, Gyl.
  varians, Er.
agilis, Grav.
debilis, Grav.
ventralis, Grav.
discoideus, Grav.
vernalis, Grav.
quisquiliarius. Gyl.
  v: rubidus, Er.
splendidulus, Grav.
  analis, Heer.
thermarum, Aubé.
  exilis, Kr.
rufimanus, Er.
fumarius, Grav.
nigrita, Grav.
virgo, Grav.
palustris, Ch. Bris.
varipes, Muls. Rey.
micans, Grav.
rubripennis, Kiesw.
  lividipes, Baudi.
obscuripes, Ch. Bris.
salinus, Kiesw.
fulvipes, Fab.
astutus, Er.
exiguus, Nordm.
nigritulus, Grav.
pullus, Nordm.

tenuis, Fab.
  gracilis, Letzner.
punctus, Grav.
  v : binotatus, Grav.
  v : ephippium, Nordm.
puellus, Nordm.
  parumpunctatus, Er.
rufipennis, Grav.
dimidiatipennis, Er.
sericeus, Holme.
filum, Kiesw.
pruinosus Er.
cinerascens, Grav.
signaticornis, Muls. Rey.
elongatulus, Er.
orbus, Kiesw.
procerulus, Grav.
prolixus, Er.
  pubipennis, Kolen.

XANTHOLININI

Vulda

Jacquelin du Val.
gracilipes, J. du D.

Xantholinus

glabratus, Grav.
relucens, Grav.
punctulatus, Payk.
ochraceus, Gyll.
atratus, Heer.
  confusus, Muls. Rey.
procerus, Er.
tricolor, Fab.
distans, Muls. Rey.
elegans, Oliv.
glaber, Nordm.
  v : flavipennis, Redt.
longiventris, Heer.
linearis, Oliv.
fulgidus, Fab.
lentus, Grav.
collaris, Er.

Leptacinus

Erichson.

nothus, Er.
parumpunctatus, Gyll.
  v : ampliventris,
batychrus, Gyll. J. du V.
linearis, Grav.
formicetorum, Maërk.

Baptolinus

Kraatz.

alternans, Grav.
  nigriceps, Mannh.

pilicornis, Payk.

Othius

Stephens.

fulvipennis, Fab.
punctipennis, Lac.
fuscicornis, Heer.
melanocephalus, Grav.
lapidicola, Kiesw.
myrmecophilus, Kiesw.

POEDERINI

Lathrobium

Gravenhorst.

brunnipes, Fab.
elongatum, L.
boreale, Hoch.
  bicolor, Heer.
  geminum, Kr.
fulvipenne, Grav.
rufipenne, Gyll.
striatopunctatum, Kiesw.
multipunctum, Grav.
pyrenaicum, Fairm.
lusitanicum, Grav.
angustatum, Lac.
quadratum, Payk.
terminatum, Grav.
posticum, Muls. Rey.
punctatum, Zett.
filiforme, Grav.
  impressum, Heer.
longulum, Grav.
longipenne, Fairm.
pallidum, Nordm.
dilutum, Er.
  agile, Heer.
dividuum, Er.
spadiceum, Er.
  Tarnieri, Rouget.
angusticolle, Lac.
  longicorne, Redt.
carinatum, Bold.
bicolor, Er.
picipes, Er.
labile, Er.
scabricolle, Er.
stilicinum, Er.
brevicorne, Latr.

Achenium

Stephens.

depressum, Grav.
striatum, Latr.
hœmorrhoidale, Luc.

humile, Nicol.
jejunum, Er.
rufulum, Fairm.

Scimbalium

Erichson.

planicolle, Er.
longipenne, Ch. Bris.
testaceum, Er.
grandiceps, J. du D.
longicolle, Muls.

Dolicaon

Laporte.

illyricus, Er.
biguttulus, Lac.

Cryptobium

Mannerheim.

fracticorne, Payk.
v : Jacquelinii, Boield.
brevipenne, Muls. Rey.

Stilicus

Latreille.

festivus, Muls. Rey.
fragilis, Grav.
rufipes, Germ.
subtilis, Er.
similis, Er.
geniculatus, Er.
affinis, Er.
orbiculatus, Payk.

Scopæus

Erichs.

Erichsonii, Kolen.
apicalis, Muls. Rey.
lævigatus, Gyll.
didymus, Er.
anxius, Muls Rey.
rubidus, Muls. Rey.
sericans, Muls. Rey.
pusillus, Kiesw.
abbreviatus, Muls. Rey.
cognatus, Muls. Rey.
minutus, Er.
pumilus, Heer.
v: debilis, Muls. Rey.
v: intermedius, Mul. Rey.
minimus, Er.

Lithocharis

Erichson.

castanea, Grav.

maritima, Aubé.
diluta, Er.
fuscula, Mannh.
rufa, Muls. Rey.
pocofera, Peyr.
brunnea, Er.
megacephala, Heer.
picca, Kr.
rufiventris, Nordm.
ripicola, Kr.
fuscula, Rey. Muls.
ochracea, Grav.
debilicornis, Woll.
brevicornis, Allard.
ruficollis, Kr.
vicina, Ch. Bris.
melanocephala, Fab.
aveyronnensis, Mathan.
obsoleta, Nordm.
nigritula, Er.
aterrima, Saulcy.

Sunius

Stephens.

filiformis, Latr.
v. pulchellus, Heer.
anguinus, Baudi.
uniformis, J. du V.
intermedius, Er.
diversus, Aubé.
angustatus, Payk.
neglectus, Maërk.
bimaculatus, Er.

Pæderus

Gravenhorst.

cephalotes, Motsch.
littoralis, Grav.
vulgaris, Miller.
brevipennis, Lac.
riparius, L.
? longicollis, Gautier.
longipennis, Er.
corsicus. Gautier.
caligatus, Er.
paludosus, Dietr.
limnophilus, Er.
longicornis, Aubé.
ruficollis, Fab.
v: carbonarius, Gautier.
gemellus, Kraatz.

STENINI

Evæsthetus

Gravenhorst.

scaber, Grav.

læviusculus, Mannh.
ruficapillus, Lac.
scaber, Gyll.
Lespesii, J. du V.
grandiceps, Muls. Rey.
(Homa ota.)
dissimilis, Aub.

Dianous

Curtis.

cœrulescens, Gyll.

Stenus

Latreille.

biguttatus, L.
bipunctatus, Er.
longipes, Heer.
guttula, Muller.
geminus, Heer.
lævigatus. Muls. Rey.
stigmula, Er.
maculipes, Heer.
bimaculatus, Gyll.
Juno, Fab.
boops, Grav.
intricatus, Er.
asphaltinus, Er.
ater, Mannh.
ruralis, Er.
alpestris, Heer.
incrassatus, Er.
buphthalmus, Grav.
foveiventris, Fairm.
inæqualis, Muls. Rey.
oreophilus, Fm., Ch. Bris.
carbonarius, Gyll.
niger, Mannh.
opacus, Er.
canaliculatus, Gyl.
nitidus, Lac.
morio, Grav.
æqualis, Muls. Rey.
incanus, Er.
gracilentus. Fairm.
atratulus, Er.
subdepressus, Muls. Rey.
cinerascens, Er.
exiguus, Er.
pusillus, Er.

⇌

speculator, Lac.
boops, Gyll.
providus, Er.
Rogeri, Kr.
novator, J. du V.

Guynemeri, J. du V.
rugosus, Kiesw.
lustrator, Er.
scrutator, Er.
sylvester, Er.
fossulatus, Er.
aterrimus, Er.
proditor, Er.
Argus, Er.
decipiens, Lepr.
sub-lobatus, Muls. Rey.
vafellus, Er.
macrocephalus, Aub.
fuscipes, Grav.
formicetorum, Mannh.
cribriventer, Fairm.
humilis, Er.
circularis, Grav.
declaratus, Er.
coniciventris, Fairm.
pumilio, Er.
nigritulus, Gyll.
campestris, Er.
crassiventris, Thomps
nigritulus, Er.
unicolor, Er.
eumerus, Kiesw.
opticus, Grav.

::

subimpressus, Er.
major, Muls. Rey.
salinus, Ch. Bris.
binotatus, Gungh.
plantaris, Er.
bifoveolatus, Gyll.
plancus, Er.
foveicollis, Kr.
brevicollis, Thomps.
bifoveolatus, Er.
Leprieuri, Cussac.
rusticus, Er.
rufimanus, Heer.
spretus, Fairm.
tempestivus, Er.
obliquus, Heer.
picipennis, Er.
languidus, Er.
cordatus, Grav.
hospes, Er.
cribratus, Kiesw.
subæneus, Er.
muscorum, Fm. Ch. Bris.
impressus, Germ.
annulipes, Heer.
montivagus, Heer.

impressipennis, J. Duv.
carinifrons, Fairm.
sardous, Kr.
testaceicornis, Perr.
ærosus, Er.
politus, Aubé.
geniculatus, Grav.
palustris, Er.
flavipes, Er.
pallipes, Grav.
fuscicornis, Er.
filum, Er.

::

Kiesenwetteri, Rosenh.
tarsalis, Ljungh.
oculatus, Grav.
solutus, Er.
cicindeloïdes, Grav.
paganus, Er.
latifrons, Er.
contractus, Er.
basalis, Curtis.

OXYTELINI

Bledius

Stephens.
taurus, Germ.
verres, Er.
unicornis, Germ.
spectabilis, Kr.
tricornis, Herbst.
nuchicornis, Mul. Rey.
tricornis, Oliv.
aquarius, Er.
littoralis, Heer.
talpa, Gyl.
subterranneus, Er.
pallipes, Grav.
hispidulus, Fairm.
tibialis, Heer.
♂ morio, Heer.
brevicollis, Muls. Rey.
fossor, Heer.
triangulum, Baudi.
angustus, Muls. Rey.
arenarius, Payk.
opacus, Block.
fracticornis, Payk.
femoralis, Gyll.
sus, Aubé.
longulus, Er.
procerulus, Er.
atricapillus, Germ.
nanus, Er.
pusillus, Er.

rufipennis, Er.
cribricollis, Heer.
crassicollis, Lac.
alpestris, Heer.
dissimilis, Er.
erraticus, Er.
filum, Heer.
agricultor, Heer.
pygmæus, Er.

Platystethus

Mannerheim.
spinosus, Er.
cornutus, Grav.
v : scybalarius, Runde.
alutaceus, Thomps.
cornutus, Gyll.
tristis, Muls. Rey.
Burlei, Ch. Bris.
morsitans, Payk.
capito, Heer.
cribricollis, Baudi.
nodifrons, Sahl.
nitens, Sahlb.
splendens, Heer.
striatulus, Heer.

Oxytelus

Gravenhorst.
rugosus, Fab.
fulvipes, Er.
insectatus, Grav.
piceus, L.
humilis, Heer.
luteipennis, Er.
oceanus, Fauvel.
Perrisii, Fauvel.
sculptus, Grav.
inustus, Grav.
sculpturatus, Grav.
terrestris, Heer.
complanatus, Er.
intricatus, Er.
nitidulus, Grav.
pumilus, Er.
depressus, Grav.
speculifrons, Kr.
hamatus, Fairm.

Haploderus

Stephens.
coelatus, Grav.
coesus, Er.

Trogophloeus
Mannerheim.
dilatatus, Er.
scrobiculatus, Er.
distinctus, Fairm.
plagiatus, Kiesw.
riparius, Lac.
bilineatus, Steph.
anthracinus, Muls. Rey.
obesus, Kiesw.
inquilinus, Er.
  incrassatus, Kiesw.
elongatulus, Er.
fuliginosus, Grav.
corticinus, Grav.
halophilus, Kiesw.
exiguus, Er.
punctipennis, Kiesw.
foveolatus, Sahlb.
nitidus, Baudi.
pusillus, Grav.
tenellus, Er.
parvulus, Mul.Rey.(Oxyt.)
subtilis, Er.

Ancyrophorus
Kraatz.
flexuosus, Fairm.
longipennis, Fairm.
omalinus, Er.
angustatus, Er.

Thinobius
Kiesenwetter.
linearis, Kr.
delicatulus, Kr.
longipennis, Heer.
ciliatus, Kiesw.
Wenckeri, Fauv.

Euphanias
Fairmaire.
insignicornis, Fairm.
  squamiger, Muls. Rey.

Syntomium
Erichson.
æneum, Muller.

Coprophilus
Latreille.
striatulus, Fab.

Plancustomus
Jacquelin du Val.
palpalis, Er.

Acrognatus
Erichson.
mandibularis, Gyll.

Deleaster
Erichson.
dichrous, Grav.

Trigonurus
Mulsant.
Mellyi, Muls.

OMALINI
Anthophagus
Gravenhorst.
spectabilis, Heer.
armiger, Grav.
muticus, Kiesw.
scutellaris, Er.
austriacus, Er.
  alpestris, Heer.
alpinus Fab.
pyrenæus, Ch. Bris.
omalinus, Zett.
caraboides, L.
  v. abbreviatus, Fab.
præustus, Muls.
crassicornis, Mull. Rey.
cenisius, Fairm.

Geodromicus
Redtenbacher.
plagiatus, Fab.
  v. suturalis, Lac.
anthracinus, Ch. Bris.
globulicollis, Mannh.
  longipes, Mannh.
  Kunzei, Heer.

Lesteva
Latreille.
pubescens, Mannh.
fontinalis, Kiesw.
bicolor, Payk.
punctata, Er.
muscorum, J. du V.
longula, Mannh.

Acidota
Stephens.
crenata, Fab.
cruentata, Mannh.
ferruginea, Lac.

Olophrum
Erichson.
piceum, Gyl.
alpestre, Er.
  alpinum, Heer.
assimile, Payk.
consimile, Gyll.

Lathrimæum
Erichson.
melanocephalum, Illig.
luteum, Er.
atrocephalum, Gyll.
fusculum, Er.

Amphychroum
Kraatz.
canaliculatum, Er.
  ♂ dentipes, Heer.
  ♀ tenuipes, Heer.

Deliphrum
Erichson.
tectum, Payk.
crenatum, Grav.
angustatum, Er.

Arpedium
Erichson.
quadrum, Grav.

Philorinum
Kraatz.
humile, Er.
  myops, Halid.
  subpubescens, Steph.
cadomense, Fauv.

Micralymma
Westwood.
brevipenne, Gyll.
Johnstonis, Wetsw.

Coryphium
angusticolle, Steph.
  pallipes,Cussac (Macrop).

Boreaphilus
Sahlberg.
velox, Heer.
angulatus, Fairm.

26

Hadrognathus
Schaum.
longipalpis, Muls.

Omalium
Gravenhorst.
validum, Kr.
rivulare, Payk.
impar, Muls. Rey.
fossulatum, Er.
Allardii, Fairm., Ch. Bris.
cœsum, Grav.
nigriceps, Kiesw.
Oxyacanthæ, Grav.
exiguum, Gyll.
minimum, Er.
monilicorne, Gyll.
planum, Payk.
pusillum, Grav.
lineare, Zett.
deplanatum, Gyll.
concinnum, Marsh.
testaceum, Er.
gracilicorne, Fairm.
vile, Er.
Salicis, Gyll.
brunneum, Payk.
lucidum, Er.
florale, Payk.
v: maculicorne, Heer.
nigrum, Grav.
striatum, Grav.
rufulum, Er.
pygmæum, Payk.
inflatum, Gyl.

Eusphalerum
Kraatz.
triviale, Er.
oblitum, Fairm.

Anthobium
Stephens.
signatum, Maërk.
abdominale, Grav.
limbatum, Er.
♂ adustum, Heer.
♀ fuscipenne, Heer.
nigrum, Er.
atrum, Heer.
florale, Pz.
excavatum, Er.
robustum, Heer.
♀ alpestre. Heer (Omal).
minutum, Fab.
paludosum, Heer.

impressicolle, Kiesw.
anale, Er.
angustum, Kiesw.
longulum, Kiesw.
montanum, Er.
alpinum, Heer.
luteipenne, Er.
sordidulum, Kr.
palligerum, Kiesw.
longipenne, Er.
umbellatarum, Kiesw.
puberulum, Kiesw.
pallens, Heer.
scutellare, Er.
montivagum, Heer.
adustum, Kiesw.
ustulatum, Heer.
Kraatzii, J. du V. Ch. Bris.
ophthalmicum, Payk.
torquatum, Marsh.
Sorbi, Gyll.
Rhododendri, Baudi.
obliquum, Muls. Rey.
appendiculatum, Heer.

PROTEININI

Proteinus
Latreille.
brevicollis, Er.
brachypterus, Fab.
lævicollis, Herr (Omal).
macropterus, Gyll.
atomarius, Er.

Megarthrus
Stephens.
depressus, Payk.
macropterus, Grav.
nitidulus, Kr.
sinuatocollis, Lac.
Bellevoyei, Saulcy.
denticollis, Beck.
marginicollis, Lac.
hemipterus, Illiger.

Phloeobium
Erichson.
clypeatum, Muller.

PHLOEOCHARINI

Pseudopsis
Newmann.
sulcata, Newm.

Phloeocharis
Mannerheim.
subtilissima, Mannh.

PIESTINI

Prognatha
Latreille.
quadricornis, Kirby.

Glyptoma
Erichson.
corticinum, Motsch.

MICROPEPLINI

Micropeplus
Latreille.
porcatus, Payk.
cœlatus, Er.
Mathani, Fauvel.
fulvus, Er.
Margaritæ, J. du V.
staphylinoides, Marsh.
obtusus, Newm.
Duvalii, Fauvel.

HISTERIDÆ

Hololepta
Payk.
plana, Fuessl.

Platysoma
Leach.
frontale, Payk.
depressum, F.
oblongum, F.
lineare, Er.
angustatum, Ent. Heft.
filiforme, Er.

Hister
Linné.
major, L.
inæqualis, Ol.
4-maculatus, L.
amplicollis, Er.
helluo, Truq.
unicolor, L.
cadaverinus, E. H.
terricola, Germ.
mordarius, E. H.
binotatus, Er.
fimetarius, Herbst.
sinuatus, F.

græcus, Brull.
neglectus, Germ.
ignobilis, de Mars.
carbonarius, Ill.
ruficornis, Grim.
  myrmecophilus, Muls.
ventralis, de M.
purpurescens, Herbst.
nigellatus, Germ.
stercorarius, E. H.
sinuatus, Ill.
4-notatus, Scrib.
lugubris, Truq.
funestus, Er.
bissexstriatus, F.
bimaculatus, L.
12-striatus, Schrank.
corvinus, Germ.
prætermissus, Peyr.
stigmosus, de M.

Phelister
De Marseul.
Rouzeti, Fairm.

Epierus
Erichson.
cumptus, ill.

Tribalus
Erichson.
scaphidiformis, Ill.
minimus. Ross.

Metœrius
Erichson.
sesquicornis, Preyss.
quadratus, Kug.

Ontophilus
Leach.
sulcatus, F.
exaratus, Ill.
striatus, F.

Glymma
De Marseul.
Candezii, de M.

Paromalus
Erichson
complanatus, Ill.
parallelipipedus, Herbst.
flavicornis, Herbst.

Carcinus
De Marseul.
pumilio, Er.
minimus, A.

Dendrophilus
Leach.
punctatus, Herbst.
pygmæus, L.

Bacanius
Le Conte.
rhombophorus, A.

Saprinus
Erichson.
maculatus, Ross.
semipunctatus, F.
detersus, Ill.
nitidulus, Payk.
subnitidus, de M.
biterrensis, de M.
  ? Godetii, Brullé.
algiricus, Payk.
furvus, Er.
immundus, Gyll.
speculifer, Latr.
æneus, F.
virescens, Payk.
chalcites, Ill.
lautus, Er.
pastoralis, J. du V.
tridens, J. du V.
serripes, de M.
mediocris, de M.
metallesceus, Er.
æmulus, Ill.
rufipes, Payk.
cribellaticollis, J. du V.
granarius, Er.
conjungens, Payk.
4-striatus, E. H.
specularis, de M.
Pelleti, de M.
sabulosus, Fairm.
crassipes, Er.
grossipes, Er.
rugifrons, Payk.
metallicus, Herbst.
radiosus, de M.
apricarius, Er.
dimidiatus, Ill.
rotundatus, Ill.
piceus, Payk.

Teretrius
Erichson.
picipes, F.

Plegaderus
Erichson.
saucius, Er.
vulneratus, Panz.
cæsus, Herbst.
dissectus, Er.
Ottii, de M.
Barani, de M.
discisus, Er.
pusillus, Ross.
  hispidulus, Muls.

Abrœus
Leach.
globulus, Creutz.
globosus, E. H.
granulum, Er.
parvulus, Aubé.

Acritus
Le Conte.
punctum, Aubé.
atomarius, Aubé.
nigricornis, E. H.
minutus, Herbst.

SCAPHIDIIDÆ

Scaphidium
Olivier.
4-maculatum, Ol.

Scaphium
Kirby.
immaculatum, Ol.

Scaphisoma
Leach.
agaricinum, Ol.
Boleti, Panz.
assimile, Er.

TRICHOPTERYADÆ

Trichopteryx
Kirby.
atomaria, de Géer.
fascicularis, Herbst.
grandicollis, Mann.

fucicola, Allib.
thoracica, Gillm.
brevipennis, Er.
pygmæa, Er.
abdominalis, Fairm.
pumila, Er.
sericans, Heer.
similis, Gillm.
Guerinii, Fairm.
suturalis, Heer.

Astatopteryx
Perris.
laticollis, Perris.

Ptilium
Gyllenhal.
minutissimum, Gyll.
trisulcatum, A.
canaliculatum, Er.
inquilinum, Er.
cæsum, Er.
discoideum, Gillm.
affine, Er.
excavatum, Er.
transversale, Er.
angulicolle, Fairm.
fuscum, Er.
coarctatum, Halid.
filiforme, A.
marginatum, A.
angustatum, Er.
Kunzei, Heer.
variolosum, Muls.
***
pulchellum, Gillm.
filicorne, Fairm.

Ptinella
Matthews.
aptera, Guér.
denticollis, Fairm.
testacea, Heer.
limbata, Heer.
gracilis, Gillm.
punctipennis, Fairm.

Ptenidium
Erichson.
punctatum, Gyll.
alutaceum, Gillm.
apicale, Er.
nitidum, Ch. Bris.
formicetorum, Kr.
lævigatum, Er.

pusillum, Gyll.
Gressneri, Gillm.

Nossidium
Erichson.
pilosellum, Marsh.

PHALACRIDÆ
Phalacrus
Paykull.
corruscus, Payk.
grossus, Er.
substriatus, Gyll.
seriepunctatus, Ch. Bris.
brunnipes, Ch. Bris.
Caricis, St.

Tolyphus
Erichson.
granulatus, Germ.

Olibrus
Erichson.
corticalis, Panz.
æneus, F.
bicolor, F.
bimaculatus, Küst.
liquidus, Er.
discoideus, Küst.
affinis, St.
Millefolii, Payk.
pygmæus, St.
geminus, Ill.
atomarius, L.
oblongus, Er.
particeps, Muls.

NITIDULIDÆ
Cercus
Latreille.
pedicularius, L.
bipustulatus, Payk.
rufilabris, Latr.
Sambuci, Er.
rhenanus, Boch.

Brachypterus
Kugelann.
gravidus, Ill.
vestitus, Ksw.
cinereus, Heer.
quadratus, Creutz.
pubescens, Er.

Urticæ, F.
rubiginosus, Er.

Carpophilus
Stephens.
hemipterus, L.
4-signatus, Er.
mutilatus, Er.
sexpustulatus, F.

Ipidia
Erichson.
4-notata, F.

Epuroea
Erichson.
decem-guttata, F.
diffusa, Ch. Bris.
silacea, Herbst.
æstiva, L.
melina, Er.
deleta, Er.
immunda, Er.
variegata, Herbst.
obsoleta, F.
neglecta, Heer.
distincta, Grim.
angustula, Er.
boreella, Zett.
parvula, St.
pygmæa, Gyll.
pusilla, Ill.
oblonga, Herbst.
longula, Er.
florea, Er.
æstiva, Ill.
melanocephala, Marsh.
v. affinis, Steph.
limbata, F.

Nitidula
Fabricius.
bipustulata, L.
flexuosa, F.
obscura, F.
4-pustulata, F.

Soronia
Erichson.
punctatissima, Ill.
oblonga, Ch. Bris.
grisea, L.

Amphotis
Erichson.
marginata, F.

Omosita

Erichson.

depressa, L.
colon, L.
discoïdea, F.
? cincta, Heer.

Pria

Stephens.
Dulcamaræ, Ill.
pallidula, Er.

Meligethes

Kirby.

rufipes, Gyll.
lumbaris, St.
hebes, Er.
æneus, F.
cœruleovirens, Forst.
coracinus, St.
Lepidii, Mill.
anthracinus, Ch. Bris.
pumilus, Er.
fulvipes, Ch. Bris.
gracilis, Ch. Bris.
subæneus, St.
corvinus, Er.
subrugosus, Gyll.
substrigosus, Er.
Symphiti, Heer.
ochropus, St.
difficilis, Heer.
Kunzei, Er.
morosus, Er.
brunnicornis, St.
hæmorrhoïdalis. Forst.
viduatus, St.
pedicularius, Gyll.
assimilis, St.
serripes, Gyll.
sulcatus, Ch. Bris.
bidens, Ch. Bris.
umbrosus, St.
maurus, St.
ater, Ch. Bris.
incanus, St.
niger, Ch. Bris.
tristis, St.
murinus, Er.
seniculus, Er.
Marrhubii, Ch. Bris.
villosus, Er.
brachialis, Er.
ovatus, St.
picipes, St.

punctatus, Ch. Bris.
castaneus, Ch. Bris.
discoïdeus, Er.
flavipes, St.
rotundicollis, Ch. Bris.
palmatus, Er.
fumatus, Er.
lugubris, St.
Menthæ, Ch. Bris.
acicularis, Ch. Bris.
gagatinus, Er.
erythropus, Gyll.
bidentatus, Ch. Bris.
Erichsonii, Ch. Bris.
minutus, Ch. Bris.
exilis, St.
solidus, Kug.
fuscus, Ol.
mutabilis, Rosenh.
brevis, St.

Thalycra

Erichson.
fervida, Gyll.

Pocadius

Erichson.
ferrugineus, F.

Cychramus

Kugelann.
4-punctatus, Herbst.
luteus, F.
fungicola, Heer.

Cyllodes

Erichson.
ater, Herbst.

Cybocephalus

Erichson.
exiguus, Sahlb.
festivus, Er.
similiceps, J. du V.

Cryptarcha

Schuckard.
strigata, F.
imperialis, F.

Ips

Fabricius.
4-guttata, F.

4-punctata, Herbst.
4-pustulata, L.

Pityophagus

Schuckard.
ferrugineus, L.

Rhizophagus

Herbst.

depressus, F.
cribratus, Gyll.
ferrugineus, Payk.
perforatus, Er.
parallelocollis, Gyll.
nitidulus, F.
dispar, Payk.
bipustulatus, F.
politus, Helw.
cœruleus, Waltl.
parvulus, Payk.

PELTIDÆ

Nemosoma

Latreille.
elongata, L.

Temnochila

Erichson.
cœrulea, Ol.

Trogosita

Olivier.
mauritanica, L.

Peltis

Geoffroy.
grossa, L.
ferruginea, L.
oblonga, L.
dentata, F.

Thymalus

Latreille.
limbatus, F.

COLYDIIDÆ

Sarrotrium

Illiger.
clavicorne, L.

Corticus

Latreille.
tuberculatus, Charp.

30

Diodesma
Latreille.
subterranea, Er.

Endophlæus
Erichson.
spinulosus, Latr.

Coxelus
Latreille.
pictus, Er.

Colobicus
Latreille.
emarginatus, Latr.

Ditoma
Herbst.
crenata, Herbst.

Synchita
Hellwig.
juglandis, F.
mediolanensis, Vill.

Cleones
Curtis.
variegatus, Hellw.
pictus, Er.

Aulonium
Erichson.
sulcatum, Ol.
bicolor, Herbst.

Colydium
Fabricius.
elongatum, F.
filiforme, F.

Teredus
Schuckard.
nitidus, F.

Oxylæmus
Erichson.
cylindricus, Panz.
cæsus, Er.

Aglenus
Erichson.
brunneus, Gyll.

Bothrideres
Erichson.
contractus, F.
angusticollis, Ch. Bris.

Pycnomerus
Erichson.
terebrans, Ol.
inexspectus, J. du V.

Apeistus
Motschulsky.
Rondani, Vill.

Philothermus
Aubé.
Montandoni, A.

Cerylon
Latreille.
histeroides, F.
angustatum, Er.
impressum, Er.
deplanatum, Gyll.

RHYSSODIDÆ

Rhyssodes
Dalmann.
sulcatus, F.

PASSANDRIDÆ

Prostomis
Latreille.
mandibularis, F.

CUCUJIDÆ

Dendrophagus
Schœnherr.
crenatus, Sch.

Brontes
Fabricius.
planatus, L.

Cucujus
Fabricius.
sanguinolentus, L.

Pediacus
Schuckard.
dermestoïdes, F.
costipennis, Fairm.

Phlæostichus
Redtenbacher.
denticollis, Redt.

Læmophlæus
Latreille.
monilis, F.
muticus, F.
castaneus, Er.
bimaculatus, Payk.
testaceus, F.
duplicatus, Waltl.
pusillus, Sch.
ferrugineus, Steph.
ater, Ol.
alternans, Er.
Hypobori, Perr.
Clematidis, Er.
corticinus, Er.
Dufourii, Laboul.

Lathropus
Erichson.
sepicola, Mull.

Monotoma
Herbst.
conicicollis, Aubé.
angusticollis, Gyll.
picipes, Payk.
brevicollis, A.
spinicollis, A.
quadricollis, A.
quisquiliarum, Redt.
punctaticollis, A.
longicollis, Gyll.
4-foveolata, A.
rufa, Redt.
ferruginea, Ch. Bris.

CRYPTOPHAGIDÆ

Silvanus
Latreille.
frumentarius, F.
bicornis, Er.
bidentatus, F.
unidentatus, F.
similis, Er.
advena, Waltl.
elongatus, Gyll.

Nausibius
Redtenbacher.
dentatus, Marsh.

Anterophagus

Latreille.

nigricornis, F.
silaceus, Herbst.
pallens, Ol.

Emphylus

Erichson.

glaber, Gyll.

Cryptophagus

Herbst.

Lycoperdi, Herbst.
Schmidtii, St.
setulosus, St.
punctipennis, Ch. Bris.
pilosus, Gyll.
saginatus, St.
lapidarius, Fairm.
montanus, Ch. Bris.
scanicus, L.
badius, St.
quercinus, Kr.
rufus, Ch. Bris.
labilis, Er.
affinis, St.
cellaris, Scopoli.
signatus, H. Bris.
acutangulus, Gyll.
fumatus, Gyll.
validus, Kr.
dentatus, Herbst.
parallelus, Ch. Bris.
niger, Ch. Bris.
distinguendus, St.
bicolor, St.
subdepressus, Gyll.
vini, Pz.
crenulatus, Er.
pubescens, St.
Populi, Payk.
muticus, Ch. Bris.

Paramecosoma

Curtis.

Abietis, Payk.
pilosulum, Er.
melanocephalum, Herbst.
serrata, Gyll,
elongata, Er.
angusta, Rosenh.

Atomaria

Stephens.

ferruginea, Sahlb.

fimetarii, Herbst.
fumata, Er.
Barani, Ch. Bris.
nana, Er.
umbrina, Gyll.
prolixa, Er.
procerula, Er.
pulchra, Er.
elongatula, Er.
linearis, Step.
Bettæ, Macq.
unifasciata, Er.
mesomelas, Herbst.
gutta, Steph.
rhenana, Kr.
fuscipes, Gyll.
peltata, Kr.
munda, Er.
impressa, Er.
nigripennis, Payk.
ruficollis, Ch. Bris.
cognata, Er.
atra, Herbst.
berolinensis, Kr.
gibbula, Er.
fuscata, Sahlb.
apicalis, Er.
atricapilla, Steph.
nigriceps, Er.
gravidula, Er.
humeralis, Kr.
pusilla, Payk.
turgida, Er.
analis, Er.
ruficornis, Marsh.
terminata, Comolli.
versicolor, Er.

Ephistemus

Westwood.

globosus, Walt.
palustris, Wollast.
gyrinoides, Marsh.
ovulum, Er.
dimidiatus, St.
globulus, Payk.
exiguus, Er.

TELMATOPHILIDÆ

Psammœcus

Latreille.

bipunctatus, F.

Telmatophilus

Heer.

Sparganii, Ahr.

Typhæ, Foll.
brevicollis, A.
Caricis, Ol.
Schœnherri, Gyll.

Byturus

Latreille.

fumatus, L.
tomentosus, F.

Diploœlus

Guérin.

Fagi, Guér.

Diphyllus

Schuckard.

lunatus, F.
frater, A.

MYCETOPHAGIDÆ

Mycetophagus

Hellwing.

4-pustulatus, L.
piceus, F.
Salicis, H. Bris.
decempunctatus, F.
atomarius, F.
multipunctatus, Hellw.
fulvicollis, F.
Populi, F.
4 guttatus, Mull.

Triphyllus

Latreille.

punctatus, F.
suturalis, F.

Litargus

Erichson.

bifasciatus, F.

Typhæa

Curtis.

fumata, L.

Berginus

Erichson.

Tamarisci, Woll.

MYCETEIDÆ

Mycetæa
Stephens.
hirta, Marsh.

Symbiotes
Redtenbacher.
Troglodytes, Hamp.
latus, Redt.
Pygmæus, Hamp.

Leiester
Redtenbacher.
seminigra, Gyll.

Myrmechixenus
Chevrolat.
vaporariorum, Guér.
subterraneus, Chevr.
picinus, A.

Alexia
Stephens.
pilifera, Mull.
pilosa, Panz.
globosa, St.

MURMIDIIDÆ

Murmidius
Leach.
ovalis, Beck.
advena, Germ.

CORYLOPHIDÆ

Sacium
Le Conte.
brunneum, Ch. Bris.
pusillum, Gyll.
nanum, Muls.
discedens, J. du V.

Arthrolips
Wollaston.
obscurus, Sahl.
rufithorax, J. du V.

Sericoderus
Stephens.
lateralis, Gyll.

Corylophus
Stephens.
cassidioides, Marsh.
surlævipennis, J. du V.

Moronillus
Jacquelin du Val.
ruficollis J. du V.

Orthoperus
brunnipes, Gyll.
pilosiusculus, J. du V.
atomarius, Heer.
anxius, Muls.
coriaceus, Muls.

SPHÆRIIDÆ

Sphærius
Waltl.
acaroides, Waltl.

LATHRIDIIDÆ

Langelandia
Aubé.
anophthalma, Aubé.

Lyreus
Aubé.
subterranneus, Aubé.

Anommatus
Wesmaël.
duodecim-striatus, Muller.

Cholovocera
Motschulsky.
formicaria, Motsch.
punctata, Mærk.

Merophysia
Lucas.
formicaria, Luc.

Holoparamecus
Curtis.
singularis, Beck.
Villæ, Aubé.
caularum, Aubé.
Bertouti. Aubé.
Lowei, Woll.

Metophthalmus
Wollaston.
Bonvouloiria J. du V.
niveicollis, J. du V.

Lathridius
Illiger.
lardarius, de Géer.

angusticollis, Humm.
productus, Rosenh.
Pandelli, Ch. Bris.
angulatus, Mannh.
rugicollis, Oliv.
carinatus, Gyll.
rugicollis, Oliv.
constrictus, Gyll.
elongatus, Curtis.
clathratus, Mannh.
liliputanus, Mannh.
exilis, Mannh.
collaris, Mannh.
hirtus, Gyll.
rugosus, Herbst.
transversus, Oliv.
cordaticollis, Aubé.
minutus, L.
porcatus, Herbst.
anthracinus, Mannh.
brevicornis, Mannh.
carbonarius, Mannh.
filiformis, Gyll.
elegans, Aubé.
nodifer, Westw.
limbatus, Forst.

Corticaria
Marsham.
pubescens, Illig.
crenulata, Gyll.
denticulata, Gyll.
impressa, Oliv.
bella, Redt.
serrata, Payk.
sylvicola, Ch. Bris.
formicetorum, Mannh.
cylindrica, Mannh.
cribricollis, Fairm.
armata, Mannh.
crenicollis, Mannh.
obscura, Ch. Bris.
foveola, Beck.
linearis, Payk.
fulva, Comolli.
elongata, Gyll.
ferruginea, Marsh.
gibbosa, Herbst.
tranversalis, Gyll.
? brevicollis, Mannh.
fuscula, Humm.
v. trifoveolata, Redt.
similata, Gyll.
subtilis, Mannh.
truncatella, Mannh.
fulvipes, Comolli.

distinguenda, Comolli.
fuscipennis, Mannh.

Migneauxia
Jacquelin du Val.
crassiuscula, Aubé.
serricollis, J. du V.

Dasycerus
Brongniart.
sulcatus, Brong.

THORICTIDÆ

Thorictus
Germar.
gallicus, Peyr.

DERMESTIDÆ

Dermestes
Linné.
peruvianus, Cast.
  gulo, Muls.
vulpinus, F.
Frischii, Kug.
murinus, L.
undulatus, Brahm.
atomarius, Er.
tessellatus, F.
mustelinus, Er.
laniarius, Ill.
sardous, Küst.
ater, Ol.
lardarius, L.
bicolor, F.
pardalis, Sch.
hæmorrhoidalis, Küst.
holosericeus, Tourn.

Attagenus
Latreille.
pellio, L.
Schæfferi, Herbst.
megatoma, F.
20-guttatus, F.
Verbasci, L.
  trifasciatus, F.
bifasciatus, Rossi.
sordidus, Heer.

Megatoma
Herbst.
undata, L.

Hadrotoma
Erichson.
marginata, Payk.

nigripes, F.
fasciata, Fairm.

Trogoderma
Latreille.
versicolor, Creutz.
elongatula, F.
nigra, Herbst.
villosula, Dufts.
5-fasciata, J. du V.

Tiresias
Stephens.
serra, F.

Anthrenus
Geoffroy.
Scrophulariæ, L.
festivus, Er.
Pimpinellæ, F.
delicatus, Ksw.
varius, F.
molitor, A.
  v. albidus, Peyr.
museorum, L.
claviger, Er.

Trinodes
Latreille.
hirtus, F.

Orphilus
Erichson.
glabratus, F.

BYRRHIDÆ

Nosodendron
Latreille.
fasciculare, Ol.

Syncalypta
Dillwyn.
setosa, Waltl.
setigera, Ill.
spinosa, Rossi.

Byrrhus
Linné.
gigas, F.
pyrenæus, Steff.
sorreziacus, Fairm.
lobatus, Ksw.
Suffriani, Ksw.
bigorrensis, Ksw.
auromicans, Ksw.
  melanostictus, Fairm.

ornatus, Panz.
pilula, L.
decipiens, Fairm.
fasciatus, F.
dorsalis, F.
murinus, F.

Cytilus
Erichson.
varius, F.

Morychus
Erichson.
æneus, F.
nitens, Panz.
modestus, Ksw.

Simplocaria
Marsham.
semistriata, F.

Limnichus
Latreille.
aureosericeus, J. du V.
versicolor, Waltl.
pygmæus, Sturm.
sericeus, Duft.
incanus, Ksw.

Bothriophorus
Mulsant.
atomus, Muls.

GEORYSSIDÆ

Georyssus
Latreille.
pygmæus, F.
substriatus, Heer.
læsicollis, Germ.
cælatus, Er.
carinatus, Rosenh.

PARNIDÆ

Potamophilus
Germar.
acuminatus, F.

Parnus
Fabricius.
prolifericornis, F.
griseus, Er.
luridus, Er.
striatopunctatus, Heer.
lutulentus, Er.
striatellus, Fairm.

3

34

viennensis, Heer.
pilosellus, Er.
auriculatus, Ill.
nitidulus, Heer.
hydrobates, Ksw.

Pomatinus
Sturm.
substriatus, Mull.

Elmis
Latreille.
*
æneus, Mull.
Maugetii, Latr.
obscurus, Mull.
**
Volkmari, Panz.
Germari, Er.
opacus, Mull.
Mulleri, Er.
parallelipipedus, Mull.
subparallelus, Fairm.
angustatus, Mull.
pygmæus, Mull.
cupreus, Mull.
subviolaceus, Mull.
nitens, Mull.

Limnius
Muller.
tuberculatus, Mull.
troglodytes, Gyll.
rivularis, Rosenh.

Stenelmis
L. Dufour.
canaliculatus, Gyll.
consobrinus, L. Duft.

Macronychus
Muller.
4-tuberculatus, Mull.

HETEROCERIDÆ
Heterocerus
Fabricius.
parallelus, Gebl.
fossor, Ksw.
femoralis, Ksw.
marginatus, Fab.
pruinosus, Ksw.
hispidulus, Ksw.
obsoletus, Curt.
lævigatus, Panz.

fusculus, Ksw.
pulchellus, Ksw.
minutus, Ksw.
sericans, Ksw.
marmota, Ksw.
murinus, Ksw.
maritimus, Guér.

LUCANIDÆ
Lucanus
Scopoli.
cervus, L.
v. capra, Ol.
v. Fabiani, Muls.
v. pentaphyllus, Reiche.
Pontbrianti, Muls.

Dorcus
Mac-Leay.
parallelipipedus, L.

Platycerus
Geoffroy.
caraboïdes.
v. rufipes, Herbst.

Ceruchus
Mac-Leay.
tarandus, Panz.

Æsalus
Fabricius.
scarabæoides, Panz.

Sinodendron
Hellwing.
cylindricum, L.

SCARABÆIDÆ
Ateuchus
Weber.
sacer, L.
pius, Ill.
semipunctatus, F.
laticollis, L.

Gymnopleurus
Illiger.
Mopsus, Pall.
Sturmii, Mac Leay.
Cantharus, Er.
flagellatus, F.

Sisyphus
Latreille.
Schæfferi, L.

Copris
hispanus, L.
lunaris, L.

Bubas
Mulsant.
bison, L.
bubalus, Ol.

Onitis
Fabricius.
Olivieri, Ill.
Ion, Ol.
ungaricus, Herbst.
v : Melybœus, Muls.

Oniticellus
Serville.
flavipes, F.
pallipes, F.

Onthophagus
Latreille.
Amyntas, Ol.
♀Tages, Ol.
Hubneri, F.
taurus, L.
nutans, F.
austriacus, Panz.
vacca. L.
cœnobita, Herbst.
fraticornis, Preyssl.
nuchicornis. L.
lemur, F.
hirtus, Illig.
maki, Ill.
semicornis, Panz.
furcatus, F.
ovatus, L.
punctatus. Illig.
Schreberi, L.

Aphodius
Illiger.
Colobopterus, Muls.
erraticus, L.
Coprimorphus, Muls.
scrutator. Herbst.
Eupleurus, Muls.
subterraneus. L.

Tenchestes, Muls.
fossor, L.

Otophorus, Muls.
hæmorrhoidalis, L.

Aphodius, Muls.
conjugatus, Panz.
scybalarius, F.
fœtens, F.
fimetarius, L.

***
ater, De Géer.
ascendens, Reiche.
constans, Duft.
  vernus, Muls.
exiguus, Muls.
granarius, L.

***
piceus, Gyll.
  alpicola, Muls.
fœtidus, F.
putridus, St.
monticola, Muls.

***
Hydrochæris, F.
sordidus, F.
rufescens, F.
lugens, Creutz.
nitidulus, F.
immundus, Creutz.

***
alpinus, Scop.
  rubens, Muls.
carinus, Er.

***
bimaculatus, F.
plagiatus, L.
  v. niger, Panz.
rufus, Ill.
ferrugineus, Muls.
lividus, Ol.

***
cylindricus, Reiche.

***
inquinatus, F.
melanostictus, Schm.
sticticus, Panz.
conspurcatus, L.
  pictus, St.
tessulatus, Payk.
lineolatus, Ill.

***
Zenkeri, Germ.
***
obscurus, F.
thermicola, St.
porcus, F.

Trichonotus Muls.
scrofa, F.
tristis, Pz.
parallelus, Muls.
pusillus, Herbst.
4-guttatus, Herbst.
4-maculatus, L.
  biguttatus, Germ.
sanguinolentus, Panz.
merdarius, F.
castaneus, Ill.

Melinopterus, Muls.
prodromus, Brahm.
punctatosulcatus, St.
pubescens, St.
consputus, Creutz.
contaminatus, Herbst.
obliteratus, Panz.

Acrossus, Muls.
discus, Schm.
pollicatus, Er.
præcox, Er.
montivagus, Er.
rufipes, L.
bipunctatus, Er.
luridus, Payk.
  v: gagates.
depressus, Kug.
  v: atramentarius, Er.
pecari, F.

Plagiogonus, Muls.
arenarius, Ol.

Heptaulacus, Muls.
sus, F.
carinatus, Germ.
  nivalis, Muls.
testudinarius, F.

Oxyomus, Muls.
porcatus, F.

Ammœcius
Mulsant.
brevis, Er.
elevatus, Ol.
pyrenæus, J. du V.
gibbus, Germ.

Rhyssemus
Mulsant.
germanus, L.
  asper, F.
verrucosus, Muls.
plicatus, Germar.
  Godarti, Muls.
sulcigaster, Muls.
Marqueti, Reiche.

Psammodius
Gyllenhal.
Pleurophorus, Muls.
cæsus, Panz.

Platytomus, Muls.
sabulosus, Muls.

Diastictus, Muls.
vulneratus, Sturm.

Psammodius, Muls.
sulcicollis, Ill.
porcicollis, Ill.
plicicollis, Er.
  accentifer, Muls.
rugicollis, Er.
scutellaris, Muls.

Ægialia
Latreille.
arenaria, F.

Hybalus
Brullé.
cornifrons, Brullé.
Dorcas, Germ.

Ochodœus
Serville.
chrysomelinus, F.

Hybosorus
Mac-Leay.
Illigeri, Reiche.
  arator, Ill.

Bolboceras
Kirby.
unicornis, Schr.
gallicus, Muls.

Odontœus
Erichson.
mobilicornis, F.

36

Geotrupes
Latreille.
Minotaurus Muls.
Typhæus, L.
Geotrupes, Muls.
stercorarius, L.
putridarius, Er.
mutator, Marsh.
pilularius, L.
hypocrita, Ill.
sylvaticus, Panz.
vernalis, L.
autumnalis, God.
alpinus, St.
pyrenæus, Charp.
v : corruscans, Chev.
Thorectes, Muls.
lævigatus, F.

Trox
Fabricius.
perlatus, Scriba.
hispidus, Laich.
sabulosus, L.
scaber, L.

Anthypna
Latreille.
abdominalis, F.

Hoplia
Illiger.
Decamera, Muls.
philanthus, Sulz.
argentea, F.
pulverulenta, Ill.
praticola, Dufts.
Hoplia, Muls.
farinosa, L.
argentea, Fab.
cœrulea, Drury.
graminicola, F.
hungarica, Burm.
brunnipes, Muls.

Hymenoplia
Erichson.
bifrons, Esch.
Chevrolati, Muls.

Triodonta
Mulsant.
aquila, Cast.

Homaloplia
Stephens.
ruricola, F.

Serica
Mac-Leay.
holosericea, Scop.
brunnea, L.

Melolontha
Fabricius.
vulgaris, F.
albida, Cast.
hippocastani, F.

Polyphylla
Harris.
fullo, L.

Anoxia
Laporte.
australis, Sch.
scutellaris, Muls.
villosa, F.
pilosa, Muls.

Amphimallus
Latreille.
Pini, Ol.
soistitialis, L.
ochraceus, Knoch.
Fallenii, Gyll.
v. tropicus, Muls.
pygialis, Muls.
ater, Herbst.
nomadicus, Reiche.
ruficornis, F.
marginatus, Herbst.
paganus, Ol.
rufescens, Latr.

Rhizotrogus
Latreille.
æstivus, Ol.
thoracicus, Muls.
cicatricosus. Muls.
emarginipes, Muls.
vicinus, Muls.
rugifrons, Burm.

Pachypus
Latreille.
cornutus, Ol.
Candidæ, Muls.

Anisoplia
Serville.
fruticola, F.
agricola, F.
depressa, Er.
arvicola, Ol.
tempestiva, Er.
austriaca, Muls.
crucifera, Herbst.

Phyllopertha
Kirby.
campestris, Latr.
horticola, L.

Anomala
Koeppe.
aurata, F.
Junii, Dufts.
Enchlora, Muls.
Vitis, Fab.
ausonia, Er.
devota, Ross.
oblonga, F.
Frischii, F.

Callicnemis
Castelneau.
Latreillei, Cast.

Pentodon
Hope.
puncticollis, Burm.
monodon, Muls.
punctatus, Villers.

Phyllognathus
Eschscholtz.
Silenus, F.

Oryctes
Illiger.
nasicornis, L.
grypus, Ill.

Cetonia
Fabricius
Oxythyrea, Muls.
stictica, L.
Epicometis Burm.
hirtella, L.
squalida, L.
Reyi. Muls.

Æthiessa, Burm.
floralis, F.

Cetonia Muls.
oblonga, Gory.
morio, F.
aurata, L.
floricola, Herbst.
ænea, Muls.
v: metallica, Muls.
marmorata, F.
opaca, F.
Cardui, Muls.
angustata, Germ.
affinis, And.
speciosissima, Scop.

Osmoderma
Serville.
eremita, Scop.

Gnorimus
Serville.
nobilis, L.
variabilis, L.

Trichius
Fabricius.
fasciatus, L.
abdominalis. Mén.
gallicus, Muls.

Valgus
Scriba.
hemipterus, L.

BUPRESTIDÆ

Julodis
Eschscholtz.
Onopordinis, F.
v: Sommeri, Kust.
Onopordi, Guér.

Acmæodera
Eschscholtz.
tæniata, F.
4-fasciata, Bonn.
mutabilis, Spin.
18-guttata, Pill. Mi.
Festhomeli, Gory.
sexpustulata, Lap. Gory.
v: bipunctata, Ol.
discoidea, F.
Pillosellæ, Bonn.
adspersula, Ill.
cylindrica, F.

Ptosima
Solier.
novemmaculata, F.

Buprestis
Linné.
Capnodis, Esch.
cariosa, Pall.
tenebrionis, L.
tenebricosa, F.
Perotis, Spin.
tarsata, F.
Latipalpis, Sol.
pisana, Rossi.
Dicerca, Esch.
ænea, L.
berolinensis, F.
Alni, Fisch.
Fagi, Lap. Gory.

Pœcilonota
Eschscholtz.
Lampra, Spin.
conspersa, Gyll.
plebeja, Herbst.
rutilans, F.
decipiens, Mann.
mirifica, Muls.
festiva, L.

Ancylochira
Eschscholtz.
rustica, L.
punctata, F.
flavomaculata, F.
octoguttata, L.

Eurythyrea
Solier.
austriaca, L.
scutellaris, Ol.
carniolica, Herbst.
micans, F.

Chalcophora
Solier.
Mariana, L.
v: florentina, Dahl.

Melanophila
Eschscholtz.
cyanea, F.
tarda, F.
decostigma, F.

appendiculata, F.
Pecchioli, Lap. Gory.
Ariasi, Robert.

Anthaxia
Eschschlotz.
cyanicornis, F.
♀ trochilus, F.
Crœsus, Villers.
scutellaris, Gené.
viminalis, Lap. Gory.
inculta, Germ.
Millefollii, F.
Cichorii, Ol.
parallela, Lap. Gory.
hypomelæna, Ill.
deaurata, Rossi.
aurulenta, F.
manca, F.
Midas, Kiesw.
Croesa, Lap. Gory.
candens, Panz.
Salicis, F.
nitidula, L.
♀ læta, F.
Saliceti, Ill.
nitida, Ross.
nitens, F.
corsica, Reiche.
funerula, Ill.
v: Chevrieri, Lap. Gory.
sepulchralis, F.
umbellatarum, Ol.
morio, F.
4-punctata, L.
praticola, Laferté.
umbellatarum, Lap. G.

Sphenoptera
Solier.
litigiosa, Mann.
iridiventris, Lap. Gory.
geminata, Ill.
lineata, F.
rauca, F.
gemellata, Mann.
ardua, Lap. Gory.
metallica, F.
parvula, Lap. Gory.

Chrysobothris
Eschscholtz.
chrysostigma, L.
affinis, F.
Solieri, Lap.
Pini, Kiug.

38

Coræbus

Laporte. Gory.

bifasciatus, Ol.
undatus, F.
Rubi, L
elatus, F.
  metallicus, Lap. Gor.
Graminis, Panz.
  cylindraceus, Lap. Gory.
amethystinus, Ol.
episcopalis, Mann.
  purpureus, L.
violaceus, Ksw.
æneicollis, Villers.

Agrilus

Solier.

Artemisiæ, Ch. Bris.
roscidus, Ksw.
biguttatus, F.
Guerinii, Lac.
sinuatus, Ol.
subauratus, Gebl.
  Coryli, Ratz.
  auripennis, Lap. Gory.
tenuis, Ratz.
  viridis, Lap. Gory.
angustulus, Ol.
  olivaceus, Gyll.
  laticornis, Lap. Gory.
olivicolor, Ksw.
  olivaceus, Ratz.
hastulifer, Ratz.
Graminis, Lap. G.
deraso-fasciatus, Ratz.
  angustulus, Lap. G.
litura, Ksw.
cæruleus, Ross.
  cyaneus, Lap. G.
laticornis, Ill.
scaberrimus, Ratz.
obscuricollis, Ksw.
pratensis, Ratz.
  linearis, Lap. G.
convexifrons, Ksw.
auricollis, Ksw.
viridis, L.
  viridipennis, Lap. G.
  v : nocivus, Ratz.
  v : linearis, Panz.
  v : Fagi, Ratz.
Betuleti, Ratz.
Solieri, Lap. G.
Hyperici, Creutz.
Cisti, Ch. Bris.

cinctus, Ol.
aurichalceus, Redt.
integerrimus, Ratz.

Cylindromorphus

Kiesenwetter.

filum. Sch.
  cylindricus, Villa.
parallelus, Fairm.

Aphanisticus

Latreille.

elongatus, Villa.
  Lamotei, Guér.
angustatus, Luc.
emarginatus, F.
pusillus, Ol.
pygmæus, Luc.

Trachys

Fabricius.

minutus, L.
pumilus, Ill.
  intermedius, Lap. G.
pygmæus, F.
troglodytes. Sch.
  æneus, Mann.
nanus, Payk.
  troglodytes, Lap. G.
triangularis, Lac.
Pandeillei, Fairm.

EUCNEMIDÆ

Drapetes

Redtenbacher.

equestris, F.

Throscus

Latreille.

dermestoides, L.
  adstrictor, F.
brevicollis, Bonvouloir.
  elateroides, Redt.
carinifrons, Bonv.
elateroides, Heer.
  gracilis, Woll.
obtusus, Curt.
  pusillus, Heer.
Valii, Bonv.

Cerophytum

Latreille.

elateroides, Latr.

Melasis

Olivier.

buprestoides, L.
♂ v : elateroides, Ill.

Tharops

Laporte.

melasoides, Lap.
  Lepaigei, Lac.

Eucnemis

Ahrens.

capucinus, Ahr.

Microrhagus

Eschscholtz.

lepidus, Rosenh.
  ♀ Manueli, Fairm.
pygmæus, F.
Emyi, Roug.

Farsus

Jacquelin Duval.

unicolor, Latr.

Hypocœlus

Eschscholtz.

procerulus, Mann.

Xylobius

Latreille.

Alni, F.

ELATERIDÆ

Adelocera

Latreille.

atomaria, L.
  carbonaria, Ol.
lepidoptera, Gyll.
fasciata, L.
varia, F.

Lacon

Laporte.

murinus, L.

Ludius

Latreille.

ferrugineus, L.

Corymbites

Latreille.

Pristilophus, Germ.
insitivus, Germ.

Corymbites.
hæmatodes, F.
castaneus, L.
sulphuripennis, Germ.
aulicus, Panz.
v : signatus, Panz.
Heyeri, Saxesen.
pectinicornis, L.
pyrenæus. Charp.
cupreus, F.

Actenicerus, Ksw.
Quercus, Gyll.

Diacanthus, Latr.
impressus, F.
æruginosus, Ol.
æratus, Muls.
metallicus, Payk.
melancholicus, F.
amplicollis, Germ.
æneus, L.
v : germanus, L.
rugosus, Germ.
latus, F.
v : gravidus, Germ.
v : milo, Germ.
cruciatus, L.
bipustulatus, L.

Tactocomus, Ksw.
holosericeus, L.

Hypoganus, Ksw.
cinctus, Payk.

Campylus
Fischer.
rubens, Pill.
denticollis, F.
linearis, L.

Campylomorphus
Jacquelin Duval.
homalisinus, Ill.

Athous
Eschscholtz.
**
rufus, De Geer.
rhombeus, Ol.
niger, L.
mutilatus, Rosenh.
anthracinus, Muls.
hæmorroidalis, F.
difficilis, L. Dufour.

vittatus, F.
v : semipallens, Muls.
puncticollis, Ksw.
longicollis, Ol.
♀ crassicollis, Lac.
virgatus, Reiche.
strictus, Reiche.
tomentosus, Muls.
villiger, Muls.
filicornis, Cand.
**
undulatus, De Geer.
subtruncatus, Muls.
subfuscus, Mull.
emaciatus, Cand.
Godarti, Muls.
acutus, Muls.
olbiensis, Muls.
sylvaticus, Muls.
pallens, Muls.
montanus, Cand.
difformis, Lac.
Ecoffeti, Reiche.
basalis, Cand.
? herbigradus, Muls.
hispidus, Cand.
Dejeanii, Cast.
♀ fuscicornis, Muls.
Titanus, Mds.
melanoderes, Muls.
frigidus, Muls.
castanescens, Muls.
v : vestitus, Muls.
mandibularis, L. Dufour.
canus, L. Duft.
***
flavescens, Muls.
cylindricollis, Muls.
sutura-nigra, Chevrol.

Limonius
Eschscholtz.
nigripes, Gyll.
cylindricus, Payk.
tardus, Cand.
minutus, L.
parvulus, Panz.
lythrodes, Germ.

Pheletes, Ksw.
Bructeri, F.

Sericosomus
Redtenbacher.
brunneus, L.
v : fugax, F.
v : tibialis, Redt.

subæneus, Redt.
micans, Muls.

Dolopius
Eschscholtz.
marginatus, L.

Agriotes
Eschscholtz.
aterrimus, L.
pilosus, F.
pallidulus, Ill.
umbrinus, Germ.
sobrinus, Ksw.
lineatus, L.
obscurus, L.
sputator, L.
ustulatus, Schaler.
blandus, Germ.
gilvellus, Lac.
gallicus, Cast.

Betarmon
Kiesenwetter.
bisbimaculatus, Schæn.
picipennis, Bach.

Adrastus
Eschscholtz.
terminatus, Er.
rutilipennis, Ill.
limbatus, F.
pallens, F.
v : limbatus, Payk.
pusillus, F.
lateralis, Herbst.
humilis, Er.

Synaptus
Eschscholtz.
filiformis, F.

Melanotus
Eschscholtz.
niger, F.
tenebrosus, Er.
brunnipes, Germ.
sulcicollis, Muls.
castanipes, Payk.
aspericollis, Muls.
punctatocollis, Ch. Bris.
rufipes, Herbst.
crassicollis, Er.
amplithorax, Muls.
dichrous, Er.

40

Trichophorus
Mulsant.
Guillebelli, Muls.

Elater
Linné.
sanguineus, L.
cinnabarinus, Eschs.
lythropterus, Germ.
Satrapa, Ksw.
sanguinolentus, Scrank
ephippium, F.
Pomonæ, Steph.
præustus, F.
Pomorum, Geoff.
crocatus, Geoff.
elongatulus, Germ.
melanurus, Muls.
balteatus, L.
elegantulus, Schon.
quadrisignatus, Gyll.
erythrogonus, Mull.
ruficeps, Muls.
Megerlei, Lac.
æthiops, Lac.
  brunnicornis, Germ.
  scrofa, Germ.
nigerrimus, Lac.
  obsidianus, Germ.
nigrinus, Payk.

Anchastus
Le Conte.
acuticornis, Germ.

Megapenthes
Kiesenwetter.
sanguinicollis, Panz.
tibialis, Lac.
lugens, Redt.

Porthmidius
Germar.
fulvus, Redt.

Aeolus
Eschscholtz.
crucifer, Rossi.

Cryptohypnus
Eschscholtz.
? hyperboreus, Gyll.
gracilis, Muls.
  morio, Ksw.
riparius, F.
rivularius, Gyll.

frigidus, Ksw.
4-pustulatus, F.
pulchellus, L.
curtus, Germ.
? alysidotus, Ksw.
4-guttatus, Lap.
dermestoides, Herbst.
flavipes, Aubé.
meridionalis, Lap.
minutissimus, Germ.
algirinus, Luc.

Drasterius
Eschscholtz.
bimaculatus, F.
  v : pallipes, Küst.
  v : variegatus, Küst.
  v : fenestratus, Küst.
  v : 4-signatus, Küst.

Cardiophorus
Eschscholtz.
thoracicus, L.
ruficollis, L.
anticus, Er.
biguttatus, F.
pictus, Cast.
  ornatus, Cand.
Eleonoræ, Gené.
rufipes, Fourc.
vestigialis, Er.
nigerrimus, Er.
melampus, Ill.
musculus, Er.
  advena, F.
  v : curtulus, Muls.
asellus, Er.
ebeninus, Germ.
? atramentarius, Er.
exaratus, Er.
cinereus, Herbst.
versicolor, Muls.
agnatus, Cand.
Equiseti, Herbst.

CEBRIONIDÆ

Cebrio
Olivier.
gigas, F.
Fabricii, Leach.
  ò xanthomerus, Germ.

CYPHONIDÆ

Dascillus
Latreille.
cervinus, L.

cinereus, F.

Helodes
Latreille.
pallida, F.
marginata, F.
? flavicollis, Ksw.
  Microcara, Thoms.
livida, F.

Prionocyphon
Redtenbacher.
serricornis, Mull.

Cyphon
Paykull.
coarctatus, Payk.
variabilis, Thunb.
  pubescens, F.
Putonii, Ch. Bris.
Paykulii, Guér.
Padi, L.

Hydrocyphon
Redtenbacher.
deflexicollis, Mull.

Scirtes
Illiger.
hemisphæricus, L.
orbicularis, Panz.

Eubria
Redtenbacher.
palustris, Germ.
Marchantii, J. du V.

Eucynetus
Germar.
hæmorrhoidalis, Germ.
meridionalis, Lap.

LAMPYRIDÆ
Dictyoptera
Latreille.
sanguinea, F.

Eros
Newman.
aurora, F.
hybridus, Mann.
rubens, Gyll.
minutus, F.
Cosnardi, Chevr.
  Merckii, Muls.
affinis, Payk.
alternatus, Fairm.

Omalisus
Geoffroy.
Victoris, Muls.
sanguinipennis, Küst.
suturalis, F.

Lampyris
Linné.
mauritanica, L.
noctiluca, L.
v : longipennis, Mots.
lusitanica, Mots.
Raymondi, Muls.
Reichii, J. du V.

Lamprohiza
Motschulsky.
Mulsanti, Ksw.
Boieldieui, J. du V.
Delarouzei, J. du V.
splendidula, L.

Phosphænus
Laporte.
hemipterus, F.

Luciola
Laporte.
lusitanica, Charp.
italica, Lin.

Drilus
Olivier.
flavescens, F.
concolor Ahr.
pectinatus, Gyll.

TELEPHORIDÆ

Telephorus
Schaeffer.
Podabrus, Westw.
alpinus, Payk.
Ancistronycha, Mark.
abdominalis, F.
v : occipitalis, Rosenh.
violaceus, Payk.
Erichsoni, Bach.
Telephorus, Sch.
sudeticus, Letzn.
hæmorrhoidalis, F.
clypeatus, Ill.
niveus, Panz.
discoideus, Ahr.
illyricus, Muls.
oculatus, Ksw.

? oculatus, Gebl.
fuscus, L.
v : immaculicollis, Cast.
rusticus, Fall.
lividus, L.
v : dispar, F.
assimilis, Payk.
brevicornis, Ksw.
figuratus, Mannh.
v : lituratus, Fall.
rufus, L.
v. bicolor, F.
bicolor, Panz
v : ustulatus, Kiesw.
pellucidus, F.
nigricans, Mull.
xanthoporpa, Ksw.
xantholoma, Ksw.
lineatus, Ksw.
albomarginatus, Mark.
fibulatus, Mark.
pulicarius, F.
opacus, Germ.
discicollis, Brullé.
obscurus, L.
tristis, F.
paludosus, Fall.
flavilabris, Fall.
fuscicollis, Ksw.
fulvicollis, F.
thoracicus, Redt.
thoracicus, Ol.
lateralis, Sch.
oralis, Germ.
pilosus, Payk.
prolixus, Mark.
incultus, Gené.
præcox, Géné.

Rhagonycha, Esch.
signatus, Germ.
nigriceps, Wald.
boops, Ksw.
v : atricapillus, Ksw.
translucidus, Kryn.
fuscicornis, Ol.
v : Markelii, Ksw.
melanurus, L.
fulvus, Scop.
testaceus, L.
femoralis, Brullé.
nigripes, Redt.
pallidus, F.
v : pallipes, F.
opacus, Muls.
ater, L.

morio, Ksw.
Pygidia, Muls.
denticollis, Schumm.
punctipennis, Ksw.

Diprosopus
Mulsant.
melanurus, Muls.

Silis
Latreille.
ruficollis, F.
nitidula, F.

Malthinus
Latreille.
biguttatus, L.
biguttulus, Payk.
fasciatus, Ol.
glabellus, Ksw.
bilineatus, Ksw.
punctatus, Fourcroy.
flaveolus, Payk.
striatulus, Muls.
scriptus, Ksw.
v : filicornis, Ksw.
rubricollis, Baudi.
frontalis, Marsh.
Kiesenwetteri, Ch. Bris.

Malthodes
Kiesenwetter.
trifurcatus, Ksw.
spathifer, Ksw.
minimus, L.
sanguinolentus, Ksw.
guttifer, Ksw.
mysticus, Ksw.
marginatus, Latr.
flavoguttatus, Ksw.
dispar, Germ.
debilis, Ksw.
alpinus Muls.
pellucidus, Ksw.
meridianus, Muls.
maurus, Redt.
misellus, Ksw.
fibulatus, Ksw.
nigellus, Ksw.
brevicollis, Payk.
nigriceps, Muls.
hexacanthus, Ksw.
chelifer, Ksw.
affinis, Muls.
procerulus, Ksw.
crassicornis, Mækl.

42

foncipifer, Ksw.
apterus, Muls.
meloiformis, Lind.
MALACHIDÆ
Apalochrus
Erichson
flavolimbatus, Mu's.
Malachius
Fabricius.
æneus, L.
bipustulatus, L.
semilimbatus, Fairm.
dentifrons, Er.
viridis, F.
inornatus, Küst
cyanescens, Muls.
***
rufus. F.
marginellus, F.
geniculatus, Germ.
elegans, Ol.
spinipennis, Germ.
parilis, Er.
spinosus, Er.
***
pulicarius, F.
marginalis, Er.
rubricollis, Marsh.
ruficollis, F.
lateplagiatus, Fairm.
***
ovalis, Cast.
cyanipennis, Er.
longicollis, Er.
Anthocomus
Erichson.
sanguinolentus, F.
equestris, F.
fasciatus, L.
pulchellus, Rey.
Attalus
Erichson.
lateralis, Er.
jocosus. Er.
pictus, Ksw.
lobatus, Ol.
amictus, Er.
analis, Panz.
pallidulus, Er.
Ebæus
Erichson.
pedicularius, Schrank.

flavicornis, Er.
appendiculatus, Er.
thoracicus, F.
collaris, Er.
congressarius, Fairm.
flavicollis, Er.
albifrons, F.
♀ anticus, Lap.
alicianus, J du V.
flavipes, F.
Charopus
Erichson.
pallipes, Ol.
grandicollis, Ksw.
concolor, F.
docilis, Ksw.
Atelestus
Erichson.
brevipennis, Cast.
hemipterus, Er.
Troglops
Erichson.
albicans, L.
silo, Er.
Dufourii, Perr.
Homœodipnis
Jacquelin du Val.
Javeti, J. du V.
Antidipnis
Wollaston.
rubripes, Perr.
punctatus, Er.
Colotes
Erichson.
maculatus, Cast.
trinotatus, Er.
v : suturalis, Motsch.
Enicopus
Stephens.
armatus, Luc.
falculifer, Fairm.
acutatus, Boield.
pyrenæus, Fairm.
pilosus, Scop.
hirtus, L.
truncatus. Fairm.
vittatus, Ksw.
Dasytes
Paykull.
4- pustulatus, F.

bipustulatus, F.
niger, L.
terminalis, Hoffm.
calabrus, Costa.
subæneus, Sch.
cœruleus, de Geer.
fusculus, Ill.
flavipes, F.
plumbeus, Fourcroy.
tibialis, Muls.
Dolichosoma
Stephens.
lineare, F.
Psilothrix, Redt.
viridi-cyaneus, Fourcroy.
nobile, Ill.
Lobonyx
Jacquelin du Val.
ciliatus, Graëls.
æneus, Fab.
Aplocnemus
Stephens.
Vini, Redt.
tarsalis, Sahl.
antiquus, Sch.
nigricornis, F.
chlorosoma, Luc.
cylindricus, Dej.
Julistus
Kiesenwetter.
floralis, Oliv.
fulvo-hirtus, Ch. Bris.
Danacæa
Laporte.
pallipes, Panz.
tomentosa, Panz.
Phlœophilus
Stephens.
Edwardsii, Steph.
Melyris
Fabricius.
oblonga, F.
CLERIDE
Cylidrus
Spinola.
Denops Fisch.
albofasciatus, Charp.

Tillus
Olivier.
elongatus, L.
v: ambulans, F.
unifasciatus, F.
transversalis, Charp.

Thanasimus
Latreille.
mutillarius, F.
formicarius, L.
4-maculatus, F.

Opilus
Latreille.
mollis, L.
domesticus, Sturm.
pallidus, Ol.

Clerus
Geoffroy.
alvearius, F.
octopunctatus, F.
apiarius, F.
leucopsideus, Ol.
ammios, F.

Tarsostenus
Spinola.
univittatus, Rossi.

Enoplium
Latreille.
serraticorne, F.

Orthopleura
Spinola.
sanguinicollis, F.

Corynetes
Herbst.
cœruleus, De Geer.
violaceus, L.
ruficollis, F.
rufipes, F.
scutellaris, Ill.

Laricobius
Rosenhauer.
Erichsonii, Rosenh.

LYMEXYLONIDÆ
Hylecœtus
Latreille.
dermestoides, L.

Lymexylon
Fabricius.
navale, L.

PTINIDÆ
Hedobia
Latreille.
pubescens, F.
imperialis, L.
regalis, Duft.
angustata, Ch. B.

Ptinus
Linné.
irroratus, Ksw.
alpinus, Boi-ld.
germanus, F.
palliatus, Perr.
quadridens, Chev.
variegatus, Rossi.
v: Duvalii, Lareyn.
sexpunctatus, Panz.
Aubei, Boield.
dubius, Sturm.
italicus, Arrag.
rufipes, F.
ornatus, Mull.
lepidus, Vill.
bicinctus, Sturm.
fur, L.
pusillus, Sturm.
subpilosus, S.
pilosus, Mull.
brunneus, Dufts.
latro, F.
testaceus, Ol.
bidens, Ol.
frigidus, Boield.
submetallicus, Fairm.
ferrugineus, Muls.

Niptus
Boieldieu.
hololeucus, Fald.
crenatus, F.

Mezium
Curtis.
sulcatum, F.

Gibbium
Scopoli.
scotias, F.

ANOBIDÆ
Dryophilus
Chevrolat.
castaneus, F.
pusillus, Gyll.
rugicollis, Muls.
anobioides, Chevr.
compressicornis, Muls.
longicollis, Muls.
Raphaelensis, Muls.

Gastrallus
Jacquelin du Val.
immarginatus, Mull.
exilis, Gyll.
striatellus, Ch. Bris.

Anobium
Fabricius.
denticolle, Panz.
? emarginatum Duft.
pertinax, L.
striatum, Ol.
fulvicorne, St.
nitidum, Herbst.
hirtum, Ill.
rufipes, F.
cinnamomeum, St.
castaneum, Redt.
*
paniceum, L.
**
tessellatum, F.
plumbeum, Ill.
molle, L.
Pini, St.
Abietis, F.
nigrinum, St.
longicorne, St.
Abietinum, Gyll.
thoracicum, Rossi.

Oligomerus
Redtenbacher.
brunneus, Ol.
gentilis, Rosenh.

Ochina
Sturm.
Hederæ, Mull.
sanguinicollis, Duft,

44

Ptilinus
Geoffroy.

costatus, Gyll.
pectinicornis, L.

Metholcus
Jacquelin du Val.

cylindricus, Germ.
phænicis, Fairm.
Raymondi, Muls.

Xyletinus
Latreille.

rufithorax, Lareyn.
sanguineocinctus, Fairm.
pectinatus, Fab.
ater, Panz.
laticollis, Duft.
ubrotundatus, Lareyn.
bucephalus, Ill.
striatipennis, Fairm.
sericans, Muls.
peregrinus, Chevrol.

Pseudochina
Jacquelin du Val.

hæmorrhoidalis, Ill.
lævis, Ill.
testaceus, Duft.
Redtenbacheri, Bach.

Mesocœlopus
Jacquelin du Val.

niger, Mull.

Dorcatoma
Herbst.

dresdensis, Herbst.
chrysomelina, St.
flavicornis, F.
Dommeri, Rosenh.
dichroa. Boield
Bovistæ. E. H.
meridionalis, Cast.
affinis, St.
rubens, E. H.

Stagetus
Wollaston.

Theca Aubé.

pilula, Aubé.
byrrhoides, A.
Raphaëlensis, A.
pellita, A.

SPHINDIDÆ

Aspidiphorus
Latreille.

orbiculatus, Gyll.
Lareynii, J. du V.

Sphindus
Chevrolat.

dubius, Gyll.

APATIDÆ

Sinoxylon
Duftschmidt.

muricatum, F.
sexdentatum, Ol.

Xylopertha
Guérin.

sinuata, F.
præusta, Germ.
Chevrieri, Vill.
humeralis, Luc.
trispinosa, Ol.

Apate
Fabricius.

capucina, L.
v: luctuosa, Ol.
v: nigriventris, Luc.
varia, Ill.
bimaculata, Ol.
xyloperthoides, J. du V.

Dinoderus
Stephens.

substriatus, Payk.

Rhizopertha
Stephens.

pusilla, Fabr.

Psoa
Herbst.

dubia, Rossi.
italica, Kust.

LYCTIDÆ

Lyctus
Fabricius.

canaliculatus. F.
pubescens, Panz.
impressus, Comoli.
brunneus, Steph.

Hendecatomus
Mellié.

reticulatus, Herbst.

CISIDÆ

Xylographus
Mellié.

bostrichoides, L.

Cis
Latreille.

Boleti, Scop.
rugulosus, Mell.
setiger, Mell.
fissicollis, Mell.
micans, Herbst.
hispidus, Payk.
striatulus, Mell.
flavipes, Luc.
comptus, Gyll.
quadridens, Mell.
laminatus, Mell.
bidentatus. Ol.
dentatus. Mell.
nitidus, Herbst.
Jacquemarti, Mell.
glabratus, Mell.
lineatocribratus, Mell.
Alni. Gyll.
oblongus, Mell.
punctulatus. Gyll.
sericeus, Mell.
bidentulus, Rosenh.
alpinus. Mell.
festivus, Panz.
castaneus, Mell.
fuscatus, Mell.
vestitus, Mell.
laricinus. Mell.
bicornis, Mell.

Rhopalodontus
Mellié.

perforatus, Gyll.
fronticorne, Panz.

Ennearthron
Mellié.

cornutum, Gyll.
affine, Mell.

Octotemnus
Mellié.

glabriculus, Gyll.

Orophius
Redtenbacher.
mandibularis, Gyll.

TENEBRIONIDÆ

Tentyria
Latreille.
mucronata, Stev.
interrupta, Latr.
v : gallica Sol.
substriata, Sol.
bipunctata, Sol.

Tagenia
Latreille.
angustata, Herbst.
filiformis, Latr.
intermedia, Sol.
minuta, Sol.

Scaurus
Fabricius.
tristis, Ol.
striatus, F.
punctatus, Herbst.
atratus, F.

Elenophorus
Latreille.
collaris, L.

Akis
Herbst.
punctata, Thunb.
subterranea, Sol.

Pimelia
Fabricius.
Payraudii, Sol.
bipunctata, F.

Asida
Latreille.
grisea, Ol.
v : vicina, Sol.
helvetica, Sol.
catenulata, Muls.
Dejeanii, Sol.
Jurinei, Sol.
v : bigorrensis, Sol.
sericea. Ol.
Marmottani, Ch. Bris.

Blaps
Fabricius.
mucronata, Latr.

mortisaga, Ol.
similis, Latr.
fatidica, St.
proxima, Sol.
producta, Cast.
gages, L.
gigas, L.
plana, Sol.

Crypticus
Latreille.
quisquilius, L.
glaber, F.
obesus, Luc.
gibbulus, Quens.

Oochrotus
Lucas.
unicolor, Luc.

Pandarus
Mulsant.
coarcticollis, Muls.
tristis, Cast.

Biophanes
Mulsant.
meridionalis, Muls.

Pedinus
Latreille.
punctatostriatus, Muls.
meridianus, Muls.
femoralis, L.

Heliopathes
Mulsant.
lusitanicus, Herbst.
avarus, Muls.
luctuosus, Serv.

Olocrates
Mulsant.
gibbus, F.
abbreviatus, Ol.

Phylax
Mulsant.
littoralis, Muls.

Opatrum
Mulsant.
sabulosum, L.
perlatum, Germ.

Gonocephalum
Mulsant.
rusticum, Ol.

fuscum, Herbst.
patruele, Kust.
nigrum, Kust.
pygmæum, Stev.
pusillum, F.

Microzoum
Redtenbacher.
tibiale, F.

Leichenum
Blanchard.
pulchellum, Küst.
variegatum, Küst.

Ammophthorus
Lacordaire.
rufus, Latr.

Trachyscelis
Latreille.
aphodioides, Latr.

Phaleria
Latreille.
hemisphærica, Küst.
cadaverina, F.

Bolitophagus
Illiger.
reticulatus, L.
interruptus, Ill.
armatus, Panz.

Eledona
Latreille.
agaricola, Herbst.

Diaperis
Geoffroy.
Boleti, L.

Hoplocephala
Laporte.
hæmorrhoidalis, F.
bituberculata, Ol.

Platydema
Laporte.
europæa, Lap.
violacea, F.

Scaphidema
Redtenbacher.
ænea, Payk.

46

Alphitophagus
Stephens.
Phyletus Redt.
4-pustulatus, Steph.
Populi, Redt.
Pentaphyllus
Latreille.
testaceus, Hellw.
melanophthalmus, Muls.
Phthora
Mulsant.
crenata, Muls.
Uloma
Castelnau.
culinaris, L.
Perroudi, Muls.
Alphitobius
Stephens.
diaperinus, Panz.
piceus, Ol.
Cataphronctis
Lucas.
brunnea, Luc.
Pygidiphorus
Mulsant.
Caroli, Muls.
Tribolium
Mac-Leay.
ferrugineum, F.
confusum, J. du V.
Lyphia
Mulsant.
? tetraphylla, Fairm.
? ficicola, Muls.
Bius
Mulsant.
thoracicus, F.
Sitophagus
Mulsant.
Solieri, Muls.
gnathocerus, Thunb.
cornutus, F.

Hypophlœus
Hellwing.
depressus, F.
Ratzeburgii, Wissm.
castaneus, F.
Fraxini, Klug.
Pini, Panz.
rufulus, Rosenh.
bicolor, Ol.
fasciatus, F.
linearis, F.
Tenebrio
Linné.
molitor, L.
obscurus, F.
opacus, Dufts.
transversalis, Dufts.
Menephilus
Mulsant.
curvipes, F.
Calcar
Latreille.
elongatus, Herbst.
procerus, Muls.
Boros
Herbst.
Schneideri, Panz.
Enoplopus
Solier.
caraboides, Petagna.
Helops
Fabricius.
assimilis, Kust.
Foudrasi, Muls.
cœruleus, L.
Rossii, Germ.
coriaceus, Kust.
cerberus, Muls.
robustus, Muls.
lanipes, L.
incurvus, Kust.
cordatus, Dust.
Genei, Muls.
meridianus, Muls.
pallidus, Curt.
pellucidus, Muls.
longipennis, Kust.
dryadophilus, Muls.
amaroides, Kust.
Ecoffeti, Kust.

striatus, Fourc.
hapaloides, Kust.
laticollis, Kust.
convexus, Kust.
quisquilius, F.
pyrenæus, Muls.
Hedyphanes
Fischer.
rotundicollis, Kust.
agonus, Muls.
CISTELIDÆ
Mycetochares
Latreille.
barbata, Latr.
bipustulata, Ill.
fasciata, Muls.
4-maculata, Latr.
flavipes, F.
axillaris, Payk.
linearis, Redt.
maurina, Muls.
Hymenorus
Mulsant.
Doublieri, Muls.
Allecula
Fabricius.
morio, F.
Gonodera
Mulsant.
fulvipes, F.
Cistela
Fabricius.
ceramboides, L.
Hymenalia
Mulsant.
fusca, Ill.
Isomira
Mulsant.
antennata, Panz.
murina, L.
hypocrita, Muls.
Eryx
Stephens.
atra, F.
Fairmairii, Reiche.

Podonta
Mulsant.
nigrita, F.

Cteniopus.
Solier.
sulfureus, L.

Heliotaurus
Mulsant.
nigripennis, F.
distinctus, Cast.

Omophlus
Solier.
curvipes, Brullé.
picipes, F.
frigidus, Muls.
amerinæ, Cast.
  pinicola, Redt.
  pubescens, Muls.
lividipes, Muls.
  picipes, Redt.
lepturoides, F.
brevicollis, Muls.

MELANDRYADÆ

Tetratoma
Fabricius.
Fungorum, F.
Desmarestii, Latr.
ancora, F.

Eustrophus
Latreille.
dermestoides, F.

Orchesia
Latreille.
micans, Panz.
sepicola, Rosenh.
fasciata, Payk.

Hallomenus
Panzer.
humeralis, Panz.

Anisoxya
Mulsant.
tenuis, Rosenh.

Abdera
Stephens.
triguttata, Gyll.
scutellaris, Muls.
4-fasciata, Curt.

griseoguttata, Fairm.
bifasciata, Marsh.

Dryala
Mulsant.
fusca, Gyll.

Carida
Mulsant.
affinis, Payk.
flexuosa, Payk.

Dircæa
Fabricius.
4-guttata, F.
australis, Fairm.
lævigata, Hell.

Phloiotrya
Stephens.
rufipes, Gyll.
Vaudoueri, Latr.

Serropalpus
Hellwing.
striatus, Hell.

Zilora
Mulsant.
ferruginea, Payk.

Hypulus
Paykull.
Quercinus, Payk.
bifasciatus, F.

Marolia
Mulsant.
variegata, Bosc.

Melandrya
Fabricius.
caraboïdes, L.
canaliculata, F.
  v:? diversa, Muls.
flavicornis, Dufts.
  v: rufipes, Chevr.

Mycetoma
Mulsant.
suturale, Panz.

Conopalpus
Gyllenhal.
testaceus, Ol.
brevicollis, Kraatz.
Vigorsii, Muls.

Osphya
Illiger.
bipunctata, F.

MORDELLIDÆ

Tomoxia
Costa.
bucephala, Costa.
biguttata, Gyll.

Mordella
Linné.
12-punctata, Rossi.
maculosa, Naez.
Gacognii, Muls.
fasciata, F.
villosa, Schrank.
decora, Chevr.
aculeata, L.
brachyura, Muls.

Mordellistena
Costa.
abdominalis, F.
5 ventralis, F.
humeralis, L.
lateralis, Ol.
inæqualis, Muls.
episternalis, Muls.
troglodytes, Mannh.
  liliputiana, Muls.
grisea, Muls.
subtruncata, Muls.
obtusata, Ch. B.
pumila, Gyll.
stricta, Cost.
tarsata, Rey.
stenidea, Muls.
flexipes, Rey.
Perroudi, Muls.
minima, Cost
Perrisi, Muls.
Artemisiæ, Muls.

Stenalia
Mulsant.
testacea, F.

Anaspis
Geoffroy.
monilicornis, Muls.
rufilabris, Gyll.
frontalis, L.
  lateralis, F.
pyrenæa, Fairm.

48

forcipata, Muls.
labiata, Costa.
Geoffroyi, Mull.
humeralis, F.
ruficollis, F.
thoracica, L.
flava, L.
arctica, Zett.
subtestacea, Steph.
maculata, Fourc.

Silaria

Mulsant.

brunnipes, Muls.
latiuscula, Muls.
varians, Muls.
Mulsantii, Ch. B.
4-pustulata, Mull.

Pentaria

Mulsant.

badia, Rosenh
sericaria, Muls.

Scraptia

Latreille.

fusca, Latr.
ophthalmica, Muls.
minuta, Muls.

Trotomma

Kiesenwetter.

pubescens, Ksw.

Metæcus

Gerstaeker.

paradoxus, L.

Rhipiphorus

Fabricius.

bimaculatus, F.
flabellatus, F.
rufipennis, Chev.

Myodites

Latreille.

subdipterus, F.
evaniocera, Guer.

Ptilophorus

Gerstaeker.

Dufourii, Latr.

LAGRIIDÆ

Lagria

Fabricius.

atripes, Muls.
hirta, L.
nudipennis, Muls.
depilis, Muls.
glabrata, Ol.

PYROCHROIDÆ

Pyrochroa

Geoffroy.

coccinea, L.
Satrapa, Schr.
pectinicornis, F.

PYTHIDÆ

Pytho

Latreille.

depressus, L.

CANTHARIDÆ

Meloe

Linné.

proscarabæus, L.
cyaneus, Muls.
violaceus, Marsh.
autumnalis, Ol.
majalis, L.
limbatus, F.
cicatricosus, Leach.
coriarius, Br. Er.
variegatus, Donov.
purpurascens, Germ.
tuccius, Rossi.
rugosus, Marsh.
Baudueri, Grenier.
pygmæus, Redt.
murinus, Br.
brevicollis, Panz.

Cerocoma

Geoffroy.

Schreberi, F.
Kunzei, Walt.
Schæfferi, L.

Hycleus

Latreille.

Bilbergi, Schh.

Mylabris

Fabricius.

Fueslini, Panz.

variabilis, Bilb.
4-punctata, L.
10-punctata, F.
12-punctata, Ol.
geminata, F.
flexuosa, Ol.

Alosimus

Mulsant.

syriacus, L.

Cantharis

Geoffroy.

vesicatoria, L.

Epicauta

Redtenbacher.

verticalis, Ill.

Zonitis

Fabricius.

mutica, F.
præusta, F.
sexmaculata, Ol.
4-punctata, F.

Nemognatha

Illiger.

nigripes, Suff.
chrysomelina, F.

Apalus

Fabricius.

bipunctatus, Germ.

Criolis

Mulsant.

Guerinii, Muls.

Stenoria

Mulsant.

apicalis, Latr.

Sitaris

Latreille.

muralis, Forst.
Solieri, Pecch.
melanura, Kust.

ANTHICIDÆ

Agnathus

Germar.

decoratus, Germ.

Notoxus

Geoffroy.

brachycerus, Fald.

monoceros, L.
Platycerus, Laferté.
cornutus, F.

Mecynotarsus
Laferté.
rhinoceros, F.

Formicomus
Laferté.
pedestris, Rossi.

Tomoderus
Laferté.
compressicollis, Mots.

Anthicus
Paykull.
Rodriguii, Latr.
humilis, Germ.
longipilis, Ch. Bris.
minutus, Laferté.
bimaculatus, Ill.
floralis, L.
bifasciatus, Rossi.
sellatus, Panz.
instabilis, Schm.
gracilis, Panz.
subfasciatus, Laferté.
longicollis, Schm.
tenellus, Laferté.
tristis, Schm.
antherinus, L.
4-oculatus, Laferté.
4-maculatus, Luc.
4-guttatus, Rossi.
hispidus, Rossi.
ater, Panz.
fuscicornis, Laferté.
luteicornis, Schm.
Genei, Laferté.
flavipes, Panz.
fenestratus, Schm.
axillaris, Schm.
nectarinus, Panz.
sanguinicollis, Laferté.
fasciatus, Laferté.
venustus, Villa.
plumbeus, Laferté.
velutinus, Laferté.
Fairmairei, Ch. Bris.
unicolor, Schm.
occipitalis, Duf.

Ochthenomus
Schmidt.
punctatus, Laferté.
sinuatus, Schm.
angustatus, Laferté.

Xylophilus
Latreille.
oculatus, Payk.
pygmæus, De Géer.
nigrinus, Germ.
pruinosus, Ksw.
sanguinolentus, Ksw.
populneus, F.
neglectus, J. du V. Aubé.

OEDEMERIDÆ

Calopus
Fabricius.
serraticornis, L.

Sparedrus
Schmidt.
testaceus, Ander.

Ditylus
Eschscholtz.
lævis, F.

Nacerdes
Schmidt.
melanura, L.

Anoncodes
Schmidt.
adusta, Panz.
  o collaris, Panz.
rufiventris, Scop.
ustulata, F.
fulvicollis, Scop.
coarctata, Germ.
viridipes, Schm.
ruficollis, F.
amœna, Schm.

Asclera
Schmidt.
sanguinicollis, F.
cœrula, L.
xanthoderes, Muls.

Probosca
Schmidt.
viridana, Schm.

Xanthochroa
Schmidt.
carniolica, Gistl.
Raymondi, Muls.
gracilis, Schm.

Dryops
Fabricius.
femorata, F.

Œdemera
Olivier.
Podagrariæ, L.
  v: sericans, Muls.
flavescens, L.
subulata, Ol.
  marginata, F.
simplex, L.
  flavimana, Schm.
lateralis, Schm.
tristis, Schm.
barbara, F.
flavipes, F.
cœrulea, L.
atrata, Schm.
croceicollis, Sahlb.
virescens, L.
lurida, Marsh.

Stenaxis
Schmidt.
annulata, Germ.

Chrysanthia
Schmidt.
viridissima, L.
viridis, Schm.

Stenostoma
Latreille.
rostrata, F.

Mycterus
Olivier.
curculionoides, Ill.
umbellatarum, F.

SALPINGIDÆ

Lissodema
Curtis.
cursor, Gyll.
lituratus, Costa.
denticollis, Gyll.

50

Salpingus

Illiger.

ater, Payk.
æratus, Steph.
bimaculatus, Gyll.
castaneus, Panz.
virescens, Muls.

Raboccrus

Mulsant.

foveolatus, Gyll.

Rhinosimus

Latreille.

æneus, Ol.
planirostris, F.
ruficollis, L.
viridipennis, Latr.

CURCULIONIDÆ

Bruchus

Linné.

obscuripes, Sch.
gilvus, Sch.
biguttatus, Ol.
fulvipennis, Germ.
variegatus, Germ.
 dispergatus, Sch.
dispar, Germ.
 v : braccatus. Sch.
marginellus, F.
varius, Ol.
 Galegæ, Sch.
imbricornis, Panz.
canaliculatus, Rey.
Cisti, F.
 canus, Germ.
olivaceus, Germ.
virescens, Sch.
debilis, Sch.
nanus, Germ.
perparvulus, Sch.
cinerascens, Sch.
Eryngii, Ch. B.
misellus, Sch.
tarsalis, Sch.
pauper, Sch.
pygmæus, Sch.
oblongus, Blanch. Muls.
tibialis, Sch.
anxius, Sch.
tibiellus, Sch.
siculus, Sch.
 v : femoralis. Sch.
inspergatus, Sch.

picipes, Germ.
pusillus, Germ.
miser, Sch.
 foveolatus, Sch.
murinus, Sch.
sericatus, Germ.
Pisi, L.
 rufimanus, Sch.
flavimanus, Sch.
nubilus, Sch.
luteicornis, Ill.
seminarius, L.
 granarius, Ill.
troglodytes, Sch.
brachialis, L.
tristis, Sch.
tristiculus, Sch.
 oblongus, Rosenh.
Wasatjernæ, Fahr.
sertatus, Ill.
pallidicornis, Sch.
Ulicis, Rey.
venustus, Sch.
Viciæ, Ol.
 nigripes, Sch.
griseo-maculatus, Sch.
Loti, Payk.
tessellatus, Rey.
lentis, Bohem.
laticollis, Sch.
velaris, Fahr.
lividimanus, Sch.
histrio, Sch.
jocosus, Sch.
ater, Marsh.
 Cisti, Payk.
Mulsanti, Ch. B.
 seminarius, Sch. Muls.
Alni, Sch.

Spermophagus

Schænherr.

Cardui, Boh.

Urodon

Schænherr.

rufipes, F.
pygmæus, Sch.
suturalis, F.
conformis, Suff.
canus, Kust.

Brachytarsus

Schænherr.

scabrosus, F.
varius, F.

Tropideres

Schænherr.

albirostris, Herbst.
maculosus, Muls.
undulatus, Panz.
Edgreni, Sch.
 undulatus, Gyll.
sepicola, Herbst.
 v : ephippium, Sch.
pudens, Sch.
niveirostris, F.
curtirostris, Muls.
cinctus, Payk.

Enedreutes

Schænherr.

hilaris, Sch.
Oxyacanthæ, Ch. B.

Platyrhinus

Clairville.

latirostris, F.

Anthribus

Geoffroy.

albinus, L.

Choragus

Kirby.

Sheppardi, Kirby.
piceus, Schaum.
 bostrichoides, Sch.

Apoderus

Olivier.

Coryli, L.
 v : morio, Bonn.
intermedius, Hell.

Attelabus

Linné.

curculionoides, L.
atricornis, Muls.

Rhynchites

Herbst.

auratus, Scop.
rectirostris, Sch.
bacchus, L.
cœruleocephalus, Schall.
æquatus, L.
cupreus, L.
æneovirens, Marsh.
 v : Fragariæ, Sch.
interpunctatus. Steph.

megacephalus, Sch.
conicus, Ill.
pauxillus, Germ.
germanicus, Herbst.
  minutus, Sch.
nanus, Payk.
Populi, L.
Betuleti, F.
sericeus, Herbst.
splendidulus, Ksw.
pubescens, Herbst.
  ♂ cavifrons, Sch.
ophthalmicus, Steph.
  ♂ comatus, Sch.
  ♀ cyanicolor, Sch.
olivaceus, Sch.
megacephalus, Germ.
  lævicollis, Steph.
  constrictus, Sch..
tomentosus, Sch.
præustus, Boh.
tristis, F.
Betulæ, L.

Auletes
Schænherr.
meridionalis, J. du V.
cisticola, Fairm.

Rhinomacer
Fabricius.
attelaboides, F.

Diodyrhynchus
Megerle.
austriacus, Sch.

Nemonyx
Redtenbacher.
lepturoides, F.

Apion
Herbst.
Pomonæ, F.
opeticum, Bach.
  Dietrichii, Wck.
Craccæ, L.
cerdo, Gerst.
subulatum, Kirby.
ochropus, Germ.
  ***
Carduorum, Kirby.
  basicorne, Ill.
  v: Galactidis, Wck.
  penetrans, Sch.
  dentirostre, Gerst.

Barnevillei, Wck.
scalptum, Muls.
Caullei, Wck.
Onopordi, Kirby.
candidum, Wck.
confluens, Kirby.
  v: stolidum, Germ.
  v: detritum, Muls.
lævigatum, Kirby.
torquatum, Wck.
cineraceum, Wck.
leucophæatum. Wck.
flavimanum, Sch.
parvulum, Muls.
  ? serpyllicola, Wck.
aciculare, Germ.
  v: pulchellum, Mill.
Tamarisci, Sch.
semicyaneum, Muls.
burdigalense, Wck.
pubescens, Kirby.
vicinum, Kirby.
atomarium, Kirby.
Ulicis, Forst.
difficile, Herbst.
bivittatum, Gerst.
  ? funiculare, Muls.
fuscirostre, F.
Genistæ, Kirby.
squamigerum, J. du V.
vernale, F.
rufulum, Wck.
rufescens, Sch.
Malvæ, F.
pallipes, Kirby.
semivittatum, Sch.
  Germari, Walt.
flavofemoratum, Herbst.
  Steveni, St.
  v: croceifemoratum, Sch.
radiolus, Kirby.
  v: Rougeti, Wck.
  v: ferruginipes, Wck.
sulcifrons, Herbst.
æneum, F.
Sorbi, Herbst.
  ♂ Sahlbergi, Sch.
Hookeri, Kirby.
dispar, Germ.
hydropicum, Wck.
Perrisii, Wck.
Wenckeri, Ch. B.
tubiferum, Sch.
rugicolle, Germ.
  setiferum, Sch.

rufirostre, F.
fulvirostre, Sch.
atritarse, Sch.
variegatum, Wck.
  bicolor, Grel.
  2-peregrinator, Wck.
  miniatum, Sch.
cruentatum, Walt.
hæmatodes, Kirby.
sanguineum, De G.
rubens, Steph.
flavipes, F.
  gracilipes, Dietr.
nigritarse, Kirby.
Viciæ, Payk.
  ? Fagi, L.
Ononidis, Gyll.
varipes, Germ.
  Bohemani, Gyll.
apricans, Herbst.
  v: encastum, Wck.
tubicen, Wck.
pedale, Muls.
assimile, Kirby.
angusticolle, Sch.
  longimanum, Muls.
Trifolii, L.
  v: ruficrus, Germ.
Linderii, Wck.
lævicolle, Kirby.
Schænherri, Gyll.
difforme, Germ.
dissimile, Germ.
elongatum, Germ.
  millum, Sch.
striatum, Marsh.
immune, Kirby.
  cribricolle, Perr.
Kraatzii, Wck.
Capiomonti, Wck.
Spencei, Kirby.
columbinum, Germ.
  alcyoneum, Germ.
livescerum, Sch.
Waltoni, Steph.
rapulum, Wck.
scutellare, Kirby.
seniculus, Kirby.
Curtisii. Walt.
simile, Kirby.
plumbeomicans, Rosenh.
tenue, Kirby.
æneo-micans, Wck.
Marqueti, Wck.
vorax. Herbst.
Ervi, Kirby.

pavidum, Germ.
plumbeum, Sch.
Juniperi, Sch.
orbitale, Sch.
platalea, Germ.
♀ validirostre, Sch.
♂ afer, Sch.
Gyllenhalii, Kirby.
Ononis, Kirby.
♂ perplexum, Sch.
elegantulum, Germ.
Pineæ, Rosh.
laticolle, Perr.
Astragali, Payk.
Pisi, F.
æthiops, Herbst.
stenocephalum, Perr.
v : leptocephalum, A.
v : gracilicolle. Sch.
punctigerum, Germ.
arrogans, Wck.
virens, Herbst.
ebeninum, Kirby.
minimum, Herbst.
filirostre, Kirby.
Limonii, Kirby.
Chevrolati, Sch.
brevirostre, Herbst.
humile, Germ.
Sedi, Germ.
tumidicolle, Bach.
simum, Germ.
violaceum, Kirby.
Hydrolapathi, Kirby.
affine, Kirby.
aterrimun, L.
··
interstitiale, Sch.
Artemisiæ, Moraw.
languidum, Schupp.

Rhamphus
Clairville.
flavicornis, Clairv.
æneus, Sch.

**Amorphocepha-
lus**
Schænherr.
coronatus, Germ.

Brachycerus
Fabricius.
lateralis, Gyll.
undatus, F.
Pradieri, Fairm.

algirus, F.
lutosus, Sch.

Barypeithes
Jacquelin du Val.
sulcifrons, Sch.
rufipes, J. du V.

Thylacites
Germar.
fritillum, Panz.
glabratus, Sch.
depilis, Fairm.
insidiosus, Fairm.
Guinardi, J. du V.

Cneorhinus
Schænherr.
ludificator, Sch.
meridionalis, J. du V.
geminatus, F.
albicans, Sch.
exaratus, Marsh.

Foucartia
Jacquelin du Val.
Cremieri, J. du V.

Strophosomus
Schænherr.
Coryli, F.
illibatus, Sch.
obesus, Marsh.
Coryli, Sch.
retusus, Marsh.
oxyops, Sch.
alternans, Sch.
faber, Herbst.
limbatus, F.
tubericollis, Fairm.
hirtus, Sch.
squamulatus, Herbst.
hispidus, Sch.
porcellus, Sch.

Sciaphilus
Schænherr.
muricatus, F.
costulatus, Ksw.

Brachyderes
Schænherr.
lusitanicus, F.
opacus, Sch.
incanus, L.
lepidopterus, Sch.
pubescens, Sch.

sabaudus, Fairm.
cribricollis, Fairm.
Delarouzei, Fairm.

Eusomus
Germar.
ovulum, Ill.

Tanymecus
Germar.
palliatus, F.

Sitones
Schænherr.
gressorius, Germ.
vestitus, Waltl.
griseus, F.
intermedius, Küst.
conspectus, Sch.
··
flavescens, Marsh.
8-punctatus. Sch.
caninus, Gyll.
longicollis, Sch.
suturalis, Steph.
v : elegans, Sch.
sulcifrons, Thunb.
tibialis, Gyll.
campestris, Ol.
subauratus, Steph.
atomarius, Marsh.
argutulus, Sch.
Medicaginis, Redt.
··
tibialis, Herbst.
chloropus, Marsh.
♀ striatellus, Sch.
canus, Sch.
v : ambiguus, Sch.
arcticollis, Sch.
callosus, Sch.
tenuis, Rosenh.
Waterhousei, Walt.
setosus, Redt.
crinitus, Ol.
v : nanus, Sch.
··
seriesetosus, Sch.
ambulans, Sch.
regensteinensis, Hersbt.
v : globulicollis, Sch.
cambricus, Steph.
cribricollis, Sch.
v: constrictus, Sch.
cinerascens, Sch.

puncticollis, Steph.
  insulsus, Sch.
cinnamomeus, Allard.
gemellatus, Sch.
lineatus. L.
  v : geniculatus, Sch.
  Pisi, Steph.
chloroloma, Sch.
  **
discoideus, Sch.
humeralis, Steph.
  promptus, Sch.
  v : atritus, Sch.
inops, Sch.
Meliloti, Walt.
cylindricollis, Sch.
hispidulus, F.
  v : hæmorrhoïdalis, Sch.
tibiellus, Sch.
  trisulcatus, Sch.
  dispersus, Muls.

Chærodrys
Jacquelin du Val.
setifrons, J. du V.

Scytropus
squamosus, Ksw.

Polydrosus
Germar.
undatus, F.
planifrons, Sch.
impressifrons, Sch.
flavipes, de G.
Pterygomalis, Sch.
corruscus, Germ.
xanthopus, Sch.
cervinus, L.
chrysomela, Ol.
confluens, Steph.
sparsus, Sch.
picus, F.
sericeus, Schall.
micans, F.
salsicola, Fairm.

Metallites
Schœnherr.
mollis, Germ.
atomarius, Ol.
geminatus, Chevrol.
Laricis, Chevrol.
marginatus, Steph.
  ambiguus, Sch.
murinus, Sch.

globosus, Sch.
Fairmairei, Ksw.
ovipennis, Ch. B.

Homapterus
Fairmaire.
subnudus, F.

Chlorophanus
Germar.
viridis, L.
rugicollis, Sch.
pollinotus, F.
salicicola, Germ.
graminicola, Sch.

Cleonus
Schœnherr.
marmoratus, F.
morbillosus, F.
nebulosus. L.
turbatus, Sch.
ophthalmicus. Rossi.
obliquus, F.
tabidus, Ol.
excoriatus, Sch.
Ericæ, Sch.
trisulcatus, Herbst.
ocularis, F.
Pelletii, Fairm.
grammicus, Panz.
cinereus, Schrank.
cunctus, Sch.
alternans, Ol.
cœnobita, Ol.
palmatus, Ol.
sulcirostris, L.
scutellatus, Sch.
  Bothynoderes, Sch.
punctiventris, Germ.
conicirostris, Ol.
mendicus, Gyll.
brevirostris, Sch.
albidus, F.
  Pachycerus, Sch.
atomarius, Sch.
  Menetriesi, Sch.
  tesselatus, Fairm.
varius, Herbst.
segnis, Germ.
  scabrosus, Sch.
albarius, Sch.
  Diastochelus. Duv.
plicatus, Ol.

Alophus
Schœnherr.
triguttatus, F.
singularis, J. du V.

Liophlæus
Germar.
nubilus, F.
opacus, Chevrol.
cyanescens. Fairm.
ovipennis, Fairm.
geminatus, Sch.
pulverulentus, Sch.

Geonemus
Schœnherr.
illætabilis, Sch.
flabellipes, Ol.

Barynotus
Germar.
margaritaceus. Germ.
maculatus, Sch.
obscurus, F.
mœrens, F.
alternans, Sch.
squalidus, Sch.
Schœnherri, Sch.
squamosus, Germ.
viradanus, Fairm.
auronubilus, Fairm.
illæsirostris, Fairm.

Tropiphorus
Schœnherr.
Mercurialis, F.

Minyops
Schœnherr.
carinatus L.
variolosus, F.

Lepyrus
Germar.
colon, F.
binotatus, F.

Tanysphyrus
Germar.
Lemnæ, F.

Hylobius
Schœnherr.
Pineti, F.
Abietis, L.

rugolosus, Sch.
fatuus, Rossi.

Molytes
Schænherr.
coronatus, Latr.
germanus, L.
carinærostris, Sch.
glabrirostris, Kust.

Anisorhynchus
Schænherr.
hajulus, Ol.
Sturmii, Sch.

Liosomus
Kirby. ˙
ovatulus, Clairv.
oblongulus, Sch.
Lethierryi, Ch. B.
muscorum, Ch. B.
geniculatus, Ch. B.
rufipes, Ch. B.

Adexius
Schænherr.
scrobipennis, Sch.

Plinthus
Germar.
Megerlei, Panz.
Chevrolati, J. du V.
nivalis, Lareyn.
caliginosus, F.

Phytonomus
Schænherr.
punctatus, F.
nigrovelutinus, Fairm.
philanthus, Ol.
fasciculatus, Herbst.
cyrtus, Germ.
intermedius, Boh.
globosus, Fairm.
palumbarius, Germ.
comatus, Sch.
crinitus, Sch.
circumvagus, Sch.
fuscescens, Sch.
ovalis, Sch.
Rumicis, F.
pollux, F.
suspiciosus, Herbst.
sejucatus, Sch.
Viciæ, Gyll.
signatus, Sch.

tigrinus, Sch.
Pastinacæ, Rossi.
Plantaginis, de G.
maculipennis, Fairm.
murinus, F.
variabilis, Herbst.
Polygoni, F.
Kunzei, Germ.
meles, F.
posticus, Sch.
parcus, Sch.
constans, Sch.
nigrirostris. F.
Ononidis, Chevrol.

Limobius
Schænherr.
dissimilis, Herbst.
mixtus, Sch.

Procas
Stephens.
Steveni, Sch.

Coniatus
Germar.
Tamarisci, F.
repandus, F.
chrysochlora, Luc.

Gronops
Schænherr.
lunatus, F.

Rhytirhinus
Schænherr.
impressicollis. Sch.
Stableui, Fairm.

Phyllobius
Schænherr.
calcaratus, F.
atrovirens, Sch.
Alreti, F.
  Pyri, Sch.
psittacinus, Germ.
thalassinus, Sch.
argentatus, L.
maculicornis, Germ,
oblongus, L.
mus, F.
sinuatus, F.
Pyri, L.
  vespertinus, F.
Betulæ, F.

xanthocnemus, Ksw.
Pomonæ, Ol.
uniformis, Marsh.
viridicollis, F.

Trachyphlœus
Germar.
scaber, L.
  scabriculus, Sch.
squamosus, Sch.
scabriculus, L.
  ♀ setarius, Sch.
  scaber, Sch.
  ♂ erinaceus, Redt,
alternans, Sch,
spinimanus, Germ.
spinosulus, Gaut.
squamulatus, Ol,
Larraldi, Perr.
anoplus, Forst.

Cænopsis
Bach.
fissirostris, Walt.
Waltoni, Sch.

Mitomermus
Jacquelin du Val.
Raymondi, Gaut.

Meira
Jacquelin du Val.
crassicornis, J. du V.
suturella, Fairm.
elongatula, Fairm.

Omias
Germar.
rotundatus, F.
gracilipes, Panz.
hirsitulus, F.
brunnipes, Ol.
montanus, Chevrol.
mollicomus, Ahr,
pellucidus, Sch.
Chevrolati, Boh.
Raymondi, Gaut.
mandibularis, Chevrol.
ebeninus, Sch.
concinnus, Sch.
oblongus, Sch.
Companyonis, Sch.
curvimanus, J. du V.

Peritelus

Germar.

griseus, Ol.
necessarius, Sch.
rusticus, Sch.
ruficornis, Ch. Br.
subdepressus, Muls.
nigrans, Fairm.
flavipennis, J. du V.
industicornis, Ksw.
prolixus, Ksw.
senex, Sch.
Marqueti, Gaut.

Otiorhynchus

Germar.

pulverulentus, Germ.
v : periscelis, Sch.
geniculatus, Germ.
nastix, Ol.

Lefebvrei, Sch.
Oleæ, Ol.

griseopunctatus, Sch.
clavipes, Sch. Stierl.
elongatus, Stierl.
fuscipes, Ol.
v : Fagi, Sch.
hæmatopus, Sch.
erythropus, Sch.
lugdunensis, Sch.
tenebricosus, Herbst.
substriatus, Sch.
pubens, Sch.
stomachosus, Sch.
v : nigriceps, Sch.
cæsipus, Muls.
gallicus, Stierl.
lœvigatus, F.

armadillo, Rossi.
scabripennis, Sch.

pyrenæus, Sch.
♀ femoralis, Sch.
niger, F.
scrobiculatus, Sch.
v : villosopunctatus, Sch.
v : rugipennis, Sch.
v : montanus, Sch.
v : cœcus, Germ.
auropunctatus, Sch.
v : fossor, Sch.

v : rufipes, Sch.
Coryli, Chevrol.
tumefactus, Stierl.
meridionalis, Sch.
unicolor, Herbst.
morio, F.
v : ebeninus, Sch.
v : memnonius, Sch.
v : imus, Sch.
navaricus, Sch.
crinitarsis, Stierl.
atro-apterus, Gyll.
malefidus, Sch.
planidorsis, Fairm.
Naui, Fairm.
prælongus, Fairm.

orbicularis, F.

cupreo-sparsus, Fairm.
lanuginosus, Sch.
insubricus, Comolli.
v : neglectus. Stierl.
raucus, F.

hirticornis, Herbst.
v : variegatus, Sch.
v : depubes, Sch.
Cremieri, Sch.
Schænherri, Boh.

densatus, Sch.
grisescens, Muls.
scabrosus, Marsh.
ligneus, Ol.
scabridus, Steph.
gallicanus, Sch.
misellus, Stierl.
rubiginosus, Stierl.
lutosus, Stierl.

distincticornis, Rosenh.

porcatus, Herbst.
septentrionis, Herbst.

uncinatus, Germ.
setifer, Sch.

maurus, Gyll.
adscitus, Germ.
v : comosellus, Sch.
demotus, Sch.
aurosus, Muls.

v : Bructeri, Ill.
v : pauper, Sch.

fulvipes, Sch.
monticola, Germ.
denigrator, Sch.

picipes, F.
v : Macquardti, Fald.
v : Chevrolati, Sch.
impressiventris, Fairm.
pupillatus, Sch.

gemmatus, F.

sulcatus, F.
Schlaflini, Stierl.
nigrita, F.

helvetius, Sch.
loricatus, Heer.
lugens, Germ.
scalptus, Sch.

auricapillus, Germ.
puncticapus, Sch.
affinis, Redt.
nubilus, Sch.
partitialis, Sch.
gracilis, Sch.
provincialis, Stierl.

ligustici, L.

alpicola, Sch.
morio, Redt.
Gautardi, Stierl.

mœstus. Sch.
pedemontanus, Stierl.
rugifrons, Gyll.
-ambiguus, Sch.
impoticus, Sch.
Pinastri, Sch.
ovatus, L.
v : pabulinus, Panz.
v : vorticosus, Sch.
muscorum, Ch. B.

cribricollis, Sch.
v : striato-setosus, Sch.
v : reticollis, Sch.
comparabilis, Sch.

56

humilis, Germ.
Godeti, Sch.
tomentosus, Sch.
juvencus, Sch.
v : convexicollis, Sch.

..

vitellus, Sch.

Troglorhynchus

Schænherr.
Martini, Fairm.
terricola, Lind.

Dichotrachelus

Stierlin.
sabaudus, Fairm.
bigorrensis, de Bonv.
muscorum, Fairm.
Linderi, Fairm.
angusticollis, Chevrol.

Elytrodon

Schænherr.
inermis, Sch.

Lixus

Fabricius.
paraplecticus, L.
turbatus, Sch.
  gemellatus, Sch.
anguinus, L.
cylindricus, F.
augurius, Sch.
venustulus, Sch.
Ascanii, L.
trivittatus, Chevrol.
ruficornis, Boh.
acutus, Boh.
Myagri, Ol.
fallax, Boh.
augustatus, F.
cribricollis, Boh.
Spartii, Ol.
Juncii, Boh.
bicolor, Ol.
nigritarsis, Boh.
sardiniensis, Boh.
pollinosus, Germ.
filiformis, F.
rufitarsis, Sch.
scolopax, Sch.
Bardanæ, F.
angusticollis, Sch.
ascanoides, Comolli.

Larinus

Germar.
Cynaræ, F.
Cardui, Rossi.
teretirostris, Gyll.
maculatus, Sch.
  Onopordinis, Sch.
maculosus, Sch.
Scolymi, Ol.
flavescens, Sch.
sturnus, Sch.
conspersus, Sch.
maurus. Ol.
Jaceæ, F.
longirostris, Sch.
turbinatus, Sch.
ferrugatus, Gyll.
morio, Gyll.
Carlinæ, Ol.
ursus, F.
senilis, F.
reconditus, Sch.
confinis, J. du V.

Rhinoncyllus

Germar.
provincialis, Fairm.
latirostris, Latr.
Olivieri, Gyll.
Lareynii, J. du V.

Pissodes

Germar.
Piceæ, Gyll.
Pini, L.
notatus, F.
  albidirostris, Gyll.
Gyllenhalii, Sch.
piniphilus, Herbst.

Magdalinus

Schænherr.
violaceus, L.
frontalis, Gyll.
duplicatus, Germ.
punctulatus, Muls.
phlegmaticus, Herbst.
nitidus, Gyll.
Cerasi, L.
memnonius, Fald.
  carbonarius, F. Sch.
asphaltinus, Germ.
aterrinus, F.
  stygius, Gyll.
carbonarius, L.

atramentarius, Sch.
rufus, Germ.
barbicornis, Latr.
Pruni, L.
flavicornis, Sch.
nitidipennis, Sch.

Erirhinus

Schænherr.
Dorytomus, Germ.
vorax, F.
macropus, Redt.
Tremulæ, Pk.
variegatus, Sch.
costirostris, Sch.
maculatus, Marsh.
affinis, Pk.
validirostris, Sch.
  Waltoni, Sch.
tæniatus, F.
ocalescens, Sch.
flavipes, Pz.
agnathus, Sch.
tenuirostris, Sch.
majalis, Pk.
pectoralis, Pz.
nebulosus, Sch.
minutus, Sch.
villosulus, Sch.
tortrix, L.
tomentosus, Fairm.
  incanus, Muls.
filirostris, Sch.
dorsalis, F.
  Erirhinus.
Sparganii, Sch.
Festucæ. Herbst.
nereis, Pk.
scirrhosus, Sch.
  Notaris, Germ.
bimaculatus, F.
Scirpi, F.
acridulus, L.
globicollis, Fairm.
pillumus, Sch.
rubidus, Rosenh
infirmus, Hesbst

Grypidius

Schænherr.
Equiseti, F.
brunnirostris, F.

Hydronomus

Schænherr.
Alismatis, Marsh.

Brachonyx

Schænherr.

indigena, Herbst.

Bradybatus

Germar.

Creutzeri, Germ.
subfasciatus, Gerst.

Anthonomus

Germar.

Ulmi, de G.
pedicularius, L.
Pyri, Sch.
Pomorum, L.
spilotus, Redt,
incurvus, Steph.
pubescens, Pk.
varians, Pk.
Rubi, Herbst.
druparum, L.

Balaninus

Germar.

elephas, Sch.
pellitus, Sch,
glandium, Marsh.
  venosus, Sch.
nucum, L.
turbatus, Sch.
Cerasorum, Hersbt.
villosus, Herbst.
rubidus, Sch.
crux, F.
ochreatus, Sch.
Brassicæ, F,
pyrrhoceras, Marsh.

Coryssomerus

Schænherr.

capucinus, Beck.

Amalus

Schænherr,

scortillum, Herbst,

Lignyodes

Schænherr.

enucleator, Pz.
rudesquamosus, Fairm,

Ellescbus

Schænherr.

scanicus, Pk.
bipunctatus, L.

Tychius

Germar.

quinque-punctatus, L.
hæmatocephalus, Sch,
scabricollis, Rosenh.
sparsutus, Ol.
obesus, Sch.
squamosus, Sch,
striatellus, Sch.
Grenieri, Ch. B.
argentatus, Chevrol.
Genistæ, Sch.
venustus, F.
Medicaginis, Ch. B.
albo-vittatus, Ch. B.
suturalis, Ch. B.
flavicollis, Steph.
  squamulatus, Sch.
curtus, Ch. B.
femoralis, Ch. B,
bicolor, Ch. B.
junceus, Reich,
lineatulus, Steph,
elegantulus, Ch. B,
Meliloti, Steph.
funicularis, Ch. B.
ruficennis, Ch. B.
Schneideri, Herbst.
polylineatus, Germ.
tomentosus, Herbst,
tibialis, Sch.
pygmœus, H. B.
curvirostre, Ch. B,
longicollis, Ch. B.
pumilus, Cb. B.

Miccotrogus

Schnæherr.

pyrenœus, Ch. B.
cuprifer, Pz.
picirostris, F.
  posticinus, Sch.
molitor, Chevrol.

Smicronyx

Schænherr,

cyaneus, Sch,
Reichei, Gyll.
variegatus, Gyll.

Sibynes

Schænherr.

canus, Herbst,
Viscariæ, L.
attalicus, Gyl.

silenes, Perr.
Potentillæ, Germ.
tibiellus, Gyl.
Arenariæ, Sch.
phaleratus, Sch.
primitus, Herbst.
Sodalis, Germ.

Acalyptus

Schænherr.

Carpini, Herbst.
rufipennis, Sch.

Phytobius

Schænherr.

granatus, Sch.
velaris, Boh.
notula, Sch.
4-nodosus, Gyl.
Comari, Herbst.
4-tuberculatus, F.
canaliculatus, Sch.
4-cornis, Gyl.

Litodactylus

Redtenbacher.

velatus, Beck.
leucogaster, Marsh.

Anoplus

Schüppel.

Plantaris, Nœt.
Roboris, Suff.

Orchestes

Illiger.

Quercus, L.
scutellaris, F.
carnifex, Germ,
rufus, Ol.
semirufus, Gyl.
melanocephalus, Ol,
Alni, L,
Ilicis, F,
irroratus, Ksw,
  distinguendus, J. du V.
pubescens, Stev.
Fagi, L.
pratensis, Germ.
tomentosus, Sch.
iota, F.
ramphoides, J. du V,
Loniceræ, F.
Populi, F.
signifer, Creutz.
fœdatus, Sch.

Rusci, Herbst.
erythropus, Germ.
tricolor, Ksw.
cinereus, Sch.

Tachyerges, Sch.
Salicis, L.
rufitarsis, Germ.
decoratus, Germ.
stigma, Germ.
Saliceti, F.
crinitus, Sch.

Styphlus
Schænherr.
rubricatus, Fairm.
penicillus, Sch.
unguicularis, Aubé.
verrucosus, Ksw.
pilosus, Motsch.
***
setulosus, Gyl.
erinaceus, J. du V.
***
setiger, Beck.
insignis, Aubé.

Trachodes
Germar.
hispidus, L.

Myorhinus
Schænherr.
albolineatus, F.

Baridius
Schænherr.
nitens, F.
Luczotii, Sch.
Artemisiæ, Herbst.
spoliatus, Sch.
quadraticollis, Sch.
picinus, Germ.
analis, Ol.
scolopaceus, Germ.
Opiparis, J. du V.
cuprirostris, F.
prasinus Sch.
chloris, F.
cærulesceus, Scop.
chlorizans, Mull.
Lepidii, Germ.
punctatus, Sch.
Villæ, Sch.
T-album, L.
morio, Sch.

Gasterocercus
Laporte.
depressirostris, F.

Camptorhinus
Schænherr.
statua, Sch.

Cryptorhynchus
Illiger.
Lapathi, L.

Acalles
Schænherr.
Rolleti, Germ.
punctaticollis, Luc.
fasciculatus, Boh.
pyrenæus, Boh.
diocletianus, Germ.
Aubei, Sch.
hypocrita, Sch.
lemur, Germ.
camelus, F.
rufirostris, Sch.
humerosus, Fairm.
abstersus, Sch.
Naviceresi, Sch.
variegatus, Sch.
ptinoides, Marsh.
Perragalloi, Chevrol.
turbatus, Sch.
misellus, Sch.
mediusculus, Forst.
parvulus, Sch.
sulcatus, Sch.
fallax, Sch.

Mononychus
Germar.
Pseudacori, F.
Salviæ, Germ.

Cœliodes
Schænherr.
Quercus, Fab. Sch.
trifasciatus, Bach.
ruber, Marsh.
  v : Mannerheimi, Sch.
rubicundus, Payk.
Epilobii, Payk.
guttula, Fab.
  Hedenburgi, Sch. (Ceut.)
fuliginosus, Marsh.
  Pruni, Sch. (Ceut.)

umbrinus, Sch. (Ceut.)
canaliculatus, S. (Ceut.)
sub-rufus, Herbst.
quadrimaculatus, L.
didymus, Fab.
nigrirostris, Sch. (Ceut.)
melancholicus, S. (Ceut.)
exiguus, Oliv.
Geranii, Payk.
congener, Forst.
Lamii, Herbst.
  v : punctulum, Herbst.
mendosus, Sch. (Ceut.)
abrupte striatus, Sch.
(Ceut.)

Orobitis
Germar.
cyaneus, L.

Rhytidosomus
Schænherr.
globulus, Herbst.

Ceutorhynchidius
Jacquelin du Val.
horridus, Pz. (Ceut.)
urens, Sch.
albo-hispidus, Fairm.
troglodytes, Fab.
terminatus, Sch. (ex parte).
hystrix, Perris.
  troglodytes, Sch. Var.
apicalis, Gyl. Sch.
terminatus, Herbst.
analis, Pz.
Sii, Sch.
Waltoni, Sch.
nigrinus, Marsh.
depressicollis, Sch.
biscutellatus, Chevr.
melanarius, Sch.
♀ convexicollis, Sch.
♂ glaucus, Sch.
♀ Camelinæ, Sch.
hepaticus, Sch.
floralis, Payk.
pulvinatus, Sch.
Achilleæ, Sch.
pyrrorhynchus, Sch.
pumilio, Gyl.
  v : asperulus, Sch.
  v : posthumus, Sch.

Ceutorhynchus

Schænherr.

macula-alba, Herbst.
suturalis, Fab.
albo-scutellatus, Sch.
  v : conspectus, Sch.
  v : œgrotus, Sch.
  v : rubesceus, Sch.
seriatus, Sch.
arator, Sch.
  inaffectatus, Sch.
syrites, Germ.
assimilis, Payk.
fallax, Sch.
Erysimi, Fab.
clorophanus, Rouget.
contractus, Marsh.
fulvitarsis, Goug. H. Bris.
atratulus, Gyl.
  austerus, Sch.
  ?Cochleariæ, Gyl.
setosus, Sch.
  atomus, Sch.
constrictus, Marsh.
nanus, Sch.
Ericæ, Gyl.
  v : albosetosus, Sch.
acalloïdes, Fairm.
Echii, Fab.
viduatus, Gyl.
Raphani, Fab.
Borraginis, Fab.
abbreviatulus, Fab.
crucifer, Oliv.
Aubei, Sch.
Andreæ, Sch.
litura, Fab.
trimaculatus, Fab.
albo-signatus, Sch.
asperifoliarum, Gyl.
lepidus, Sch.
Urticæ, Sch.
pallidicornis, H. Br.
signatus, Sch.
  decoratus, Sch.
campestris, Sch.
molitor, Sch.
arcuatus, Herbst.
  ocultus, Sch.
Chrysantemi, Sch.
  figuratus, Sch.
rugulosus, Herbst.
  gallicus, Sch.
  ?concinnus, Sch.
melanostictus, Herbst.

Lycopi, Sch.
  perturbatus, Sch.
quadridens, Pr.
Resedæ, Marsh.
marginatus, Sch.
puncticer, Sch.
  rufitarsis, Sch.
pilosellus, Sch.
quercicola, Fab. Sch.
mixtus, Muls. Rey.
denticulatus, Schranck.
verrucatus, Sch.
  biguttatus, Sch.
Raphaelensis, Chevr.
pollinarius, Forst.
fæculatus, Sch.
picitarsis, Sch.
tibialis, Sch.
sulcicollis, Gyl.
Alliariæ, Ch. Bris.
Rapæ, Gyl.
Roberti, Sch.
Napi, Sch.
glabrirostris, Sch.
scapularis, Sch.
  obscure-cyaneus, Sch.
melanocyaneus, Sch.
  carinatus, Sch.
Grenieri, H. Bris.
cyanipennis, Germ.
chalybæus, Germ.
  cærulescens, Sch.
hirtulus, Germ.
  Drabæ, Laboulb.
ferrugatus, Perris.
Bertrandi, Perris.
contusus, Perris.
carneus, Perris.
♀ pubicollis, Sch.
  ♀ interstinctus, Sch.
  ♂ signatellus, Sch.

Rhinoncus

Schænherr.

topiarus, Germ.
  coarctatus, J. du V.
castor, F.
granulipennis, Sch.
bruchoides, Herbst.
inconspectus, Herbst.
pericarpius, F.
  gramineus, F.
subfaciatus, Gyl.
guttalis, Grav.
albicinctus, Gyl.

Poophagus

Schænherr.

Sisymbrii, F.
Nasturtii, Germ.
  olivaceus, Sch.

Tapinotus

Schænherr.

sellatus, F.

Acentrus

Schænherr.

histrio, Sch.

Bagous

Germar.

cylindrus, Payk.(Lyprus.)
exilis, J. du V.
bi-impressus, Sch.
minutus, Muls.
binodulus, Herbst.
nodulosus, Sch.
frit, Gyl.
  v : claudicans, Sch.
  v : fritillum,Walt.(in litt.)
lutulosus, Gyl.
  v : dorsalis, Perr.
  v : formicetorum,J.du V.
tempestivus, Herbst.
  enemerythrus, Sch.
Aubei, Cuss.
limosus, Gyll.
  laticollis, Sch.
lutosus, Gyl.
lutulentus, Gyl.
  v : validitarsis, Sch.
encaustus, Sch.
  v : halophilus, Redt.

Cionus

Clairville.

Scrophulariæ, L.
Verbasci, F.
Olivieri, Sch.
longicollis, Ch. Br.
thapsus, F.
Schænherri, Ch. B.
  ungulatus , Sch. (nec
                  Germ.)
hortulanus, Marsh.
Clairvillei, Sch.
olens, F.
Blattariæ, F.
Villæ, Comolli.
pulchellus, Herbst.
Solani, F.

60

Fraxini, de G.
Phyllereæ, Chevrol.
gibbifrons, Ksw.

Nanophyes
Schœnherr.
siculus, Sch.
hemisphæricus, Ol.
Lythri, F.
Chevrieri, Sch.
spretus, J. du V.
flavidus, A.
globulus, Germ.
brevis, Sch.
Duriæi, Luc.
brevicollis. Ch. B.
Ulmi, Germ.
languidus, Sch.
nitidulus, Sch.
Tamarisci, Sch.
transversus, A.
pallidus, Ol.
stigmaticus, Ksw.
pallidulus, Grav.
tetrastigma, A.
posticus, Sch.

Gymnetron
Schœnherr.
pascuorum, Gyll.
v : bicolor, Sch.
latiusculus, J. du V.
ictericus, Sch.
villosulus, Sch.
Beccabungae, L.
v : Veronicæ, Germ.
sanguinipes, Chevrol.
labilis, Herbst.
simus, Muls.
elongatus, H. Br.
stimulosus, Germ.
rostellum, Herbst.
melanarius, Germ.
pyrenæus, H. Br.
***
asellus, Grav.
cylindrirostris, Redt.
thapsicola, Germ.
vestitus, Germ.
netus, Germ.
spilotus, Germ.
melas, Sch.
collinus, Gyll.
Linariæ, Panz.
teter, F.
g : crassirostris, Luc.

v : plagiellus, Sch.
Anthirrini, Germ.
littoreus, H. Br.
noctis, Herbst.
herbarum, H. Br.
pilosus, Besser.
***
longirostris, Sch.
distinctus, Sch.
Graminis, Gyll.
Campanulæ, L.
micros, Germ.
plantarum, Germ.
meridionalis, H. Br.

Mecinus
Germar.
pyraster, Herbst.
longiusculus, Sch.
teretiusculus, Sch.
collaris, Germ.
janthinus, Germ.
circulatus, Marsh.
dorsalis, A.
filiformis, A.

Sphenophorus
Schœnherr.
piceus, Pall.
abbreviatus, F.
parumpunctatus, Sch.
opacus, Gyll.
mutilatus, Laich.
meridionalis, Sch.

Calandra
Clairville.
granaria, L.
Oryzæ, L.

Cossonus
Clairville.
linearis, L.
ferrugineus, Clairv.
cylindricus, Sahlb.

Mesites
Schœnherr.
Tardii. Sch.
pallidipennis. Sch.
aquitanus, Fairm.
cunipes, Sch.

Phloeophagus
Schœnherr.
æneopiceus. Sch.

spadix. Herbst.
Cotaster, Motsch.
uncipes, Sch.
littoralis, Motsch.

Raymondia
Aubé.
fossor, A.
Marqueti, A.
Delarouzei, Ch. B.

Rhyncolus
Creutzer.
chloropus, F.
elongatus, Gyll.
porcatus, Germ.
culinaris, Germ.
pilosus, Bach.
submuricatus, Boh.
truncorum, Germ.
cylindrirostris, Ol.
reflexus, Sch.
punctatulus, Sch.
strangulatus, Perr.
angustus, Fairm.
filum, Muls.
Populi, Chevrol.

Amaurorhinus
Fairmaire.
narbonnensis, Ch. B.

Chœrorhinus
Fairmaire.
squalidus, Fairm.

Dryophthorus
Schœnherr.
lymexilon, F.

XYLOPHAGI
Hylastes
Erichson.
ater Payk.
canicularius, Er.
linearis, Er.
attenuatus, Er.
angustatus, Herbst.
opacus, Er.
palliatus, Gyll.
Trifolii, Redt.
variolosus, Perr.

Hylurgus
Latreille.
Latreille.
ligniperda, F.

piniperda, L.
minor, Hartig.

Dendroctonus
Erichson.
micans, Kug.
Hederæ, Schmitt.

Phlœophthorus
Wollaston.
rhododactylus, Marsh.
tarsalis, Forst.
Spartii, Nœrdl.

Hylesinus
Fabricius.
crenatus. F.
oleiperda, F.
Fraxini, F.
  v : varius, F.
vittatus, F
Thuyæ, Perris.
Aubei, Perris.

Phlœotribus
Latreille.
Oleæ, F.

Polygraphus
Erichson.
pubescens, Er.

Scolytus
Geoffroy.
Ratzeburgii, Janson.
  destructor, Ratz.
destructor, Ol.
  scolytus, F.
pygmæus, Herbst.
intricatus, Ratz.
multistriatus, Marsh.
Ulmi, Redt.
Pruni, Ratz.
castaneus, Ratz.
rugulosus, Ratz.
armatus, Comolli.

Xylotcrus
Erichson.
domesticus, L.
lineatus, Ol.

Crypturgus
Erichson.
cinereus, Herbst.
pusillus, Gyll.

Cryphalus
Erichson.
Tiliæ, F.
Fagi, F.
Piceæ, Ratz.
binodulus, Ratz.
asperatus, Gyll.
Abietis, Ratz.
granulatus, Ratz.

Hypoborus
Erichson.
Ficus, Er.
Genistæ, Aubé.
Mori, Aubé.

Bostrichus
Fabricius.
topographus, L.
Cembræ, Heer.
stenographus, F.
Laricis, F.
suturalis, Gyll.
Euphorbiæ, Kust.
Kaltenbachii, Bach.
Coryli, Perr.
acuminatus, Gyll.
bispinus, Ratz.
micrographus, Gyll.
Lichtensteinii, Ratz.
curvidens, Germ.
  ♀ psilonotus, Germ.
chalcographus, L.
bidens, F.
autographus, Ratz.
cryptographus, Ratz.
dactyliperda, F.
villosus, F.
bicolor, Herbst.
dispar, F.
monographus, F.
dryographus, Er.
Saxesenii, Ratz.
  Alni, Muls.
  decolor, Boield.
eurygraphus, Er.
oblitus, Perr.
Victoris, Muls.
ramulorum, Perr.

Platypus
Herbst.
cylindrus, F.
oxyurus, Duf.

CERAMBYCIDÆ

Spondylis
Fabricius.
buprestoides, Linn.

Ergates
Serville.
faber, Linn.

Prinobius
Mulsant.
Germari, Muls.

Ægosoma
Serville.
scabricorne, F.

Tragosoma
Serville.
depsarium, L.

Prionus
Geoffroy.
coriarius, L.

Cerambyx
Linné.
heros Fab.
miles, Bon.
velutinus, Brullé.
Mirbeckii, Luc.
Neryi. Fairm.
cerdo, Linn.

Purpuricenus
Serville.
budensis, Gotz.
Kæhleri, Linn.
globulicollis, Muls.

Rosalia
Serville.
alpina, Linn.

Aromia
Serville.
moschata, Linn.
Rosarum, Luc.
ambrosiaca, Muls.

Callidium
Fabricius.
Rhopalopus, Mulsant.
insubricum, Germ.

62

clavipes, Fabr.
femoratum, Linn.
  Callidium.
violaceum, Linné.
dilatatum, Payk.
coriaceum, Payk.
sanguineum, Linné.
unifasciatum, Fab.
Alni, Linné.
rufipes, Fab.
Phymatodes, Mulsant.
variabile, Linné.
melancholicum, Fab.
  thoracicum, Muls.
luridum, Ol.
  humerale, Muls.
  Semanotus, Mulsant.
undatum, Muls.

Hylotrupes
Serville.
bajulus, Linné.

Drymochares
Mulsant.
Truquii, Muls.

Oxypleurus
Mulsant.
Nodieri, Muls.

Saphanus
Serville.
piceus, Laich.
  spinosus, Fab.

Criomorphus
Mulsant.
castaneus, L.
  aulicus, F.

Nothorhina
Redtenbacher.
muricata, Dalm.

Asemum
Eschscholtz.
striatum, L.

Criocephalus
Mulsant.
rusticus, L.

Stomatium
Serville.
strepens, F.

Hesperophanes
Mulsant.
sericeus, Fab.
nebulosus, Ol.
mixtus, F.
  pallidus, Ol.

Clytus
Fabricius.
liciatus, L.
  rusticus, L.
detritus, L.
arcuatus, L.
floralis, Pall.
tropicus, Panz.
arvicola, Ol.
Arietis, L.
lama, Muls.
antilope, Ill.
Rhamni, Germ.
trifasciatus, F.
ruficornis, Ol.
Duponti, Muls.
Verbasci, L.
  ornatus, F.
sulphureus, Schm.
  Verbasci, F.
4-punctatus, F.
Pelletieri, Lap. et Gor.
massiliensis, L.
plebejus, F.
mysticus, L.
gibbosus, F.

Cartallum
Latreille.
ebulinum, L.
  ruficolle, F.

Obrium
Latreille.
cantharinum, L.
  ferrugineum, F.
brunneum, F.

Deilus
Serville.
fugax, F.

Anisarthron
Redtenbacher.
barbipes, Charp.

Gracilia
Serville.
pygmaea, F.

timida, Ménétries.

Leptidea
Mulsant.
brevipennis, Muls.

Axinopalpus
Redtenbacher.
gracilis, Kryn.

Necydalis
Linné.
major, L.
Salicis, Muls.
Ulmi, Chevrol.

Molorchus
Fabricius.
minor, L.
  dimidiatus, F.
umbellatarum, L.
Kiesenwetteri, Muls.
Marmottani, Ch. Bris.

Callimus
Mulsant.
abdominalis, Ol.
cyaneus, F.
  Bourdini, Muls.

Stenopterus
Olivier.
praeustus, Fab.
rufus, L.

Parmena
Latreille.
Solieri, Muls.
  pilosa, Sol.
fasciata, Vill.

Dorcadion
Dalmann.
fulvum, Scop.
fuliginator, L.
  v : mendax, Muls.
navaricum, Muls.
  v : monticola, Muls.
pyrenaeum, Germ.
meridionale, Muls.
molitor, Fab.
  lineola, Illig.
  v : Donzellii, Muls.
rufipes, Fab.

Morimus
Serville.
lugubris, F.
tristis, F.
funestus, F.

Lamia
Fabricius.
textor, L.

Monohammus
Serville.
sartor, F.
sutor, F.
galloprovincialis, Ol.

Acanthoderes
Redtenbacher.
varius, F.

Astynomus
Redtenbacher.
ædilis, L.
atomarius, F.
griseus, F.

Leiopus
Serville.
nebulosus, L.
punctulatus, Payk.
cinereus, Muls.

Exocentrus
Mulsant.
balteatus, F.
adspersus, Muls.
punctipennis, Muls.
Claræ, Muls.

Pogonocherus
Serville.
ovalis, Gyll.
fascicularis, Panz.
Perroudi, Muls.
scutellaris, Muls.
hispidus, L.
pilosus, F.
decoratus, Fairm.

Albana
Mulsant.
M-grisea, Muls.

Blabinotus
Wollaston.
STENIDEA, Muls.
Troberti, Muls.

Genei, Arrag.
Foudrasi, Muls.

Mesosa
Serville.
curculionoides, L.
nubila, Ol.

Niphona
Mulsant.
picticornis, Muls.

Anaesthetis
Mulsant.
testacea, F.

Agapanthia
Serville.
irorata, F.
Asphodeli, Latr.
Cardui, F.
pyrenæa, Ch. Bris.
angusticollis, Gyll.
cærulea, Sch.
violacea, F.
suturalis, F.

Calamobius
Guérin.
marginellus, F.

Saperda
Fabricius.
carcharias, L.
phoca, Frœhl.
Tremulæ, F.
punctata, L.
scalaris, L.
populnea, L.

Menesia
Mulsant.
Perrisii, Muls.

Polyopsia
Mulsant.
præusta, L.

Stenostola
Redtenbacher.
nigripes, F.

Oberea
Mulsant.
oculata, L.

pupillata, Gyll.
linearis, L.
erythrocephala, F.
v: Euphorbiæ, Germ.

Phytœcia
Mulsant.
vittigera, F.
argus, F.
affinis, F.
Jourdani, Muls.
Ledereri, Muls.
virgula, Charp.
punctum, Muls.
tigrina, Muls.
Anchusæ, Fuss.
lineola, F.
vulnerata, Muls.
ephippium, F.
erythrocnema, Luc.
Grenieri, Fairm.
cylindrica, L.
nigricornis, F.
virescens, F.
flavicans, Muls.
molybdæna, Dalm. Muls.
uncinata, Redt.
obscura, Ch. Bris.

Vesperus
Latreille.
strepens, F.
Xatartii, Muls.
luridus, Rossi.
♀ Solieri, Germ.

Rhamnusium
Latreille.
Salicis, F.

Rhagium
Fabricius.
mordax, F.
inquisitor, F.
indagator, L.
bifasciatum, F.

Toxotus
Serville.
cinctus, F.
dentipes, Muls.
cursor, L.
meridianus, L.
Quercus, Gotz.
humeralis, F.
dispar, Panz.

64

Pachyta
Serville.

Lamed, L.
  spadicea, Payk.
clathrata, F.
interrogationis, L.
  v : 12-maculata, F.
Virginea, L.
4-maculata, L.
8-maculata, F.
  10-punctata, Ol.
sex-maculata, L.
strigilata, F.
collaris, L.

Strangalia
Serville.

aurulenta, F.
quadrifasciata, L.
revestita, L.
  villica, F.
pubescens, F.
atra, F.
armata, Herbst.
  v : calcarata, F.
  v : subspinosa, F.
annularis, F.
  arcuata, Panz.
attenuata, L.
nigra, L.
distigma, Charp.
bifasciata, Mull.
  cruciata, Ol.
melanura, L.

Leptura
Linné.

chlorotica, Fairm.
virens, L.
testacea, L.
  rubrotestacea, Ill.
rufa, Brullé.
Fontenayi, Muls.
rufipennis, Muls.
scutellata, F.
hastata, F.
tomentosa, F.
stragulata, Germ.
cincta, F.
sanguinolenta, L.
maculicornis, de Géer.
livida, F.
unipunctata. F.

Anoplodera
Mulsant.

sexguttata, F.
rutipes, Schall.
lurida, F.

Grammoptera
Serville.

spinosula, Muls.
lævis, F.
4-guttata, F.
analis, Panz.
ruficornis, F.
præusta, F.

CHRYSOMELINÆ
SAGRIDÆ
Orsodacna
Latreille.

nigriceps, Latr.
  v : nigricollis, Ol.
  v : humeralis, Latr.
  v : Mespili, Lac.
Cerasi, Fab.

DONACIDÆ
Donacia
Fabricius.

crassipes, F.
bidens, Ol.
dentata, Hoppe.
Sparganii, Ahr.
reticulata, Gyll.
  appendiculata, Ahr.
dentipes, F.
Lemnæ, F.
simplicifrons, Lac.
Sagittariæ, F.
obscura, Gyll.
brevicornis, Ahr.
thalassina, Germ.
impressa, Payk.
Menyanthidis, F.
linearis, Hoppe.
Typhæ, Brahm.
semicuprea, Panz.
simplex, F.
Hydrocharidis, F.
tomentosa, Ahr.
nigra, F.
discolor, Hoppe.
affinis, Kunze.
sericea, L.

Hæmonia
Lacordaire.

Equiseti, F.
Curtisii, Lac.
Chevrolati, Lac.
Zosteræ, F.
Gyllenhalli, Lac.

CRIOCERIDÆ
Syneta
Lacordaire.

Betulæ, F.

Zeugophora
Kunze.

scutellaris, Suff.
frontalis, Suff.
subspinosa, F.
flavicollis, Marsh.

Lema
Fabricius.

rugicollis, Suff.
cyanella, L.
Erichsonii, Suff.
flavipes, Suff.
melanopa, L.
Hoffmanseggii, Lac.

Crioceris
Geoffroy.

merdigera, L.
brunnea, F.
alpina, Red.
12-punctata, L.
dodecastigma, Suff.
5-punctata, F.
Paracenthesis, L.
bicruciata, Sahlb.
Aspargi, L.
campestris, L.

CLYTHRIDÆ
Clythra
Laicharting.

LABIDOSTOMIS, Lac.

taxicornis, F.
tibialis, Lac.
meridionalis, Lac.
pallidipennis, Gebl.
cyanicornis, Germ.
tridenta, L.
humeralis, Schneid.

cida, Germ.
xillaris, Lac.
ngimana, L.

MACRONELES Lac.
uficollis, F.

TITUBŒA Lac.
exmaculata, F.
nacropus, Ill.
expunctata, Ol.

LACHNÆA Lac.
aradoxa, Ol.
icina, Lac.
almata, Lac.
ongipes, F.
ripunctata, Petag.
ristigma, Lac.
ylindrica, Lac.

CLYTHRA Lac.
-punctata, L.
v : 4-signata, Mark.
æviuscula, Ratz.
9-punctata, Ol.
Atraphaxidis, F.

GYNANDROPHTHALMA
Lac.
concolor, F.
nigritarsis, Lac.
cyanea, F.
davicollis, Charp.
affinis, Ill.
aurita, L.

CHEILOTOMA Lac.
bucephala, F.

COPTOCEPHALA Lac.
scopolina, L.
4-maculata, L.
floralis, Ol.

Lamprosoma
Kirby.
concolor, Sturm.

EUMOLPIDÆ
Eumolpus
Kugelann
obscurus, L.
Vitis, F.

Chrysochus
Redtenbacher.
pretiosus, F.

Pachnephorus
Redtenbacher.
arenarius, Fab.
impressus, Rosenh.
aspericollis, Fairm.
cylindricus, Luc.
Bruckii, Fairm.
corinthius, Fairm.
lepidopterus, Kust.
tessellatus, Duft.
villosus, Duft.

Dia
Chevrolat
æruginea, F.
oblonga, Blanch.
proxima, Fairm.
Saportæ, Gren.

Colaphus
Redtenbacher.
ater, Ol.

CRYPTOCEPHALIDÆ
Cryptocephalus
Geoffroy.
curvilinea, Ol.
rugicollis, Ol.
virgatus, Suff.
lætus, F.
sexmaculatus, Ol.
tristigma, Charp.
Illicis, Ol.
imperialis, F.
pexicollis, Suff.
bimaculatus, F.
Loreyi, Suff.
Coryli, L.
informis, Suff.
cordiger, L.
distinguendus, Schneid.
variegatus, F.
variabilis, Schneid.
sexpunctatus, L.
interruptus, Suff.
fasciatus, Suff.
abietinus, Gautier.
4-punctatus, Ol.
coloratus, F.
violaceus, L.
sericeus, L.
aureolus, Suff.
Hydrochæridis, L.
cristula, Duf.
cristatus, Suff.

globicollis, Suff.
lobatus, F.
cyanipes, Suff.
Pini, L.
Abietis, Suff.
12-punctata, F.
sulfureus, Ol.
holoxanthus, Fairm.
nitens, L.
nitidulus, Gyll.
Ramburi, Suff.
marginellus, O.
v. inexspectus, Fairm.
alboscutellatus, Suff.
tetraspilus, Suff.
♀ lepidus, Muls.
Moræi, L.
signatus, Ol.
flavipes, F.
4-signatus, Suff.
10-punctatus, L.
v : bothnicus, L.
flavescens, Schneid.
v : frenatus, F.
punctiger, Gyll.
Janthinus, Germ.
fulcratus, Germ.
flavilabris, Payk.
marginatus, F.
Salicis, F.
bistripunctatus, Germ.
bipunctatus, L.
dispar, Gyll.
v : lineola, F.
v : bipustulatus, F.
sexpustulatus, Rossi.
gravidus, Suff.
8-guttatus, F.
Koyi, Suff.
Rossii, Suff.
vittatus, F.
tessellatus, Germ.
bilineatus, L.
connexus, Ill.
vittula, Suff.
capucinus, Suff.
pygmæus, F.
signaticollis, Suff.
pulchellus, Suff.
minutus, F.
Populi, Suff.
brachialis, Muls.
ochroleucus, Fairm.
Raphaelensis, Gaut.
maculicollis, Muls.
pusillus, F.

5

66

gracilis, F.
Hubneri, F.
labiatus, L.
Waªastgernæ, Gyll.
geminus, Gyll.
Querceti, Suff.
frontalis, Gyll.

Pachybrachys
Suffrian.
azureus, Suff.
viridissimus, Suff.
Hippophaes, Suff.
sinuatus, Muls.
pallidulus, Suff.
hieroglyphicus, F.
histrio, Ol.
fimbriolatus, Suff.
scriptus, L. Dufour.

Stylosomus
Suffrian.
Tamarisci, Suff.
minutissimus, Germ.
illicicola, Suff.

CHRYSOMELIDÆ
Cyrtonus
Latreille.
rotundatus, Muls.
Dufouri, Duft.
coarctatus, Muls.
eumolpus, Fairm.
punctipennis, Fairm.

Timarcha
Latreille.
pimelioides, H. Sch.
tenebricosa, F.
semipolita, Chev.
niceensis, Villa.
italica, H. Sch.
lævigata, L.
pratensis, H. Sch.
coriaria, F.
recticollis, Fairm.
monticola, L. Duf.
cyanescens, Fairm.
interstitialis, Fairm.
strangulata, Fairm.
sinuatocollis, Fairm.
latipes, L.
ærea, H. Sch.
immarginata, H. Sch.
metallica, F.

maritima, Perr.
rugulosa, Rosenh.
Chrysomela
Linné.
cribrosa, Germ.
obscurella, Suff.
Banksii, F.
bætica, Suff.
varipes, Suff.
æthiops, Ol.
staphylea, L.
distincta, Kust.
subferruginea, Suff.
pelagica, Chev.
varians, F.
gœttingensis, L.
Rossii, Ill.
Schottii, Suff.
hemisphærica, Germ.
vernalis, Brullé.
confusa, Suff.
caliginosa, Ol.
carbonaria, Suff.
hœmoptera, L.
femoralis, Ol.
Molluginis, Suff.
opaca, Suff.
subænea, Suff.
Gypsophilæ, Kust.
sanguinolenta, L.
lucidicollis, Kust.
marginalis, Duft.
depressa, Suff.
limbata, F.
carnifex, F.
cœrulescens, Suff.
marginata, L.
analis, L.
prasina, Suff.
lurida, L.
violacea, Panz.
Menthastri, Sufl.
viridana, Kust.
palustris, Suff.
Graminis, L.
fastuosa, L.
americana, L.
Cerealis, L.
mixta, Kust.
melanaria, Suff.
polita, L.
lamina, F.
rufoænea, Sufl.
fucata, F.
4-gemina, Sufl.

duplicata, Germ.
geminata, Gyll.
didymata, Scriba.
lepida, Ol.
diluta, Germ.

Oreina
Chevrolat.
luctuosa, Duft.
v : rugulosa, Suff.
intricata, Germ.
aurulenta, Suff.
speciosa, Linn.
v : pretiosa, Suff.
v : superba, Ol.
v : gloriosa, F.
v : nigrina, Suff.
vittigera, Suff.
venusta, Suff.
bifrons, Fab.
nivalis, Suff.
v : ignita, Ol.
speciosissima, Scop.
elongata, Suff.
monticola, Duft.
Genei, Suff.
tristis, Fab.
Cacaliæ, Schranch.
v : Tussilaginis, Suff.
v : Senecionis, Schumm.
nigriceps, Fairm.
v : Ludovicæ, Muls.

Lina
Redtenbacher.
ænea, L.
collaris, L.
alpina, Redten.
20-punctata, Scop.
cuprea, F.
lapponica, L.
Populi, L.
Tremulæ, F.
longicollis, Suff.
grossa, F.
chloromaura, Charp.
lucida, Ol.

Entomoscelis
Redtenbacher.
Adonidis, F.

Gonioctena
Redtenbacher.
rufipes, Gyl.
Viminalis, L.

Triandræ, Suff.
affinis, Suff.
nivosa, Suff.
sexpunctata, Pz.
litura, F.
ægrota, F.
Spartii, Ol.
5-punctata, F.
pallida, L.

Gastrophysa
Redtenbacher.
Polygoni, L.
Raphani, F.

Plagiodera
Redtenbacher.
armoriacæ, L.

Phædon
Latreille.
pyritosa, Ol.
sabulicola, Suff.
tumidula, Germ.
Betulæ, L.
Cochleariæ, F.
Salicina, Heer.
concinna, Step.

Phratora
Redtenbacher.
Vitellinæ, L.
tibialis, Suff.
vulgatissima, L.
laticollis, Suff.

Prasocuris
Latreille.
Helodes, Payk.
aucta, F.
marginella, L.
hannoverana, F.
Phellandrii, L.
Beccabungæ, Ill.
erythrocephala, Ol.
distincta, Kust.

GALLERUCARIÆ

Adimonia
Laicharting.
brevigennis, Ill.
marginata, F.
Tanaceti, L.
monticola, Ksw.
Villæ, Comol.

rustica, Schl.
interrupta, Ol.
circumdata, Duft.
littoralis, F.
Capreæ, L.
sanguinea, F.
scutellata, Chev.
rufa, Germ.

Galleruca
Fabricius.
Viburni, Payk.
sublineata, Luw.
Cratægi, Forst.
lineola, F.
Calmariensis, L.
Lythri, Gyl.
tenella, L.
Sagittariæ, Gyl.
Nympheæ, L.

Malacosoma
Rosenhauer.
lusitanica, L.

Agelastica
Redtenbacher.
Alni, L.
halensis, L.

Phyllobrotica
Redtenbacher.
4-maculata, L.

Luperus
Geoffroy.
circumfusus, Marsh.
pinicola, Dufts.
pyrenæus, Germ.
rufipes, Ol.
flavipes, L.
longicornis, F.
xanthopus, Dufts.
viridipennis, Germ.
Garieli, Aubé.

Monolepta
Erichson.
erythrocephala, Ol.
terrestris, Rosenh.

HALTICIDÆ

Lithonoma
Rosenhauer.
marginella, F.

Crepidodera
Allard.
lineata, Rossi. All.
impressa, All.
rufa, Kuster.
transversa, Marsh. All.
ferruginea, Scop. Foud.
exoleta, F. All.
ventralis, Illig. All.
abdominalis, Kuster.
nigriventris, Bach.
rufipes, Linn. All.
ruficornis, Fab.
Sodalis, Kutsch. All.
rhætica, Kutsch. All.
melanostoma, Red. All.
femorata, Gyll. All.
melanopus, Kuts. All.
Peiroleril, Kutsch. All.
cyanescens, Duft. All.
alpicola, Schæn.
nigritula, Gyll. All.
nitidula, Linn. All.
helxines, Linn. Foud.
fulvicornis, Fab. All.
V. cyanea, Marsh.
V. metallica, Duft.
aurata, Marsh.
helxines, All.
versicolor, Kutsch.
chloris, Foud. All.
smaragdina, Foud. All.
aureola, Foud. All.
Modeeri, Linné. All.
pubescens, Panz. All.
intermedia, Foud. All.
Atropæ, Mark. All.

Orestia
Germar.
Pandellei, All.

Linozosta
Allard.
Mercurialis, Fab. All.
cicatrix, Illig. All.

Graptodera
Allard.
Erucæ, Oliv. All.
Quercetorum, Foud.
Coryli, All.
brevicollis, Foud.
ampelophaga, Guér. All.
consobrina, Foud.

68

Lythri, Aubé. All.
  consobrina, Duft.
  ♀ consobrina, All.
Hippophaes, Aubé. All.
  Erucæ. Duft.
  consobrina, Kutsch.
  impressicollis, Reiche.
  v: Carduorum,Guér.All.
Ericeti, All.
  longicollis, All.
  oleracea, Linné. All.
  pusilla, Duft.
  Helianthemi, All.
  var. Potentillæ, All.
montana, Foud. All.
  cognata, Kutsch.

Thyamis
Stephens. 1831.

TEINODACTYLA Chevro-
  lat. 1837.
Echii, E. H. All.
Linnæi, Duft. All.
fuscoænea, Rdt. All.
  corinthia, Reiche.
  metallescens, Foud.
ænea, Kutsh.
  fuscoæneus, Foud.
nigra, E. H. All.
  rectilineata, Foud.
  obliterata, Rosenh.
  consociata, Forster.
  pulex, Foud.
Anchusæ. Payk.
  Absynthii, Kutsch.
parvula, Payk.
  ventricosa, Foud.
  subrotunda, All.
holsatica, Linné. All.
apicalis, Berk All.
  analis, Duft. Foud.
  Fischeri, Zett.
4-pustulata, Fab. All.
  4-maculata, Foud.
dorsalis, Fabr. All.
  circumsepta, Gené.
  stragulata, Foud.
thoracica, Kirby. All.
  Senecionis. Bach.
  melanocephala, Foud.
  v. fuscicollis, Steph.
atricilla, Lin. All.
  fuscicollis, Foud.
lateralis, Illig. All.
  crassicornis, Foud.
atriceps, Kutsch.

atricilla, Foud.
melanocephala, Gvll. All.
  atricapilla, Foud.
Sisymbrii, Fabr. All.
  Jaceæ, Panz.
  borealis, Zett.
  lateralis, Foud.
  var. suturata, Foud.
suturalis, Marsh. All.
  nigricollis, Foud.
Nasturtii, Fabr. All.
  picipes, Steph. Foud.
  atricapilla, All.
  subterlucens, Foud.
  abdominalis, Duft. All.
  Lycopi, Foud.
fulgens, Foud.
castanea, Duft. All.
brunnea, Duft. All.
  rutila, Illig. All.
  gibbosa, Foud.
  minuscula, Foud.
  juncicola, Foud.
  curta, All.
lurida, Rossi. All.
  pratensis, Panz. Foud.
femoralis, Marsh. All.
  Boppardiensis, Bach.
Ballotæ, Marsh. All.
  pusilla, Gyll. All.
  Reichei, All.
Medicaginis, All.
  tantula, Foud.
  brunniceps, All.
  pectoralis, Foud.
  albinea, Foud,
Verbasci, Gyll. All.
  v. Thapsi, Marsh. All.
  pallens, Foud.
  tabida, Illig. All.
  rufula, Foud.
ochroleuca, Marsh. All.
  candidula, Foud.
  latifrons, All.
  canescens, Foud.
  lævis, Duft.
  æruginosa, Foud.
  succinea, Foud.
  nana, Foud.
  pellucida, Foud.
  testacea, All.
  flavicornis, Steph. All.
  rubiginosa, Foud.
  ferruginea, Foud.
  cerina, Foud.
  ordinata. Foud.

Teucrii, All.
  membranacea, Foud.

Phyllotreta
Allard.

nodicornis, Marsh. All.
  antennata, E. H.
punctulata, Marsh. All.
  diademata, Foud.
  atra, Payk.
  obscurella, Illig.
  pæciloceras, Com.
  colorea, Foud.
melæna, Illig. All.
nigripes, Panz. All.
  Lepidii, E. H.
  var. lens, Thunb. All.
procera, Rdt. All.
Armoraciæ, E. H. All.
nemorum, Linn. All.
  vittula, Rdt. All.
bimaculata, All.
  biguttata, Foud.
  rugifrons, Kuster.
parallela, Boïeld. All.
  humeralis, Foud.
  undulata, Kutsch.
  flexuosa, All.
  sinuata, Redt. All.
ochripes, Curtis.
  excisa, Redt. All.
variipennis, Boïeld. All.
  varians, Foud.
tetrastigma, Com. All.
  flexuosa, Kutsch.
  fallax, All.
Brassicæ, Fal. All.
  4-pustulata, Foud.

Aphtona
Allard.

Cyparissiæ, All.
  v. nigriventris, Motsch.
  nigriscutis, Foud.
  abdominalis. Foud.
pallida, Bach.
flaviceps, All.
  straminea. Foud.
lœvigata, Illig.
variolosa, Foud.
  pallida, Boïeld.
lutescens, Gvll. All.
nigriceps. Redt. All.
  sicula, Foud.
semicyanea, All.
cœrulea, Payk. All.

Pseudacori, Marsh.
atrocœrulea, Steph.
  cyanella, Redt.
  Euphorbiæ, Foud.
hilaris, Kirby.
  virescens, Foud.
sublœvis, Rosen. All.
depressa, All.
Euphorbiæ, Fab. All.
  cyanella, Foud.
  venustula, Kutsh.
violacea, E. H. All.
  pseudacori, Foud.
ovata, Foud.
  Euphorbiæ,Redt.Kutsh.
delicatula, Foud.
atratula, All.
atrovirens, Forster. All.
  tantilla, Foud.
herbigrada, Curtis. All.

Argopus
Fischer.
brevis, All.
hemisphæricus, Duft.

Sphæroderma
Stephens.
testacea, Fabr.
Cardui, Gyll.

Podagrica
Allard.
fuscipes, Fabr.
Malvæ, Illig.
semirufa, Kust.
  italica, All.
discedens, Boïeld.
  rudicollis, Foud.
fuscicornis, Lin. All.
  fulvipes, Fabr.

Batophila
Foudras.
ærata, Marsh. All.
Rubi, Payk.
  pallidicornis, Walk.
Salicariæ, Payk. All.

Balanomorpha
Chevrolat
rustica, Lin.
  semiænea, Fabr
obtusata, Gyll.
Chrysanthemi, E. H.
ambigua, Kustsch.

a t ewsii, Curt.
  v. lutea. All.

Hypnophila
Foudras.
MINOTA, Kutsch.
obesa, Wallt.
  Caricis, Mark.
impuncticollis, All.

Mniophila
Stephens.
muscorum, E. H.

Plectroscelis
Chevrolat.
major, J. du V.
chlorophana, Dft. All.
semicœrulea, E. H. All.
concinna, Marsh. All.
  dentipes, E. H.
tibialis, Illig. All.
  conducta. Motsc. All.
chrysicollis, Chev. All.
  depressa, Boïeld.
procerula, Rosenh.
  compressa, Foud.
compressa, Litz. All.
  tarda, Mark.
augustula, Rosenh.
ærosa, Letz.
  punctatissima, Grav.
Mannerheimii, Gyll. All.
aridula, Gyll.
confusa, Boh. All.
  arida, Foud.
arenacea, All.
scabricollis, All.
Sahlbergii, Gyll. All.
  v. Fairmairii, Boïeld.
  v. insolita, Dej. Foud.
meridionalis, Foud.
  obesa, Boïeld.
aridella, Gyll. All.

Apteropoda
Chevrolat.
Graminis, E. H.
  ciliata, Ol.
  orbiculata, Foud.
globosa, Panz. All.
  orbiculata, Moh.
  conglomerata, Ill.
  globus, Duft.
  majuscula, Foud.

splendida, Forster, All.
  globosa, Foud.

Dibolia
Latreille.
femoralis, Redt.
  aurichalcea, Forster.
  rugulosa, Redt. All.
Pelleti, All.
  cryptocephala, E. H.
Schillingii, Letz. All.
  punctillata, Foud.
Cynoglossi, E. H.
  timida, Illg. All.
  v. Eryngii, Bach.
depressiuscula, Letz. All.
  lœvicollis, Foud.
Fœrsteri, Bach. All.
  Buglossi, Foud.
occultans, E. H.
  v. paludina, Foud.

Psylliodes
Latreille.
Dulcamaræ, E. H.
  chalcomera, Illig.
Hyoscyami, Lin.
  marcida, Illig.
  operosa, Foud.
puncticollis, Rosenh.
  crassicollis, Fairm.
  dilatata, Foud.
cuprea, E. H. All.
  ærea, Foud.
cupreata, Dufft. All.
attenuata, E. H.
  v : picicornis, Kirby.
  rufilabris, E. H.
affinis, Payk.
chrysocephala, Lin.
Napi, E. H.
Rapæ, Redt.
Thlaspis, Foud.
lœvata, Foud.
cupronitens, Forster. All.
  herbacea, Foud.
picipes, Retd. All.
nigricollis, Marsh.
  anglica. Oliv.
pallidipennis, Ros.
  marcida, Foud.
circumdata, Redt.
cucullata, Illig.
  Spergulæ, Gyll.
  vicina, Boïeld.

gibbosa, All.
  rufilabris, Foud.
  ? callinota, Fald.
instabilis, Foud.
'petasata, Foud.
  minima, All.
picina, Marsh. All.
picea, Redt.
obscuroænea, Ros.
melanophthalma, Duft. Al.
  rufopicea, Letz.
  picea, Foud.
nucea, Illig.
luteola, Müller.

HISPIDÆ

Hispa
Linné.
atra, L.
aptera, L.
testacea, L.

CASSIDIDÆ

Cassida
Linné.
Murræa, L.
austriaca, Fab.
vittata, Fab.
sanguinosa, Suff.
  rubiginosa, Gyl.
denticollis, Suff.
rubiginosa, Ill.
  nigra, Herbst.
rotundicollis, C. B.
Bohemani, C. B.
thoracica, E.
vibex, L.
deflorata. Suff.
prasina, F.
hexa-tigma. Suff.
languida, Coml.
chloris, Suff.
stigmatica, Suff.
rufovirens, Suff.
sanguinolenta, F.
azurea. F.
luci la, Suff.
oblonga, Ill.
deflexicollis, Bohen.
nobilis, L.
margaritacea, F.
subreticulata, Suff.
pusilla, Walt.
  puncticollis, Suff.
pupillata, Bhm.

nebulosa, L.
  affinis, F.
ferruginea, F.
meridionalis, Suff.
obsoleta, Ill.
berolinensis, Suff.
equestris, F.
hemisphærica, Herbst.
Filaginis, Perr.

EROTYLIDÆ

Engis
Fabricius.
sanguinicollis, F,
humeralis, F.
rufifrons, F.
bipustulata, F.

Triplax
Paykull.
russica, L,
ruficollis, Lac.
ænea, Pk.
collaris, Schl.
nigriceps, Lac.
bicolor, Marsh.
rufipes, Pk.
capistrata, Lac.

Tritoma
Fabricius.
bipustulata, F.

COCCINELLIDÆ

Hippodamia
Mulsant.
13 punctata, L.

Anisosticta
Duponchel.
19 punctata, L.

Adonia
Mulsant.
mutabilis, Scriba.

Adalia
Mulsant.
obliterata, L.
  livida, de Géer.
bothnica, Payk.
hyperborea, Payk.
bipunctata, L.
rufocincta, Muls.
alpina, Villa.

inquinata, Muls.
11-notata, Schneid.

Bulœa
Mulsant.
19 notata, Gebl.

Harmonia
Mulsant.
marginepunctata, Schal.
impustulata, L.
Doublieri, Mus.
12 pustulata, F.

Coccinella
Linné.
11 punctata, L,
5 punctata, L.
7 punctata, L.
labilis, Muls.
hieroglyphica, L.
14 pustulata, L.
variabilis, Ill.
divaricata, Ol.

Anatis
Mulsant.
ocellata, L.

Mysia
Mulsant.
oblongoguttata, L.

Sospita
Mulsant.
tigrina, L.

Myrrha
Mulsant.
18 guttata, L.

Calvia
Mulsant.
14 guttata, L.
10 guttata, L.
bis-7-guttata, Sch. All.

Halysia
Mulsant.
16 guttata, L.

Vibidia
Mulsant.
12 guttata, Pod.

Thea
Mulsant.
22 punctata, L.

Propylea
Mulsant.
14 punctata, L.

Micraspis
Chevrolat.
12 punctata, L.

Chilocorus
Leach.
renipustulatus, Scriba.
bipustulatus, L.

Exochomus
Redtenbacher.
auritus, Scriba.
4 pustulatus, L.

Hyperaspis
Chevrolat.
campestris, Herbst.
concolor, Suff.
Hoffmanseggii, Muls.
reppensis, Herbst.

Epilachna
Chevrolat
argus, Geoff.
chrysomelina, F.

Lasia
Mulsant.
globosa, Schneid.
meridionalis. Muls.

Cynegetis
Redtenbacher.
impunctata, L.

Novius
Mulsant.
cruentatus, Muls.

Platynaspis
Redtenbacher.
villosa, Fourc.

Scymnus
Kugelann.
4-lunulatus, Ill.
Redtenbacheri, Muls.
? femoralis, Redt.
biverrucatus, Pz.
nigrinus, Kug.
pygmæus, Fourc.
marginalis, Rossi.
Apetzii, Muls.
Ahrensii, Muls.
frontalis, F.
Abietis, Payk.
fasciatus, Fourc.
Guimeti, Muls.
arcuatus, Rossi.
impexus, Muls.
Abietis, Muls.
nanus, Muls.
scutellaris, Muls.
discoïdeus, Ill.
scutellaris, Muls.
anomus, Muls.
binotatus, Ch. Bris.
analis, F.
hæmorrhoidalis, Herbst.
analis, Gyl.
guttifer. Muls.
tibialis, Ch. Bris.
capitatus, F.
rufipes, Ch. Bris.
ater, Kug.
minimus, Pk.
fulvicollis, Muls.
atricapillus, Ch. Bris.

Cœlopterus
Mulsant.
salinus, Muls.

Rhizobius
Stephens.
litura, F.
discimacula, Muls.

Coccidula
Kugelann.
scutellata, Herbst.
rufa, Herbst.

ENDOMYCHIDÆ

Ancylopus.
Costa
melanocephalus, Ol.

Endomychus
Panzer.
coccineus, L.

Polymus
Mulsant.
nigricornis, Muls.

Mycetina
Mulsant.
cruciata, Schall.

Lycoperdina
Latreille.
Bovistæ, F.

Golgia
Mulsant.
succincta, L.

Dapsa
Mulsant.
trimaculata, Motsch.

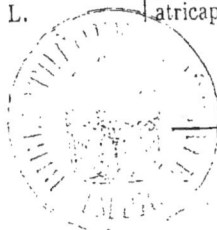

INDEX GENERUM

74

MATÉRIAUX

LA FAUNE FRANÇAISE

---

1. — NOTIOPHILUS GERMINYI. — N. palustri Duft et aquatico
Linn. *intermedius, minor, nigro-cupreus, antennarum basi pedibusque rufulis, prothorace sub-cordiformi, lateribus fortius
ARCUATIS, angulis posticis rectis, basi fortiter parce-punctato, elytris
angustatis, profundius usque ad summum striatis, intervallis sub
elevatis, his tribus primis æqualibus.* — Long. 4 millim.

Intermédiaire entre les *N. palustris Duft* et *aquaticus Linn.*, mais
encore plus petit que ce dernier. Bronzé noirâtre en dessus ; vert noirâtre
en dessous. Tête cuivreuse, comme chez l'*aquaticus* ; ponctuation nulle
derrière les yeux, qui sont un peu plus proéminents. Antennes noirâtres,
les quatre premiers articles rougeâtres. Corselet subcordiforme, beaucoup
plus rétréci en arrière que chez le *palustris* ; côtés très-arrondis en avant,
à peine redressés à la base ; angles postérieurs droits ; ponctuation plus
écartée sur les côtés et en avant, profonde mais éparse à la base ; disque
lisse. Écusson sub-triangulaire, faiblement arrondi au sommet. Élytres
courtes, étroites comme celles de l'*aquaticus,* mais présentant la disposition des stries de celles du *palustris* ; celles-ci bien plus profondes que
chez ce dernier ; intervalles comme relevés, non effacés à partir des trois
quarts postérieurs, mais atteignant toutes l'extrémité ; à la base, deux
vestiges de stries, l'externe composée de trois ou quatre points, non
réunie à la suturale ; les trois premiers intervalles subégaux comme chez
le *palustris* ; une seule fossette sur le troisième, au quart supérieur.
Jambes brunes avec un reflet bronzé.

Vallée d'Eyne, près Mont-Louis (Pyrénées-Orientales) ; en juillet.

Ce *Notiophilus* est facile à reconnaître à son faciès qui rappelle exactement celui de son congénère l'*aquaticus*, tandis que la disposition de
ses stries élytrales est analogue à celle du *palustris*.

1

Je le dédie à mon excellent ami Paul de Germiny, entomologiste normand plein de zèle, qui l'a rapporté de la dernière excursion aux Pyrénées.

A. FAUVEL.

2. —CARABUS BRISOUTII. — C. Catenulato Scop. *satis vicinus, parallelus, magis convexus, nigro cyanescens, thoracis elytrorumque marginibus cyaneis, capite thoraceque levibus, hoc subconvexo, fortiter transverso, lateribus fortiter rotundatis, minime elevatis, angulis posticis prœminentibus, obtusis; elytris parallelis, multicostatis, costis tribus alternis catenulatis.* — Long. 23 millim.

Faciès du *C. Catenulatus* Scop., mais très-distinct. Allongé, parallèle très-convexe, brusquement atténué en arrière, d'un noir bleuâtre très-foncé, clair sur les côtés seulement du corselet et le bord externe des élytres. Têtes sans rides visibles. Corselet rappelant assez celui du *Glabratus fabr.*, large, fortement transversal, légèrement convexe ; côtés non relevés, très-élargis en avant, régulièrement arqués et non redressés en arrière ; angles postérieurs largement saillants, arrondis ; base rectiligne ; lisse en dessus, paraissant très-finement ridé à un fort grossissement. Élytres sub-acuminées, à côtes nombreuses, serrées, saillantes, non granuleuses, séparées trois par trois, par trois côtes bien définies cateniformes. Pattes robustes, assez courtes ; tarses antérieurs largement dilatés chez le mâle.

Sous les grosses pierres en compagnie du *C. Catenulatus* ; un seul ♂. (Pyrénées).

Je suis heureux de dédier cette belle espèce à M. Charles Brisout de Barneville, aussi aimable collègue qu'entomologiste distingué.

A. FAUVEL.

3.—ARGUTOR NIVALIS.—*Ferrugineus, depressus; thorace longiore, subcordato, planiusculo, utrinque striato, angulis posticis rectis; elytris oblongis, striatis, striis dorsalibus paulo profundioribus.* — Long. 4 1/3 millim.

Tête un peu allongée, lisse, avec deux impressions oblongues en avant. Yeux assez petits, peu saillants. Antennes assez longues, filiformes. Corselet un peu plus large que long, modérément arrondi sur les côtés, tronqué à la base et au sommet, latéralement sinué dans son tiers postérieur, angles postérieurs droits et saillants ; disque dans son milieu avec un sillon longitudinal profond, et de chaque côté de la base, qui est un peu rugueuse, avec une strie assez profonde. Élytres ovalaires, un peu allongées, plus larges que le corselet dans sa plus grande largeur, finement striées ; les stries très-obscurément ponctuées, la troisième avec deux ou trois points enfoncés.

Ressemble beaucoup à la Pusilla et à l'Amœna, mais se distingue de ces deux espèces, par sa forme plus étroite, sa tête moins large, ses yeux plus petits, ses élytres moins profondément striées, et ses stries presque lisses. S'éloigne encore de la Pusilla par son corselet moins dilaté en avant, à impressions de la base plus longues et mieux marquées, et de l'Amœna par sa taille plus petite, son corselet plus fortement rétréci en arrière et ses impressions à peine ponctuées.

Trouvé avec M. Lethierry, sur le Cambredaze près de Mont-Louis, sous les pierres, auprès des plaques de neige.

CH. BRIS.

4. — ANOPHTHALMUS DISCONTIGNYI. — *Oblongus, convexus, rufo-testaceus, nitidus; capite oblongo, prothorace oblongo, angusto, posticè angustato, angulis posticis acutis, breviter spinosis, basi transversim impressa; elytris ovatis, convexis, basi obliquè truncatis, dorso profundè striatis, suturá impressá, striis latis, transversim rugatis, intervallis convexis, lateribus rugulosis.* — Long. 3 2/3 millim.

Oblong, convexe, d'un roux brillant, avec les antennes et les pattes à peine plus claires. Tête oblongue, à côtés presque parallèles, ce qui la rend peu ovalaire, et à sillons peu arqués. Antennes un peu plus longues que la moitié du corps. Corselet oblong, un peu plus large que la tête en avant, notablement rétréci en arrière, les côtés se redressant peu à peu ; bord postérieur coupé obliquement avant les angles, ceux-ci relevés, pointus et formant une très-courte épine dirigée en arrière ; surface convexe, sillon médian très-marqué ; à la base une impression transversale tenant toute la largeur. Élytres convexes, presque ovalaires, mais faiblement rétrécies à la base, un peu plus fortement en arrière et brusquement arrondies à l'extrémité ; base coupée obliquement et en ligne droite, de chaque côté ; sur chacune, quatre stries bien marquées, larges, ridées en travers, intervalles convexes ; partie externe des élytres ruguleuse.

Trouvé dans une grotte aux environs de Bagnères de Bigorre. Je dédie cette espèce au fidèle compagnon de notre ami H. de Bonvouloir, en souvenir de ses recherches infatigables dans nos Pyrénées.

Cet *Anophthalmus* est voisin du *gallicus*, mais les antennes sont plus ortes, la tête moins ovalaire, le corselet plus allongé, à angles postérieurs pointus, les élytres sont bien plus oblongues, plus rugueuses et plus obliquement coupées de chaque côté à la base.

FAIRM.

5.—ANOPHTHALMUS LESPESII.—*Oblongo-ovalis, sat convexus, rufo-testaceus, nitidus ; antennis pedibusque vix pallidioribus ; capite ovato, basi lato, anticè triangulariter attenuato ; prothorace posticè angustato, lateribus basi vix rectis, utrinque sat profundè unifoveatis ; elytris ad suturam depressis, striis profundis, grossè punctatis, impressione humerali lævi, ferè concavâ.* — Long. 4 1/2 millim.

Oblong, peu convexe, d'un roux testacé assez clair, brillant. Tête ovalaire, rétrécie peu à peu dès la base, triangulaire en avant. Antennes un peu plus longues que la moitié du corps. Corselet un peu plus large que long, rétréci en arrière, côtés à peine redressés à la base ; de chaque côté, une fossette assez profonde. Élytres oblongues, ovalaires, déprimées sur la suture, à stries profondes, grossièrement ponctuées; deux gros points sur le deuxième intervalle ; impression humérale lisse, un peu concave. — Un seul individu trouvé dans une grotte de la Dordogne par MM. Lespès et Quérilhac.

Ressemble beaucoup à l'A. *Raymondi* mais la tête est très-différente, large à la base et diminuant immédiatement en avant; les angles du corselet sont un peu moins relevés et aigus, les stries plus grossièrement ponctuées, les trois premières bien plus profondes, les intervalles un peu moins plans, la partie suturale plus déprimée, la strie suturale et la deuxième se réunissent près de l'écusson ; le corselet est un peu plus court, et les côtés sont moins redressés à la base.

FAIRM.

6.—ANILLUS FRATER.— *Testaceus, capite in fronte late unituberculato. Thorace posticè transversim impresso, in medio nullo modo canaliculato. Elytris depressiusculis, striatulis, punctulatis, obsoletè impressis.* — Long. 1 1/2 millim.

Très-voisin de l'Anillus hypogæus, mais certainement différent. Sa tête, plus petite, n'offre pas de sillon longitudinal de chaque côté, mais au contraire une dépression en fer à cheval ouverte en avant et qui fait ressortir le front sous la forme d'un gros tubercule arrondi. Le corselet à peu près semblable à celui de l'hypogæus en diffère par l'absence de l'impression longitudinale. Les articles trois à dix des antennes sont aussi moins ovoïdes et presque sphériques.

Cet insecte a les mêmes mœurs que son congénère avec lequel M. Raymond l'a plusieurs fois trouvé dans les environs de Fréjus où il est beaucoup plus rare.

CH. AUBÉ.

7. — SCOTODIPNUS AUBEI. — *Pallidè testaceus, posticè parum dilatatus, thorace capite vix latiore, elytris lævibus, antennarum articulis subtransversis.* — Long. 1 millim.

D'un testacé pâle, brillant, peu parallèle ; élytres plus larges aux deux tiers postérieurs.

Tête marquée de quatre fossettes placées en carré, réunies deux à deux longitudinalement, par deux sillons bien marqués ; les fossettes antérieures obliques, divergentes en avant, les postérieures transversales.

Antennes à articles très-légèrement transversaux.

Corselet à peine plus large que la tête, moins long que large, se rétrécissant dès le tiers antérieur, marqué en avant et en arrière de sillons transversaux courbes assez prononcés et au milieu d'un sillon longitudinal assez fort, joignant les deux sillons transversaux, s'élargissant en arrière ; côtés arrondis en avant, droits en arrière ; angles postérieurs légèrement saillants :

Abdomen deux fois et demie aussi long que le corselet.

Épaules arrondies, non carrées.

Élytres lisses, s'élargissant en arrière, à côtés arrondis, déhiscentes à l'extrémité, arrondies chacune séparément au sommet.

Palpes, antennes et pattes plus pâles.

Diffère du *Glaber* Baudi par la taille beaucoup plus petite (le *Glaber* a deux mill. 1/5), la forme générale, les sillons de la tête très-différents, et les élytres moins parallèles.

Je dédie cette belle espèce, découverte à Fréjus par M. Raymond, et communiquée par lui sous le nom de *Glaber*, à notre savant maître et collègue M. le docteur Aubé, à qui la science entomologique doit tant.

SAULCY.

8. — SCOTODIPNUS SCHAUMII. — *Pallidè testaceus, elongatus, parallelus thorace capite sesqui latiore, elytris vagè rugulosis, antennarum articulis subelongatis.* — Long. 1 1/2 à 1 3/4 millim.

D'un testacé pâle, brillant, allongé, parallèle.

Tête marquée de deux sillons interrompus, formant quatre fossettes obliques, divergentes en arrière.

Antennes à articles très-légèrement allongés.

Corselet beaucoup plus large que la tête, aussi long que large, se rétrécissant dès le tiers antérieur, marqué en avant et en arrière de sillons transversaux courbes assez prononcés, et au milieu d'un sillon longitudinal joignant les deux sillons transversaux, très-fortement enfoncé et assez large, s'élargissant en arrière, séparant le corselet comme en deux lobes ; côtés arrondis en avant, droits en arrière ; angles postérieurs émoussés.

Abdomen presque trois fois aussi long que le corselet, parallèle.

Épaules presque carrées, mais arrondies au sommet.

Élytres parallèles, à côtés fort peu arrondis, déhiscentes à l'extrémité ; sommet de chacune arrondi séparément et ayant un long poil jaune ; ponctuation irrégulière, assez forte mais obsolète, peu serrée, faisant paraître la surface un peu rugueuse.

Palpes, antennes et pattes plus pâles.

Diffère du *Glaber* Baudi par la taille moindre, la tête plus petite, à sillons différents, la forme du corselet dont les angles postérieurs sont moins saillants, et la ponctuation des élytres.

Diffère de l'*Aubei* Saulcy par la taille plus grande, la tête bien plus petite à proportion, la forme des sillons frontaux, la longueur des antennes, le corselet plus grand, à sillon médian bien plus fort et à angles postérieurs moins saillants, l'abdomen et les élytres plus longs et le parallélisme et la ponctuation de ces dernières.

J'ai trouvé, en compagnie de mon ami, M. Linder, deux exemplaires de ce rare insecte sous de grosses pierres dans les montagnes situées entre Port-Vendres et la baie de Paulillas. Je le dédie à l'illustre auteur du genre *scotodipnus*.

Saulcy.

9. — Tachys nigrifrons. — T. Bistriato, Duft. *vicinus, sed minor et angustior. Ferrugineus, subtus brunneus, palpis, antennis pedibusque testaceis ; capite obscure ferrugineo, fronte brunnea ; thorace rubido-testaceo, subquadrato, angulis posticis rectis ; elytris elongatis, scutello, suturá margineque paululum infuscatis, striis maxime obsoletis, posterius nullis, 1ª satis, 2ª vix, sequentibus minimè distinctis.* — Long. 2 millim.

Voisin du *T. Bistriatus Dft.*, mais plus petit et plus étroit. D'un ferrugineux clair en dessus, brun foncé en dessous, palpes et pattes d'un testacé pâ'e. Antennes testacées, rembrunies à l'extrémité. Tête d'un ferrugineux foncé, verte brunâtre. Corselet faiblement rougeâtre, presque carré, légèrement rétréci en arrière, peu convexe; angles postérieurs droits. Elytres allongées, oblongues, subdéprimées, obscurément enfumées vers l'écusson, le long de la suture et du bord externe, très-légèrement striées; stries effacées en arrière, la première seule distincte, la deuxième peu visible, les extérieures nulles; partie recourbée de la première strie rapprochée de la suture, plus droite, mieux marquée; un petit point enfoncé vers le quatrième intervalle au premier tiers antérieur de l'élytre.

France méridionale. — Tarbes (M. Pandellé).

Distinct des variétés miniatures du *Bistriatus*, par sa petite taille, sa forme étroite, la couleur de la tête et du corselet; les stries encore moins visibles, etc.

Paraît exclusivement méridionale; ne se voit jamais en Normandie où le *Bistriatus* et ses variétés sont très-répandus.

Ce petit *Tachys* figure dans la plupart des collections françaises sous le nom de *Fulvicolle Dej.*, et je l'ai reçu comme tel de M. Pandellé. Toutefois il est très-distinct de taille, de forme et de couleur de l'espèce de Dejean qu'un de nos collègues, M. Raymond de Fréjus, a le premier, je crois, signalée en France.

A. FAUVEL.

10. — CHOLEVA STURMII. — *Oblonga picea; thorace minus dense subtiliterque punctato, ante medium'latiore, angulis posticis obtusiusculis, marginibus et angulis posticis dilatioribus; elytris elongatis substriatis, rufo-ferrugineis, mas, trochanteribus posticis simplicibus; femoribus posticis versus basin dentatis.* — Long. 5 millim.

Allongé, d'un marron clair, plus obscur sur la tête et le disque du corselet, couvert d'une fine pubescence jaunâtre. Antennes plus longues que la moitié du corps, d'un testacé ferrugineux, 2-6 allongés linéaires, le troisième presque deux fois plus long que le deuxième, 7-10 oblongs, s'élargissant peu à peu vers le sommet, le huitième un peu plus court et un peu plus étroit que les voisins, le dernier très-acuminé, plus long que le précédent; palpes et bouche d'un testacé ferrugineux. Tête comme chez l'Angustatus. Corselet un peu plus élargi sur les côtés que chez l'Angustatus, avec une impression ovalaire longitudinale de chaque côté de la base, plus distincte; du reste semblable. Élytres encore plus allongées que chez l'Angustatus, striées et ponctuées de même. Abdomen et poitrine d'un brun noirâtre avec l'extrémité de l'abdomen plus ou moins ferrugineux.

Mâle, tarses antérieurs fortement dilatés, tibias intermédiaires très-légèrement courbés, hanches postérieures courtes et simples, cuisses postérieures distinctement armées d'une petite dent avant le milieu de leur côté interne; les deuxième, troisième, quatrième segments de l'abdomen avec une impression légère, longitudinale, dans leur milieu. Femelle inconnue. cette espèce a été confondue par Sturm avec l'Angustatus, il a cru à deux formes différentes de mâle, dans la même espèce.

L'*Angustatus* mâle présente une profonde fossette sur le milieu des 3-5 segments de l'abdomen, ses hanches postérieures sont assez courtes et terminées postérieurement en pointe aiguë, avec une petite saillie anguleuse au côté interne. Femelle, extrémité des élytres toujours terminées par une petite épine.

Le *Cisteloides* mâle présente sur le milieu des 2-5 segments de l'abdomen une légère impression longitudinale. Ses hanches postérieures sont courtes, terminées en pointe à l'extrémité et armées au côté interne d'une épine aiguë, courbée extérieurement.

L'*Intermedius* mâle présente une légère impression sur le milieu des quatrième et cinquième segments de l'abdomen, ses hanches postérieures sont longues, étroites à la base, dilatées avant le sommet avec le côté interne arrondi, coupées obliquement à l'extrémité qui est obtusément acuminée, la hanche est plus ou moins courbée en dessous en forme de cornet. Femelle, extrémité des élytres arrondies, sans épine.

Le *Spadiceus* mâle présente sur le milieu du cinquième segment abdominal une fossette assez large et assez profonde; les hanches postérieures sont simples. Femelle, extrémité des Elytres arrondies, sans épine.

Chez toutes ces espèces, les tibias intermédiaires des mâles sont sensiblement courbés, et le dernier segment abdominal est distinctement échancré à son extrémité.

Le Sturmii se trouve rarement aux environs de Paris, il a aussi été trouvé à Collioure, par Ch. Delarouzée.

Ch. Bris.

11.—ADELOPS BRUCKII. — *Ovatus, posticè attenuatus, modicè convexus, rufo-testaceus, nitidus, griseo-pubescens, elytris posticè sensim attenuatis, lateribus evidentiùs marginatis, transversim sat fortiter strigosis, stria suturali impressa.* — Long. 1 2/3 millim.

Ressemble extrêmement à l'*A. Delarouzei*; en diffère par la forme beaucoup moins convexe, les élytres plus atténuées et presque dès la base, moins ovalaires, un peu plus distinctement rebordées, à strigosités transversales bien plus fortes et à strie suturale un peu plus enfoncée.

Trouvé dans une grotte près de la Preste (Pyr.-Or.), par M. Émile
V. Bruck.

Fairm.

12.—Agathidium confusum. — *Globosum, nigrum, nitidum, gla-*
brum, subtiliter parcè punctatum; thoracis limbo, antennarum basi
pedibusque ferrugineis; elytris strià suturali dimidiatá, humeris
obtusis sub-rotundatis; mas, mandibula sinistra elongata. — Long.
1 1/2 à 1 3/4 millim.

De la taille du Marginatum, tête transversale couverte d'une ponctuation peu serrée et obsolète, tronquée à la partie antérieure, avec les
angles de chaque côté distinctement saillants en avant. Mandibules terminées en pointe aiguë ; chez les mâles, la mandibule gauche est plus
épaissie et plus prolongée que la droite, elle est distinctement terminée
en dessus en une saillie en forme de dent. Palpes d'un ferrugineux plus ou
moins obscur. Antennes ferrugineuses avec la massue noirâtre, courtes,
un peu plus longues que la tête, deuxième article très-petit, globuleux,
troisième, près de deux fois et demi plus long que le deuxième, le quatrième un peu plus long que large, à peine plus long que la moitié du
troisième, 6-8 transversaux, les trois derniers formant une massue médiocrement forte, les deux premiers articles transversaux de même largeur,
le dernier environ de un tiers plus long que le précédent et un peu plus
étroit que lui. Corselet transversal, aussi large que les élytres, plus de
deux fois plus large que long, fortement arrondi sur les côtés et aux
angles postérieurs; angles antérieurs saillants et un peu arrondis ; surface
convexe, couverte d'une ponctuation peu serrée et obsolète; avec les
bords latéraux et les bords postérieur et antérieur plus étroitement,
d'un brun ferrugineux. Elytres globuleuses, très-convexes, avec la base
coupée obliquement de chaque côté, angles huméraux obtus-arrondis;
couvertes d'une ponctuation peu serrée et peu profonde, mais distincte,
avec une strie suturale enfoncée qui remonte jusqu'au milieu. Pattes ferrugineuses, avec les cuisses et surtout les postérieures plus obscures. La
femelle présente quatre articles seulement à tous les tarses.

Variété, Elytres d'un rouge brun vers l'extrémité.

Très-voisin du *Rotundatum*, s'en distingue par sa forme non comprimée,
ses tarses de quatre articles seulement chez les femelles, et ses mandibules
chez les mâles jamais armées d'une corne en forme d'épine.

Forêt de Saint-Germain, dans les feuilles de chêne décomposées. Hautes-
Pyrénées. (Delarouzée.)

Ch. Bris.

Scydmænus Raymondi. — Stirps I. Schaum. — *Brunneo-niger, parum densè punctatus, nitidus; pube sparsâ brevique; capite thoraci immerso, thorace cordato, basi sexfoveolato; elytrorum humeris angulatis, basi bifoveolatâ, lateribus angulatim rotundatis, apice paululum dehiscente, separatim rotundato, summum abdomen detegente.* — Long. 1 millim.

Rare espèce voisine du *Scutellaris*, beaucoup plus petite, reconnaissable au premier coup d'œil à ses épaules anguleuses, et à ses élytres anguleusement arrondies au milieu sur les côtés, laissant voir l'extrémité de l'abdomen, à sa pubescence grise, rare et courte, et à la ponctuation des élytres forte et peu serrée. Tête lisse d'un brun foncé. Corselet cordiforme, aussi long que large, finement et peu densément ponctué, à pubescence plus serrée que sur les élytres, à peine plus large que la tête, d'un brun foncé; base marquée de chaque côté de trois fossettes, l'interne ronde, la médiane transversale et l'externe longitudinale. Écusson peu relevé. Élytres noires, très-brillantes, à base plus large que la plus grande largeur du corselet (le milieu est presque deux fois aussi large); chacune d'elles arrondie séparément au sommet, et ayant à la base deux fossettes courtes, l'interne plus large. Antennes, palpes et pattes testacés. Antennes grossissant à peine et peu à peu au sommet, mâle, fémurs antérieurs obtusément dilatés en dessus.

Je n'ai vu que trois individus, provenant des environs de Port-Ver res, l'un dans la collection du commandant Pouzau, le second trouvé par M. Linder, et le troisième par moi. Je le dédie à notre cher collègue M. Raymond, qui enrichit journellement la faune française de nouvelles espèces et dont le zèle et l'obligeance sont sans bornes.

Je profite de cette occasion pour dire que le *Scydmænus myrmecophilus* n'appartient pas au troisième groupe des Scydménes, car sa tête, qui n'a d'ailleurs nullement la forme de celle des espèces de ce groupe, n'est pas séparée du corselet par un pédoncule, et son corselet est cordiforme, à bords non relevés. Il doit donc positivement rentrer dans le premier groupe.   SAULCY.

13.—Scydmænus Linderi.—Stirps III. Schaum.—*Rufus, nitidus, fortiter punctatus, pube sat densâ longâque; capite a thorace sejuncto; thorace cordato, basi quadrifoveolato transversimque sulcato; elytris basi unifoveolatis, medio sat dilatatis, elongatis.* — Long. 3|4 millim.

Jolie petite espèce facilement reconnaissable à sa forme allongée, à ses antennes fort grosses à l'extrémité, et à son corselet de même largeur que la tête.

Tête lisse séparée du corselet par un col étroit; antennes à grosse massue de quatre articles.

Corselet cordiforme, plus long que large, à pubescence grise hérissée, marquée à la base d'un sillon transversal allant joindre de chaque côté une grande fossette ronde et un petit sillon longitudinal, court.

Élytres à base pas plus large que celle du corselet, deux fois aussi larges que ce dernier au milieu; chacune ayant à la base une grande fossette.

Ponctuation et pubescence fortes, en lignes assez régulières.

Cuisses claviformes. Antennes, palpes et pattes plus clairs.

Mon collègue et ami M. Linder a trouvé le premier ce Scydmène sous de grosses pierres, dans les montagnes de Cosprons, près de Port-Vendres; je le lui dédie en souvenir de nos agréables et trop courtes explorations dans les Albères.

SAULCY.

15. — EUMICRUS DELAROUZEI. — *Testaceo-rufus, nitidus, lævigatus, parce pubescens, convexus; antennarum articulis quatuor ultimis crassioribus; thorace subquadrangulo, antebasin, transversim sulcato, et quadrifoveolato; elytris oblongo-ovatis, basi quadrifoveolatis.* — Long. 1 à 1 1/4 millim.

D'un roux-testacé brillant, à pubescence peu serrée. Tête arrondie lisse. Yeux très-petits. Antennes à peu près aussi longues que la tête et le corselet, les deux premiers articles oblongs, deuxième un peu plus long que le premier, 3-7 plus étroits, arrondis, presque égaux, 8-11 formant une massue bien distincte, 8-10 transversaux, le dernier ovalaire deux fois plus long que le précédent. Corselet un peu plus large que la tête, un peu plus long que large, très-légèrement arrondi sur les côtés, un peu rétréci antérieurement, légèrement sinué sur les côtés, avant la base; avec une pubescence jaunâtre, médiocrement longue, plus dense et plus hérissée vers les côtés latéraux; marqué avant la base d'un sillon transversal bien distinct, offrant quatre petites fossettes arrondies. Élytres ovalaires un peu allongées, arrondies sur les côtés, rétrécies à la base et au sommet, aussi larges que le corselet à leur base; presque lisses, avec une pubescence peu serrée, jaunâtre, médiocrement longue; marquées à la base de quatre petites fossettes arrondies; la couleur des élytres est généralement un peu plus claire que celle de la tête et du corselet. Pattes assez grêles, cuisses claviformes, dessous du corps testacé, lisse, finement pubescent.

Se rapproche de l'*Hæmaticus* Fairm ; il s'en distingue par sa taille encore plus petite, son corselet plus étroit à fossettes moins fortes, et ses élytres à quatre petites fossettes basilaires.

Trouvé à Collioure, en compagnie de fourmis noires. (Delarouzée).

CH. BRIS.

16. — TRICHONYX BARNEVILLEI. — *Testaceus, elongatus, subparallelus, depressus, fulvo pubescens, oculis minimis, vix perspicuis.* — Long. 1 2/3 millim.

Forme du *T. Mœrkelii*, plus petit, un peu plus déprimé, couleur plus pâle, antennes plus grêles, pubescence un peu plus épaisse.

Tête marquée d'une impression en fer à cheval, dont les extrémités en arrière forment deux profondes fossettes.

Yeux très-petits, difficiles à voir, surtout en-dessus.

Corselet marqué d'un sillon longitudinal et de trois fossettes à la base, réunies entre elles par un large sillon ; la médiane bien plus grande.

Élytres ayant le sillon huméral moins prononcé que chez le *Mœrkelii* ; épaules moins relevées.

Abdomen allongé, semblable à celui du Mœrkelii ; pattes un peu plus longues et plus grêles que chez cette dernière espèce.

Mâle, un petit tubercule au bord postérieur de l'avant-dernier segment abdominal inférieur.

J'ai trouvé, ainsi que M. Linder, ce remarquable *Trichonyx* sous de grandes pierres à la montagne de Madeloc, près de Collioure ; je le dédie au savant entomologiste en reconnaissance de ses bienveillantes communications. Feu Delarouzée avait déjà trouvé ce Psélaphien dans les mêmes localités.

SAULCY.

17. — BYTHINUS COCLES. — *Testaceus, longior, fulvo-pubescens, parcè fortiter punctatus, oculis parvis, feminæ adhuc minoribus. Mas antennarum art. 1o valdè incrassato, oblongo, intus obtusè producto ; 2o ovato, incrassato ; tibiis anticis muticis.* — Long. 1 1/6 millim.

Espèce excessivement remarquable par sa forme allongée et surtout la petitesse des yeux, qui sont encore plus petits chez la femelle.

Le dernier article des palpes maxillaires est plus long que dans les autres espèces, droit, à côtés parfaitement parallèles, arrondi à l'extrémité.

Tête marquée comme chez les autres *Bythinus* de trois fossettes et d'un sillon sur le vertex. Antennes ayant le deuxième article en ovale légèrement allongé. Corselet lisse, marqué à la base d'un sillon transversal, arqué. Élytres courtes étroites, marquées d'une ponctuation très-forte et très-peu serrée. Abdomen étroit, allongé, épais.

Mâles : premier article des antennes épais, oblong; obtusément denté au côté interne; deuxième article épais, oblong; jambes antérieures mutiques.

Trouvé par moi dans la même localité et les mêmes circonstances que le *Trichonyx Barnevillei.*

Saulcy.

18.—Bythinus Pyrenæus.— *Testaceus, fulvo pubescens, sat densè minus fortiter punctatus. Mas antennarum art.* 1º *valdé incrassato, rotundato, intus obtusè producto;* 2º *sphærico, incrassato; tibiis anticis muticis.* — Long. 1 1⁄5 millim.

Cette petite espèce est d'un testacé rougeâtre et ressemble à première vue à la précédente; mais la brièveté des premiers articles des antennes, la largeur et la moindre longueur du corps, la grandeur des yeux et la ponctuation plus serrée et moins forte l'en distingue très-facilement.

Les palpes maxillaires sont comme chez les autres *Bythinus*, ainsi que la tête; le corselet est lisse, marqué à la base d'un sillon transversal arqué, les élytres sont marquées d'une ponctuation assez serrée et peu profonde. L'abdomen, comme ces dernières, a la forme générale des espèces du genre. Le deuxième article des antennes est sphérique, peut être même un peu transversal.

Mâle : premier article des antennes épais, aussi large que long, obtusément denté au côté interne; second article épais, court; jambes antérieures mutiques.

J'ai trouvé cette espèce au bord de la rivière de Paulillas, sous des détritus; M. Bellevoye l'a prise de son côté dans les montagnes du massif du Canigou.

Saulcy.

19.— Bythinus Pandellei. — *Brunneo-piceus, griseo-pubescens, parùm densè fortiter punctatus. Mas, antennarum art.* 1º *valdè incrassato, oblongo, intùs obtusè producto,* 2º *simplice; tibiis anticis intùs dentatis.* — Long. 1 1⁄3 millim.

D'un brun de poix, à pubescence grise et à ponctuation forte et peu serrée. Tête presque lisse, marquée de trois fossettes, vertex sillonné.

Corselet large, lisse, marqué à la base d'un sillon transversal arqué.
Élytres à ponctuation forte et peu dense.

Mâle : premier article des antennes épais, oblong, obtusément denté au
côté interne, deuxième article simple ; jambes antérieures dentées en dedans
vers l'extrémité. Femelle, difficile à distinguer de celle du *Mulsanti* ; on
parviendra à la reconnaître à sa tête non rugueuse et à la couleur presque
toujours plus foncée.

Cette espèce voisine du *crassicornis* et du *Picteti*, diffère du premier
par la taille de moitié plus petite, par le dixième article des antennes bien
moins large, et du second par la taille de moitié plus grande, la couleur
et la ponctuation moins serrée et plus grosse.

Ce *Bythinus* a été découvert par mon collègue et ami M. Pandellé, dans
les Hautes-Pyrénées sous les mousses ; je l'ai retrouvé dans les mêmes
conditions aux Eaux-Bonnes.

Je dois, aux observations de M. Pandellé, les caractères différentiels
distinguant cette espèce du *Bythinus crassicornis* et *Picteti* et je me fais
un plaisir de lui dédier cet insecte en reconnaissance de ses bienveillantes
et très-intéressantes communications.

SAULCY.

20.—LEPTUSA MONTIVAGA.— *Elongata, rufo-testacea, nitida, subtiliter parce pubescens, abdomine segmentis intermediis nigris; thorace elongato, sublævigato, basin versus angustato; elytris thorace
duplo brevioribus, subtiliter punctatis; abdomine apice versus angustato, supra segmentis anterioribus sat crebrè, posterioribus parcè,
subtilissimè punctatis. Mas, elytrorum angulo apicali interno, leviter obliquè exciso, suturæ apice in plicam elevato; abdomine segmento dorsali penultimo medio, carinulâ apice acuminato, munito.* —
Long. 1 1/4 millim.

Tête d'un rouge testacé obscur, un peu plus étroite que le corselet,
presque lisse. Yeux très-petits. Antennes testacées, presque aussi longues
que la tête et le corselet, assez fortes ; premier article oblong, deuxième
un peu plus court, troisième de moitié plus court que le deuxième,
4-10 transversaux, peu à peu plus larges, le dernier ovalaire, acuminé.
Corselet oblong, convexe, fortement rétréci en arrière, tronqué à la base.
Élytres deux fois plus courtes que le corselet, un peu plus larges que lui.
à ponctuation peu serrée et fine, mais plus distincte que celle du corselet,
Abdomen, à sa base, aussi large que les élytres, légèrement arrondi sur

les côtés, puis rétréci au sommet; les segments intermédiaires sont d'un noir plus ou moins foncé. Pattes et hanches testacées.

Cette espèce ressemble un peu à l'*Homalota Circellaris*; elle est très-voisine de *H. Myops* Kiesw, mais elle s'en distingue facilement par les caractères du mâle.

Trouvée avec M. Lethierry, dans une forêt de pins du Cambredaze, sous les mousses.

Ch. Bris.

21.—Leptusa Lapidicola.—*Elongata, nigra, nitida, antennis pedibusque piceis aut nigro-picea; thorace, elytris, ano, antennis pedibusque rufo-ferrugineis; capite suborbiculato, lato; thorace transverso, basin versus angustato; elytris thorace dimidio brevioribus, abdomine basin versus angustato, sat crebrè punctato.* — Long. 1 1/4 à 1 1/2 millim.

Corps allongé, postérieurement élargi, aptère légèrement convexe, assez brillant, couvert d'une pubescence très-courte, peu serrée, grisâtre. Insecte tantôt noir brillant, avec les pattes et les antennes brun de poix, tantôt rouge ferrugineux, avec la tête plus obscure et l'abdomen noirâtre. Antennes aussi longues que la tête et le corselet, plus épaisses vers l'extrémité; les deux premiers articles oblongs, le troisième obconique, un peu plus court que le deuxième, les suivants courts, 6-10 transversaux, le dernier courtement ovalaire, égal aux deux précédents réunis. Tête suborbiculaire, convexe, presque aussi large que le corselet, à ponctuation très-subtile et peu serrée. Yeux très-petits. Corselet suborbiculaire, plus large que les élytres, postérieurement rétréci; angles postérieurs arrondis; surface à ponctuation très-subtile et serrée; marqué à la base d'une impression transversale et obsolète. Élytres plus de moitié plus courtes que le corselet, à ponctuation distincte, peu serrée et un peu rugueuse. Abdomen fortement rebordé, un peu dilaté postérieurement, à ponctuation fine et assez serrée sur les premiers segments, un peu moins serrée sur les derniers. Pattes testacées ou testacé-brunâtres.

Se rapproche de la *difformis*, mais s'en distingue par sa taille bien plus petite, ses antennes peu dissemblables dans les deux sexes, et son abdomen à ponctuation plus abondante.

Voisine de la *piceata,* s'en distingue par son aspect plus brillant, son corselet plus court, ses antennes moins épaissies vers l'extrémité, et son abdomen à ponctuation plus distincte.

Trouvée avec M. Lethierry, sur le sommet du Cambredaze, sous les pierres, au bord des plaques de neige.

Ch. Bris.

Leptusa testacea. — *Linearis, testacea, parum nitida, parcè pubescens; capite lato, suborbiculato, fortius parcè punctato; thorace suborbiculato, obsolete canaliculato basique foveolato; clytris thorace paulo brevioribus; abdomine piceo, apice testaceo, parcè punctato.* — Long. 2 millim.

Corps allongé, assez déprimé, d'un testacé peu brillant. Abdomen noir brunâtre, avec son extrémité et le bord postérieur des segments ferrugineux; surface couverte d'une pubescence fine, peu serrée, jaunâtre. Pattes et antennes testacées. Antennes aussi longues que la tête et le corselet, plus épaisses à l'extrémité; les trois premiers articles allongés, le troisième presque égal au deuxième, 4-7 arrondis, 8-10 transversaux, le dernier ovalaire, égal aux deux précédents réunis. Tête globuleuse, aussi large que le corselet, à ponctuation assez forte, médiocrement serrée; au milieu, avec une ligne lisse, longitudinale et déprimée. Yeux très-petits. Corselet à peine plus long que large, distinctement rétréci en arrière, côtés latéraux arrondis en avant, légèrement sinués dans leur seconde moitié, angles postérieurs obtus, presque arrondis, surface couverte d'une ponctuation serrée et obsolète, un peu rugueuse; marqué à la base d'une impression simple ou double, qui se prolonge souvent sur le disque en un sillon assez large. Élytres un peu plus courtes que le corselet, ponctuées comme la tête. Abdomen très-légèrement élargi vers l'extrémité; les trois premiers segments à ponctuation écartée, les deux suivants à ponctuation très-épaisse.

Voisine de la *Globulicollis* Muls, s'en distingue par sa tête ponctuée plus fortement, ses élytres ponctuées finement, sa convexité moindre, et son corselet moins globuleux.

Toulon.

Ch. Bris.

Leptusa nigra. — *Linearis, nigra, nitidula, antennis pedibusque piceis; thorace transverso, obsoletè canaliculato, basi foveolato; elytris thoracis longitudine, subtiliter rugoso-punctatis; abdomine parallelo, sat crebrè punctato.* — Long. 2 1/4 millim.

Allongée, linéaire, assez déprimée, couverte d'une pubescence fine d'un gris obscur, médiocrement serrée; corps d'un noir assez brillant, avec les pattes et les antennes brun de poix. Antennes un peu plus courtes que la tête et le corselet, un peu épaissies vers l'extrémité ; les trois premiers articles allongés, le troisième plus court que le deuxième, le quatrième presque carré, les suivants transversaux, le dernier courtement ovalaire, de moitié plus long que le précédent. Tête suborbiculaire, convexe, moins large que le corselet, à ponctuation très-fine et assez serrée, avec une ligne lisse au milieu. Yeux assez petits. Corselet presque carré, un peu plus large que long, aussi large que les élytres ; angles postérieurs obtus, presque arrondis ; surface ponctuée comme la tête ; marqué à la base d'une fossette ovalaire assez profonde, qui se prolonge sur le disque en un sillon bien marqué. Élytres de la longueur du corselet, déprimées derrière l'écusson, à ponctuation un peu plus forte et plus rugueuse que celle du corselet. Abdomen parallèle, à ponctuation fine et assez serrée ; cette ponctuation est un peu plus écartée sur les deux derniers segments.

Très-semblable à l'*analis*, s'en distingue par sa couleur noire, son corselet moins arrondi sur les côtés, moins rétréci à la base, à ponctuation moins serrée, et ses élytres un peu plus courtes. (Hautes-Pyrénées.) Delarouzée.

CH. BRIS.

24 LEPTUSA CURTIPENNIS. — *Elongata, rufo-ferruginea, capite, segmentis intermediis abdominis infuscatis.* — Long. 1 1/2 à 2 millim.

Allongée, d'un testacé ferrugineux, avec la tête très-légèrement et les segments intermédiaires de l'abdomen rembrunis. Tête orbiculaire, à peine perceptiblement pointillée ; antennes légèrement en massue. Corselet presque orbiculaire, cependant un peu plus long que large et très-légèrement plus étroit en arrière ; il est couvert de points assez sensibles et assez écartés, et offre à la base tout à fait près du bord extérieur une très-légère fossette transversale. Elytres plus étroites que le corselet, moitié plus courtes que lui, coupées un peu obliquement en arrière, de manière à former à leur point de réunion un angle rentrant très-ouvert ; elles sont couvertes de points enfoncés assez forts et médiocrement serrés. Abdomen allongé, presque lisse, luisant, avec quelques points rares à peine perceptibles. Le mâle a chaque élytre déprimée dans son centre, la suture légèrement relevée.

Trouvé par M. Raymond aux environs de Saint-Raphaël.

CH. AUBÉ.
2

25 ALEOCHARA MACULATA. — *Nigra, nitida, antennis nigris longioribus, pedibus piceis, tarsis rufescentibus; thorace parcè subtiliter punctato; elytris thoracis longitudine, crebrè punctatis, maculá apicali rufá, abdomine subparallelo, supra minus crebrè, profundè punctato.* — Long. 3 1/2 à 4 millim.

Tête arrondie, à ponctuation éparse, assez forte, avec un espace longitudinal lisse au milieu, revêtue d'une pubescence grise redressée, assez longue, mais peu serrée. Palpes couleur de poix. Antennes aussi longues que la tête et le corselet, assez fortes, noires, les trois premiers articles allongés, le troisième subégal au deuxième, le quatrième aussi long que large, presque deux fois plus court que le troisième, 5-10 transversaux, le dixième légèrement plus large que le cinquième, le dernier oblong, rétréci vers l'extrémité, plus long que les deux précédents réunis. Corselet transversal, deux fois au moins plus large que la tête, aussi large que les élytres à leur base, arrondi sur les côtés et à la base, rétréci en avant ; angles postérieurs arrondis ; couvert d'une ponctuation écartée et fine ; revêtu d'une pubescence grise, éparse, médiocrement longue, et inclinée. Élytres de la longueur du corselet un peu élargies vers l'extrémité, noires, avec une grande tache apicale rouge, plus ou moins déterminée ; près de la suture ; cette tache s'étend le plus souvent, tout le long de l'extrême sommet des élytres, jusqu'à l'angle externe ; surface couverte d'une ponctuation forte et serrée, revêtue d'une pubescence couchée, peu serrée, grise, médiocrement longue ; bord postérieur près de l'angle externe très absolètement sinué. Abdomen à peine plus étroit que les élytres, légèrement rétréci vers l'extrémité, à ponctuation forte et écartée, revêtu d'une pubescence éparse, grisâtre, couchée et assez longue, avec quelques poils noirs dressés sur les côtés ; sixième segment bordé étroitement de jaune pâle à son extrémité, septième légèrement échancré au sommet. Dessous du corps à ponctuation assez forte et écartée, et à pubescence grisâtre, éparse, médiocrement longue. Pattes couleur de poix, avec les genoux et les tarses d'un rouge ferrugineux. Mâle, dernier segment dorsal plus fortement échancré à l'extrémité, dernier segment ventral terminé en triangle obtus, dernier article des antennes un peu plus long et plus fortement rétréci à l'extrémité.

Extrêmement semblable à la *bisignata*. S'en distingue par sa taille plus forte, plus large, et ses antennes plus longues. Paris. Vernet. (Pyrénées-Orientales.)

CH. BRIS.

26 MYRMEDONIA HIPPOCREPIS. — *Nigra, nitida, lata, antennis pedibusque brunneo nigris. Mas hisce signis distinguendus : abdominis segm. 2 transversim arcuatimque profundè sulcatum ; segm. 3 tuberculo magno transverso posticè angustato notatum ; segm. 4 tuberculo eximio ferrum equinum simulante, anticè intùs dentato, insigne.* — Long. 4 1/2 millim.

D'un noir profond ; ponctuation de la tête, du corselet, des élytres et de l'abdomen nette ; surface des intervalles parfaitement plane et brillante. Mâle, tête assez densément et fortement ponctuée, impressionnée au milieu, un peu rétrécie derrière les yeux et rélargie plus en arrière. Antennes d'un brun foncé ; premier article extrêmement large ; les avant-derniers en carré transversal ; le dernier obtusément acuminé, deux fois et demie aussi long que le précédent. Corselet plus large que la tête, dilaté en avant, rétréci en arrière ; côtés se rétrécissant dès le tiers antérieur, droits ; base arrondie ; ponctuation forte et assez dense, plus serrée au milieu. Deux fossettes sur le disque, une à la base, l'autre en avant ; une plus petite et obsolète de chaque côté de l'antérieure. Écusson petit. Élytres de la largeur du corselet, aussi longues que larges, parallèles, obliquement tronquées au sommet, assez densément et fortement ponctuées. Abdomen parallèle, fortement et assez densément ponctué. Deuxième segment marqué d'un fort sillon transversal arqué en arrière ; troisième surmonté d'un tubercule transversal finement ponctué, arrondi sur les côtés, se rétrécissant en arrière, et échancré postérieurement pour emboîter le tubercule du quatrième segment : quatrième orné d'un tubercule très-remarquable, en forme de fer à cheval à ouverture postérieure, denté antérieurement en dedans : intérieur du fer à cheval concave, lisse, échancré postérieurement. Pattes fortes : cuisses noires, jambes et tarses bruns. Femelle inconnue.

Je n'ai trouvé qu'un seul mâle, sous une pierre, avec la *Formica erratica*, au fort Miradou, près Collioure.

SAULCY.

27 OXYPODA NEGLECTA. —. *Elongata, leviter convexa, confertim subtiliter punctulata, parum nitida, dense tenuiter sericeo-pubescens ; nigro-picea, elytris fuscis ; thorace obsoletè canaliculato, abdomine segmentorum marginibus ferrugineis, antennarum basi pedibusque testaceis.* — Long. 2 à 2 1/2 millim.

D'une forme allongée, un peu rétrécie en avant et en arrière, tête arrondie un peu rétrécie en avant, presque aussi large que le corselet, à son bord antérieur, convexe, à ponctuation fine et très-serrée et couverte d'une pubescence grisâtre très-courte et très-serrée. Antennes un peu plus longues que la tête et le corselet, un peu plus épaisses vers leur extrémité, obscures avec le premier article testacé; les trois premiers articles sont allongés, les deuxième et troisième subégaux; le quatrième, le plus petit de tous, est un peu plus long que large, le cinquième est aussi long que large, 6-10 légèrement transversaux, le dernier est égal aux deux précédents réunis. Corselet un peu plus large que long, légèrement arrondi sur les deux côtés, distinctement rétréci en avant, ponctué et pubescent comme la tête, d'un noir brunâtre, un peu plus clair sur les côtés. Élytres un peu plus longues et légèrement plus larges que le corselet, brunes, à ponctuation un peu plus forte que celle du corselet, pubescentes comme lui. Abdomen un peu rétréci vers l'extrémité, très-finement chagriné, d'un noir brunâtre peu brillant; couvert d'une pubescence gris-jaunâtre, très-serrée et très-fine, avec le bord postérieur de tous les segments et le dernier, en entier, d'un roux-ferrugineux. Pattes testacées, premier article des tarses postérieurs à peine de la longueur des trois suivants réunis. Varie de couleur. Entièrement roussâtre avec la base de l'abdomen, le bord postérieur des autres segments et le septième entièrement rouge-ferrugineux.

Très-semblable à l'*induta* Muls-Rey, s'en distingue par ses antennes à cinquième et sixième articles non transversaux, et son corselet moins fortement arrondi sur les côtés. S'éloigne de la *cuniculina* par son corselet plus étroit et plus long, sa pubescence moins obscure, le premier article de ses tarses postérieurs plus court, et ses antennes un peu plus longues.

Paraît répandue sur différents points de la France. Paris.

Cн. Bris.

28 Oxypoda parvula. — *Elongata, brunneo-testacea, sericeo-pubescens, capite, abdominisque segmentis intermediis nigricantibus, antennis pedibusque testaceis; thorace transverso, parum convexo, æquali. Elytris thoracis longitudine; abdomine nitidulo, versus apicem angustato, crebrè subtiliter punctato.* — Long. 1 1/4 à 1 1/2 millim.

Tête arrondie d'un tiers plus étroite que le corselet, noirâtre, à ponctuation très-fine et très-serrée; couverte d'une pubescence fine, courte, grisâtre. Palpes et antennes d'un testacé-brunâtre, avec leur base plus

claire, ces dernières plus courtes que la tête et le corselet, un peu épaissies vers l'extrémité, les trois premiers articles allongés, troisième environ
un tiers plus court que le deuxième, quatrième et cinquième subcarrés,
8-10 assez fortement transversaux, le dernier ovalaire égal aux deux précédents. Corselet transversal, assez convexe, un peu arrondi sur les côtés,
légèrement rétréci en avant, angles postérieurs très-obtus; surface couverte d'une ponctuation fine, serrée, légèrement rugueuse, quelquefois
avec une petite fossette très-obsolète, postérieurement revêtue d'une pubescence grisâtre, fine et serrée. Élytres de la longueur ou même un peu
plus courtes que le corselet, pubescentes, ponctuées comme lui, mais un
peu plus distinctement ; suture un peu déprimée sous l'écusson. Abdomen
à sa base, à peine plus étroit que les élytres, rétréci vers l'extrémité, avec les
4-6 segments noirâtres, et leur extrémité plus ou moins ferrugineuse, couvert d'une ponctuation fine et très-serrée sur les premiers segments, un peu
moins serrée sur les derniers ; revêtu d'une pubescence grise, médiocrement serrée, couchée et assez longue; l'extrémité de l'abdomen est ornée
de longs poils noirs. Dessous du corps d'un testacé brunâtre, avec la base
des segments intermédiaires de l'abdomen noirâtre. Pattes testacées, premier article des tarses postérieurs, presque égal aux trois suivants réunis. Chez les individus de couleur claire, la tête passe souvent en tout où
en partie au brun testacé.

Extrêmement semblable au *terrestris* Kr. S'en éloigne par son abdomen rétréci vers l'extrémité, la ponctuation de son corselet et de ses élytres
plus forte, et celle de l'abdomen un peu moins serrée ; se distingue de la
ferruginea par sa forme plus étroite, sa coloration plus claire, son abdomen plus fortement acuminé, à pubescence moins serrée, et ses élytres
un peu moins longues. (Collioure.) Delarouzée.

Ch. Bris.

29 Oxipoda uliginosa. — *Elongata, brunneo-testacea, sericeo-
pubescens, capite abdomineque nigricantibus, antennis validiusculis
pedibusque testaceis; thorace parum convexo, transverso subæquali
Elytris thorace paulo longioribus; abdomine nitidulo, versus apicem paulo angustato crebrè subtiliter punctato.* — Long. 1 1/4
millim.

Tête arrondie d'un tiers environ plus étroite que le corselet, à ponctuation très-fine et serrée, couverte d'une fine pubescence grisâtre, serrée.
Palpes et antennes d'un testacé brunâtre, avec leur base un peu plus claire,

ces dernières assez fortes de la longueur de la tête et du corselet, un peu
épaissies vers le sommet, les deux premiers articles allongés, troisième obconique près d'un tiers plus court que le deuxième, mais pas plus étroit,
quatrième à peu près carré, 6-10 transversaux, le dernier ovalaire environ aussi long que les deux précédents réunis. Corselet distinctement
arrondi sur les côtés et à la base, un peu rétréci en avant, angles postérieurs très-obtus, arrondis; couvert d'une ponctuation très-fine et serrée,
légèrement rugueuse, avec un sillon longitudinal très-obsolète dans son
milieu, et une faible fossette transversale devant l'écusson ; revêtu d'une
pubescence semblable à celle de la tête. Élytres à peine plus longues ou
de la longueur du corselet, pas plus larges que lui, ponctuées et pubescentes comme lui. Abdomen à peine plus étroit que les élytres, un peu
rétréci vers l'extrémité, brunâtre avec le sommet des segments et le dernier entièrement d'un testacé ferrugineux ; couvert d'une ponctuation
fine et très-serrée sur les premiers segments, moins serrée sur les derniers ; revêtu d'une pubescence grise, pas très-courte, couchée, médiocrement serrée, avec des poils noirs dressés, répandus sur les bords latéraux
et à l'extrémité. Dessous d'un testacé brunâtre, avec la poitrine un peu
plus obscure, et la base des segments ventraux largement brunâtre, dernier segment un peu avancé, se terminant en pointe très-arrondie.

Voisine de l'*exigua*, s'en distingue par sa couleur plus claire, les antennes plus fortes et moins obscures, son abdomen moins rétréci, à ponctuation plus serrée, s'éloigne de la *ferruginea* par ses antennes plus
longues, plus fortes, sa ponctuation moins forte sur le corselet et les
élytres, ces dernières plus longues et son abdomen à ponctuation un peu
moins serrée. Elle se distingue aussi de la *parvula* par ses antennes plus
longues et plus fortes, ses élytres moins fortement ponctuées, et son abdomen moins rétréci. Mont Louis. (Pyrénées orientales.)

Ch. Bris.

30 Oxipoda longula. —*Elongata, nigro-brunnea, nitidula, grisco-
pubescens, antennarum basi pedibusque testaceis; thorace obsolete
canaliculato, lateribus brunneo-ferrugineis; elytris thoracis longitudine, subtiliter rugulosè punctatis, humeris apiceque ferrugineis.*
— Long. environ 2 millim.

Tête arrondie, presque deux fois plus étroite que le corselet, d'un noir
brunâtre, à ponctuation fine et très-serrée, revêtue d'une pubescence gris
jaunâtre, très-fine, courte et serrée. Palpes et antennes d'un brun de
poix, avec leur base plus claire, ces dernières de la longueur de la tête et

du corselet, légèrement épaissies vers le sommet, les trois premiers articles allongés, troisième subégal au deuxième, trois et quatre subcarrés, 7-10 légèrement transversaux, le dernier ovalaire, un peu plus long que les deux précédents réunis. Corselet environ d'un quart plus large que long, distinctement arrondi sur les côtés, un peu rétréci en avant, angles postérieurs obtus, arrondis; d'un brun de poix, et vers les bords latéraux d'un brun ferrugineux, couvert d'une ponctuation fine et très-serrée, légèrement rugueuse, avec la trace d'un sillon longitudinal sur le disque, pubescent comme la tête. Élytres de la longueur ou à peine plus longues que le corselet, pas plus larges que lui, pubescentes et ponctuées comme le corselet, mais un peu plus fortement et plus rugueusement; suture déprimée sous l'écusson, et légèrement relevée dans ses trois quarts postérieurs; d'un brun de poix, avec les épaules et le bord postérieur étroitement, d'un brun ferrugineux. Abdomen à peine plus étroit que les élytres, allongé, rétréci vers l'extrémité avec le bord postérieur des 2-5 segments, étroitement, du sixième largement, et le dernier entièrement, ferrugineux; couvert d'une ponctuation fine et très-serrée, un peu rugueuse; revêtu d'une pubescence couchée, assez courte et assez serrée, d'un gris jaunâtre, avec l'extrémité du dernier segment ornée de longs poils noirs. Poitrine d'un brun noirâtre. Pattes et hanches testacées, premier article des tarses postérieurs à peu près de la longueur des trois suivants réunis.

Se rapproche de l'*exoleta*, mais s'en éloigne par sa coloration plus obscure, ses antennes plus grêles, à pénultièmes articles moins transversaux, son corselet un peu plus long, et sa ponctuation plus rugueuse; se distingue de la *neglecta* Ch. Bris, par sa forme plus étroite, moins dilatée au milieu, ses antennes plus grêles, ses élytres plus courtes, son abdomen moins subtilement ponctué, la surface de son corps plus brillante, et les angles postérieurs du corselet moins accusés. (Collioure). Delarouzée.

Ch. Bris.

31 Homalota elegantula. — *Sublinear, testaceo-brunnea, parcè pubescens; capite parcè sat fortiter punctato, abdominisque cingulo postico nigricantibus; thorace suborbiculato, canaliculato; elytris angustiore, parcè subtiliterque punctato; elytris thorace dimidio longioribus, subtilissimè parcèque punctatis, abdomine laevigato.* — Long. 2 1/2 millim. environ.

Linéaire, brillant, subdéprimé, à pubescence jaunâtre assez longue, éparse; d'un brun testacé un peu plus clair sur les élytres, avec la tête obscure et les quatrième et cinquième segments de l'abdomen largement noirâtres à leur base. Tête subcarrée, arrondie aux angles postérieurs, à ponctuation assez forte, éparse, avec un espace longitudinal lisse au milieu, et une fossette oblongue sur le disque. Bouche, palpes et antennes testacés, celles-ci presque de la longueur de la tête et du corselet, épaisses, un peu élargies vers l'extrémité; premier article allongé, elliptique, deuxième et troisième obconiques, troisième de moitié plus court que le deuxième, 4-10 fortement transversaux, dernier ovale, à peu près de la longueur des deux précédents réunis. Corselet très-peu plus large que la tête, aussi long que large, légèrement arrondi sur les côtés et aux angles, distinctement rétréci en arrière; un peu déprimé sur le disque, surtout postérieurement, avec un sillon longitudinal bien distinct; couvert d'une ponctuation fine et écartée mais bien distincte. Élytres presque de moitié plus longues que le corselet, d'un tiers environ plus larges que lui, déprimées; couvertes d'une ponctuation très-subtile et peu serrée. Abdomen à pubescence jaunâtre, couchée et éparse, couvert de quelques points fins très-espacés, septième segment arrondi à son extrémité. Dessous du corps testacé, presque lisse, poitrine d'un testacé obscur, cinquième segment ventral largement noirâtre à sa base, le septième distinctement sinué à son extrémité. Pattes testacées.

Cette espèce très-voisine de l'*atricapilla* Muls, s'en distingue par son corselet plus fortement sillonné, ses élytres plus longues, et son septième segment ventral sinué à l'extrémité. (Forêt de Saint-Germain.)

Ch. Bris.

32 HOMALOTA LINDERI. — *Linearis, nigra, subopaca, antennarum basi pedibusque testaceis; elytris testaceis, circa scutellum angulisque apicis infuscatis, thorace transversim quadrato, abdomine nitidulo, supra segmentis anterioribus (2-5) subtilissimè crebrè punctatis, posterioribus (6-7) ferè laevigatis.* — Long. 2 3/4 millim.

Tête arrondie, d'un noir presque mat, couverte d'une ponctuation très-fine et serrée, très-légèrement déprimée entre les yeux. Palpes testacés; antennes d'un testacé brunâtre, avec la base plus claire, à peine plus longues que la tête et le corselet, les trois premiers articles allongés, le troisième légèrement plus long que le deuxième, 4-6 plus longs que larges, 7-8 presque carrés, 9-10 légèrement plus larges que longs, le dernier ovalaire acuminé, un peu plus long que les deux précédents réunis. Corselet d'un noir presque mat, plus large que long, légèrement arrondi sur les côtés et à la base; angles postérieurs arrondis, obtus; disque peu convexe, égal ou à peine déprimé devant l'écusson ; surface couverte d'une ponctuation fine et serrée, et d'une pubescence grisâtre très-courte. Élytres un peu plus longues et un peu plus larges que le corselet, d'un jaune testacé, avec la région scutellaire, et la seconde moitié des côtés latéraux noirâtres ; surface couverte d'une ponctuation fine et serrée et d'une pubescence jaunâtre très-courte. Abdomen presque parallèle, d'un noir assez brillant avec l'extrémité roussâtre, les 2-4 segments à ponctuation très-fine et serrée, le cinquième à ponctuation très-fine et peu serrée, les sixième et septième à ponctuation très-éparse et très-fine, septième segment légèrement sinué à l'extrémité. ·

Cette espèce rappelle un peu la *nigritula*, mais elle est moins brillante et ses antennes sont plus grêles : elle est remarquable par son aspect peu brillant, et la ponctuation de son abdomen.

Découvert par M. Jules Linder, dans la grotte de] Bédat. (Hautes-Pyrénées.)

Ch. Bris.

33 Homalota læviceps. — *Linearïs, testaceo-brunnea, parcè pubescens, capite lævigato, abdominisque cingulo postico nigricantibus; thorace suborbiculato, parce subtiliterque punctato, obsoletè canaliculato; elytris thorace paulo longioribus, subtilissimè parcèque punctatis, abdomine fere lævigato.* — Long. 1 3/4 millim.

Linéaire, d'un testacé brunâtre avec la tête et l'abdomen avant son extrémité, noirâtres ; couverte sur la tête, le corselet et les élytres d'une fine pubescence jaunâtre, mi-hérissée, assez longue, mais éparse, et sur l'abdomen d'une pubescence de même couleur, couchée et encore plus rare. Tête subcarrée un peu plus étroite que le corselet, brune, à peu près lisse. Bouche et palpes d'un testacé brunâtre. Antennes brunâtres, avec les deuxième et troisième articles, noirâtres en dessus, à peine plus longues que la tête et le corselet, les trois premiers articles allongés, troisième un peu plus court et plus étroit que le deuxième, quatrième presque carré, un peu arrondi, 5-10 s'élargissant peu à peu vers le sommet, tous plus larges que longs, les avant-derniers assez fortement transversaux, dernier ovalaire, un peu plus long que les deux précédents réunis. Corselet suborbiculaire, aussi long que large, légèrement arrondi sur les côtés et aux angles ; couvert d'une ponctuation fine et écartée, avec un faible sillon longitudinal dans son milieu. Élytres un peu plus longues et légèrement plus larges que le corselet, couvertes d'une ponctuation très-subtile et peu serrée, presque lisses ; avec une dépression étroite sur toute la suture et une impression large et très-obsolète sur le disque de chaque élytre. Abdomen presque parallèle, un peu élargi vers l'extrémité; d'un ferrugineux brunâtre avec la base des cinquième et sixième segments largement noirâtre, couvert d'une ponctuation fine et très-espacée. Dessous du corps brunâtre avec la base des segments ventraux noirâtres, à ponctuation très-fine et écartée. Pattes d'un testacé brunâtre, premier article des tarses postérieurs un peu plus long que le suivant.

Très-voisine de la *gracilenta*, s'en distingue par ses antennes plus obscures, son corselet testacé plus orbiculaire et plus fortement ponctué. (Collioure.) Delarouzée.

Ch. Bris.

34 Homalota minor. — *Linearis, nigra, subdepressa, antennis clavatis, thorace, elytris postice, ano pedibusque rufo-testaceis. Thorace suborbiculato, convexiusculo, postice foveola vix conspicua impresso.* — Long. 1 3/4 millim.

Allongée, un peu déprimée et à peine pubescente. Tête noirâtre assez convexe, luisante à peine visiblement pointillée; labre ferrugineux, palpes et antennes testacés, ces dernières un peu en massue, les articles 3-11 augmentant progressivement de volume. Corselet presque orbiculaire, mais cependant un peu plus court que large, rougeâtre; il est couvert de points assez visibles et marqué au milieu à la base d'une très petite fossette transversale peu sensible. Élytres à peu près de la largeur du corselet, un peu plus longues que lui, couvertes d'une ponctuation plus forte et moins serrée, rougeâtres, avec la base rembrunie dans une étendue plus ou moins grande. Abdomen noirâtre, avec l'extrémité du cinquième anneau et le sixième tout entier rougeâtres; il est assez brillant et couvert de points très-écartés, beaucoup plus fins que ceux des élytres et assez également répandus. Pattes testacées.

Elle est voisine de l'*analis*, mais elle s'en distingue facilement par sa couleur et surtout par la forme de ses antennes.

Trouvée par M. Raymond, aux environs de Fréjus.

Ch. Aubé.

35 Homalota minuta. — *Linearis, nigra, nitida, antennis pedibusque testaceis; thorace subquadrato, elytris parum longiore, obsoletè canaliculato, subtilissimè parcèque punctato; elytris nigro-brunneis, crebrè subtiliterque punctatis; abdomine ferè lævigato.* — Long. 1 1/5 millim.

Linéaire, d'un noir brillant, élytres d'un noir brunâtre, antennes et pattes testacées : couverté d'une pubescence obscure très-subtile et très-courte, presque glabre. Tête subcarrée, plus étroite que le corselet, à ponctuation extrêmement fine et peu serrée, presque lisse. Palpes testacé-brunâtres. Antennes peu épaissies vers l'extrémité, aussi longues que la tête et le corselet, les deux premiers articles allongés, troisième obconique, plus de moitié plus court que le deuxième et un peu plus étroit, 4-7 plus courts que le troisième, presque carrés, 8-10 légèrement transversaux, le dernier, ovalaire, aussi long que les deux précédents. Corselet un peu plus large que long, suborbiculaire, légèrement arrondi sur les côtés et aux angles ; couvert d'une ponctuation pareille à celle de la tête, presque lisse, avec un sillon longitudinal obsolète, dans son milieu, et une légère fossette transversale, devant la base. Élytres un peu plus longues mais pas plus larges que le corselet, légèrement déprimées sur la suture ; couvertes d'une ponctuation un peu rugueuse, très-fine et serrée, mais distincte. Abdomen presque parallèle, couvert d'une ponctuation fine et écartée sur les premiers segments, très-éparse sur les derniers. Pattes testacées ; dernier segment ventral, distinctement échancré à son extrémité.

Très-voisine de l'*atomaria* Kr. (*miniuscula* Ch. Bris) s'en éloigne par ses antennes moins obscures, un peu plus longues, son corselet un peu plus large, et ses élytres moins longues, plus obscures, à ponctuation plus forte et plus serrée.

Trouvée dans le sable au Vésinet (Paris).

Ch. Bris.

36 Homalota ocaloides. — *Linearis, parcè profundèque punctata, picea, nitida, parcè pubescens, capite, antennis abdomineque nigricantibus; thorace suborbiculato, canaliculato; elytris depressis, thorace paulo longioribus, abdomine parcè subtiliterque punctato, apice ferrugineo.* — Long. 4 millim.

Linéaire, d'un brun ferrugineux, avec la tête, l'abdomen et les antennes noirâtres ; couverte sur la tête, le corselet et les élytres d'une pubescence jaunâtre, mi-hérissée, assez longue, mais éparse, et sur l'abdomen d'une pubescence couchée, plus fine et encore plus rare. Tête d'un noir-brunâtre, couverte d'une ponctuation forte et écartée, avec un espace longitudinal lisse au milieu ; bouche et palpes testacé-brunâtres. Antennes environ de la longueur de la tête et du corselet, d'un noir-brunâtre avec le premier article un peu plus clair, les trois premiers articles allongés, deuxième subégal au troisième, quatrième aussi long que large, presque arrondi, 5-10 s'élargissant peu à peu vers le sommet, tous plus larges que longs, les avant-derniers fortement transversaux, le dernier ovalaire, plus long que les deux précédents réunis. Corselet plus de un tiers plus large que la tête, un peu plus large que long, légèrement arrondi sur les côtés et aux angles, couvert d'une ponctuation forte et écartée, avec un sillon longitudinal bien distinct, qui devient obsolète vers la partie antérieure. Élytres un peu plus longues et un peu plus larges que le corselet, ponctuées comme lui, mais moins fortement; avec une dépression étroite sur toute la suture et une large et peu profonde dépression sur le disque de chaque élytre, ce qui forme une surface longitudinale élevée, obsolète, de chaque côté de la suture. Abdomen allongé, parallèle, d'un noir brillant, avec la base de tous les segments et le dernier entièrement, d'un ferrugineux-testacé; couvert de points très-épars. Dessous d'un noir-brunâtre, avec le bord postérieur des segments abdominaux ferrugineux. Pattes d'un testacé-brunâtre, premier article des tarses postérieurs au moins de un tiers plus long que le suivant.

Cette remarquable espèce ressemble un peu à une *ocalea*; sa ponctuation forte et écartée empêchera de la confondre avec les espèces voisines; elle viendra se placer dans le voisinage de la *Kiesenwetteri* Kr.

Trouvée au Vésinet près Paris.

Сн. Bris.

37 HOMALOTA SINUATOCOLLIS. — *Nigra, parum nitida, antennarum basi pedibusque testaceis, elytris brunneo-testaceis; thorace fortiter transverso, antice versus angustato, basi utrinque leviter sinuato, subtiliter canaliculato, basi foveolato; abdomine nitidulo, supra segmentis (2-4) crebre, (5-6) parce (7) sat crebre subtiliter punctatis.* — Long. 2 1/3 millim.

Oblongue, rétrécie en avant et plus fortement en arrière, d'un noir peu brillant, à élytres d'un marron-testacé, avec la région scutellaire plus obscure; tête, corselet et élytres couverts d'une pubescence d'un gris-obscur, courte, très-fine, assez serrée, mais peu visible. Tête assez large, couverte d'une ponctuation assez forte et serrée; palpes testacés. Antennes plus longues que la tête et le corselet, légèrement épaissies vers le sommet, noirâtres, avec les deux premiers articles testacés, deuxième et troisième allongés, subégaux, 4-7 plus courts que le troisième, tous plus longs que larges, dixième à peine plus large que long, le dernier ovale-oblong, aussi long que les deux précédents réunis. Corselet de moitié plus large que la tête, transversal, légèrement arrondi sur les côtés, distinctement rétréci en avant, légèrement sinué de chaque côté de la base; angles postérieurs obtus; couvert d'une ponctuation un peu rugueuse, fine et serrée, avec un fin sillon longitudinal dans son milieu, une fossette transversale, bien distincte devant sa base, et une petite fossette punctiforme, peu profonde de chaque côté du milieu du disque. Élytres un peu plus longues mais à peine plus larges que le corselet, un peu mates, légèrement déprimées sous l'écusson, ponctuées comme le corselet. Abdomen à pubescence couchée, éparse, fortement rétréci vers l'extrémité, d'un noir brillant, avec le bord postérieur des segments et le dernier, ferrugineux obscur; la ponctuation est fine et assez serrée sur les deuxième et quatrième segments, éparse sur les cinquième et sixième, et médiocrement serrée sur le septième; les bords latéraux de l'abdomen sont parsemés de poils raides et noirs. Dessous d'un noir-brunâtre avec le bord postérieur des segments ventraux ferrugineux. Pattes testacées.

Presque de la forme de la *vernacula*, vient se placer par la forme de son corselet à côté de la *subsinuata* (*rustica* Ch. Bris), s'en distingue par sa forme bien plus large, sa taille un peu plus grande, ses antennes plus longues à base testacée, son corselet plus large, plus fortement ponctué, ses élytres plus claires, à ponctuation moins serrée, et ses pattes moins obscures.

Alsace montagneuse.

Ch. Bris.

38 Homalota subcavicola. — *Nigro-picea, nitidula, tenuiter sericeo-pubescens, antennis brunneis, basi, elytris pedibusque testaceis; thorace suborbiculato, basi leviter impresso. Abdomine nitidulo supra segmentis anterioribus (2-4) crebre subtiliter, posterioribus (5-6) parce punctatis.* — Long. 1 2/3 à 2 millim.

Tête arrondie, d'un noir de poix, à ponctuation peu profonde et peu serrée, avec un espace longitudinal lisse au milieu. Palpes ferrugineux. Antennes brunâtres avec la base plus claire, un peu plus longues que la tête et le corselet, légèrement épaissies vers l'extrémité, premier article oval-oblong, deuxième subconique allongé, plus court et plus étroit que le premier, troisième égal au second, quatrième subcarré, 7-10 légèrement transversaux, le dernier ovale acuminé, égal en longueur aux deux précédents réunis. Corselet un peu plus large que la tête, un peu moins long que large, presque tronqué au sommet, légèrement arrondi à la base, côtés latéraux distinctement arrondis, presque également rétréci à la base et au sommet, tous les angles assez arrondis; couleur d'un brun-ferrugineux assez brillant, couvert d'une pubescence concolore fine et médiocrement serrée, ponctuation fine et serrée, à la base devant l'écusson avec une

petite fossette transversale. Élytres distinctement plus larges que le corselet, de un tiers plus longues que lui, d'un testacé-brunâtre, avec les parties
voisines de l'écusson et des angles postérieurs plus ou moins noirâtres, à
ponctuation et à pubescence semblable à celle du corselet. Abdomen légèrement rétréci vers l'extrémité, d'un noir de poix, avec les deux premiers
segments un peu plus clairs, le bord postérieur de tous les segments, et le
dernier entièrement ferrugineux; les trois premiers segments à ponctuation fine et serrée, le quatrième à ponctuation assez écartée, le cinquième
et le sixième à ponctuation très éparse ; pattes et hanches d'un testacé-
ferrugineux.

Cette espèce est extrêmement semblable à H. *humeralis* Kraatz, elle
s'en distingue principalement par sa tête plus convexe et son corselet
plus long, presque orbiculaire, plus distinctement rétréci à la base et au
sommet.

Découvert par feu Delarouzée dans la Grotte del Pey (Pyr.-Orient.), en
compagnie de l'adelops Delarouzée. Elle a été retrouvée par le docteur
Grenier et par moi, à l'air libre, aux environs de Béziers.

Ch. Bris.

39 Hypocyptus apicalis. — *Niger nitidus, antennis clavatis, pedibus anoque late rufo-testaceis ; thorace parce punctulato, margine
laterali pallido, pellucido, angulis posterioribus subrotundatis.* —
Long. 4/5 millim. environ.

Subarrondi, d'un noir très-brillant, couvert d'une pubescence d'un
gris-obscur, courte et éparse, plus serrée sur les élytres. Tête transversale presque lisse. Yeux grands, arrondis, assez saillants. Bouche et palpes
testacés. Antennes aussi longues que la tête et le corselet, d'un testacé
ferrugineux, les deux premiers articles un peu épais, ovalaires, deuxième
un peu plus étroit, 3-5 étroits, subégaux, au moins de moitié plus longs que
larges, 6-7 un peu plus larges, ovalaires, huitième près de moitié plus large
et plus long que le septième, le neuvième semblable au huitième mais légèrement plus large, dixième en ovale allongé, acuminé au sommet, aussi
long que les deux précédents réunis. Corselet aussi large que les élytres
à leur base, fortement transversal , fortement retréci en avant, arrondi
sur les côtés et largement aux angles antérieurs, angles postérieurs obtus,
subarrondis ; base légèrement bisinuée; distinctement déprimé le long du
bord latéral, disque convexe couvert d'une ponctuation très-subtile et
écartée, d'un noir brillant avec le bord latéral d'un pâle-jaunâtre transparent. Élytres d'un tiers environ plus longues que le corselet, tronquées

un peu obliquement à leur extrémité, couvertes d'une ponctuation un peu plus serrée que celle du corselet. Abdomen conique, fortement rétréci à l'extrémité avec les deux ou trois derniers segments d'un rouge-ferrugineux ; couvert d'une ponctuation très-fine et écartée. Dessous du corps d'un noir-brunâtre avec les pattes, le bord postérieur du premier segment abdominal et les autres entièrement, d'un testacé ferrugineux ; hanches postérieures brunâtres ; couvert d'une ponctuation très-fine et serrée, plus écartée sur les deux derniers segments de l'abdomen ; revêtu d'une pubescence grise, plus longue sur l'abdomen et assez serrée. Mâle, sixième segment abdominal légèrement sinué à son extrémité, premier article des tarses antérieurs dilaté.

Très-voisin du *rufipes* Kr.; s'en distingue par sa taille généralement un peu plus grande, sa couleur plus noire, ses antennes plus longues, à massue plus allongée et par son abdomen à coloration plus claire et plus fortement rétréci à l'extrémité.

Forêt de Saint-Germain sous une vieille poutre.

Ch. Bris.

40 QUEDIUS BONVOULOIRII. — *Niger, nitidus, antennis pedibusque testaceis, posterioribus nigro-piceis; scutello, elytris nigro fuscis abdomineque confertim subtiliter punctatis.* — Long. 4 à 6 millim.

Allongé, rétréci en avant et en arrière. Tête arrondie, avec un point enfoncé au côté interne des yeux, et deux autres placés obliquement de chaque côté vers leur partie postérieure , derrière les yeux avec quelques petits points très-fins. Palpes testacés avec le dernier article un peu obscurci. Yeux très-grands assez saillants. Antennes testacées de moitié plus longues que la tête, grêles, à peine un peu épaissies vers le sommet, les trois premiers articles allongés, troisième subégal au deuxième ou légèrement plus long, 8-10 aussi longs que larges, le dernier ovalaire acuminé, de moitié plus long que le précédent. Corselet presque aussi long que large, un peu plus étroit à son bord antérieur que la tête avec les yeux, légèrement arrondi sur les côtés et à la base, un peu rétréci en avant, angles antérieurs non saillants, légèrement arrondis, les postérieurs largement arrondis ; disque avec deux séries de trois petits points enfoncés. Ecusson pubescent à ponctuation fine et peu serrée. Elytres de la largeur du corselet, à peine plus longues que lui, d'un noir-brunâtre, avec un très-léger reflet subbronzé; couvertes d'une ponctuation fine et serrée, et revêtues d'une pubescence couchée assez longue, obscure. Abdomen rétréci vers l'extrémité, noir avec quelques reflets irisés, bleuâtres et verdâtres, revêtu d'une pubescence obscure et couchée, bord postérieur de

tous les segments ou au moins des deux derniers d'un brun-ferrugineux ;
couvert d'une ponctuation fine et très-serrée, qui peuà peu devient un peu
moins serrée sur les derniers segments ; l'avant-dernier segment est très-
finement bordé de jaune pâle à son bord postérieur. Dessous noir avec
des reflets irisés assez vifs et le bord postérieur des segments d'un brun-
ferrugineux ; couvert d'une ponctuation fine et serrée ; les quatre pattes
antérieures avec leurs hanches testacées, les postérieures d'un noir-brunâtre, avec le dessous des cuisses, les genoux, la base des tibias et les
tarses ferrugineux ; tibias finement épineux, les antérieurs presque mutiques. Tarses antérieures, chez les mâles, assez fortement et chez les
femelles, légèrement dilatés.

Cette espèce présente toute la forme du *semi-obscurus ;* elle s'en distingue par sa taille généralement un peu plus petite, son corselet moins rétréci en avant, ses élytres plus obscures, son abdomen à ponctuation moins
serrée, à pubescence moins serrée et plus obscure, et ses hanches
intermédiaires testacées. Elle s'éloigne de l'*attenuatus* par sa forme
moins étroite et ses élytres plus obscures.

Sous les mousses, Pyrénées-Orientales, pas rare. (Hautes-Pyrénées.)
M. de Bonvouloir.

Ch. Bris.

40 Quedius muscorum. — *Fusco-piceus, nitidus, capite subrotun-
dato, nigro, antennarum basi pedibusque testaceis; elytris subopacis,
brunneis, lateribus, limbo apicali suturaque ferrugineis, sat fortiter, minus crebre punctatis; abdomine versicolore.* — Long. 5 1/4
millim.

Allongé, légèrement rétréci aux deux extrémités. Noir brillant avec le
corselet d'un brun de poix plus clair vers les bords latéraux, élytres brunes presque mates, avec l'extrémité et les bords latéraux d'un ferrugineux
testacé ; abdomen brillant à reflets irisés verdâtres et bleuâtres, avec le
bord postérieur de tous les segments d'un rouge-ferrugineux. Antennes
ferrugineuses, plus obscures vers l'extrémité, assez grêles, aussi longues
que la tête et le corselet, les trois premiers articles allongés, le troisième
un peu plus long que le deuxième, 4-6 plus longs que larges, 7-10 pas
plus longs que larges, le dernier presque deux fois plus long que le précédent. Palpes testacés, tête presque arrondie, plus étroite que le corselet avec un gros point du côté interne de l'œil et deux autres placés
obliquement derrière lui, et une ponctuation fine et distincte derrière
l'œil. Corselet à peine plus long que large, légèrement arrondi sur les

côtés et à la base, un peu rétréci en avant avec deux séries de trois points ordinaires, les deux postérieurs rapprochés. Écusson lisse. Élytres à peine plus longues que le corselet, couvertes d'une ponctuation assez forte et assez écartée. Abdomen à ponctuation assez forte, médiocrement serrée. Pattes testacées, hanches postérieures brunâtres. Mâle, tarses antérieurs fortement dilatés.

Cette espèce est de la forme du *modestus*; elle est voisine de l'*umbrinus* Er., elle s'en distingue par une taille un peu plus petite, ses antennes plus grêles, son corselet moins large, ses élytres un peu plus longues, mates, beaucoup moins fortement ponctuées, ses pattes plus claires et ses élytres autrement colorées. Elle s'éloigne du *modestus* par ses élytres à ponctuation écartée.

(Pyrénées-Orientales). Mont-Louis, sous les mousses.

CH. BRIS.

42. QUEDIUS PYRENÆUS. —*Niger, nitidus, antennis palpisque ferrugineis, pedibus fusco-testaceis; capite orbiculato; thorace subquadrato; scutello lævigato; elytris thoracis longitudine, sat crebre punctatis; abdomine versicolore, minus crebre sat fortiter punctato.* — Long. 4 1/3 à 5 millim.

Noir brillant sur la tête et le corselet, presque mat sur les élytres, avec les côtés latéraux du corps ornés de longs poils dressés, noirs et espacés. Tête orbiculaire, avec un gros point enfoncé au côté interne de l'œil et deux autres placés obliquement en arrière; entre l'œil et le bord postérieur de la tête, on observe quelques petits points fins. Yeux grands, proéminents. Antennes plus courtes que la tête et le corselet, presque linéaires : Premier article oblong, deuxième subobconique, presque de moitié plus court, troisième un peu plus long que le deuxième, les suivants plus longs que larges, le dernier plus de moitié plus long que le précédent. Corselet plus large que la tête, un peu plus large que long, légèrement rétréci en avant, bord antérieur tronqué avec les angles arrondis, les postérieurs largement arrondis. Elytres d'un noir mat, à peine plus étroites que le corselet, couvertes d'une ponctuation assez serrée et assez forte, et d'une pubescence d'un gris-obscur, médiocrement serrée. Abdomen versicolor, fortement rétréci vers l'extrémité, à ponctuation un peu écartée; pénultième segment finement bordé de blanchâtre à son extrémité. Pieds d'un brun testacé avec la base des cuisses plus obscure, souvent avec un léger reflet verdâtre, hanches d'un noir brunâtre.

Ressemble aux Q. *anceps* et *peltatus*; il s'en éloigne par sa taille plus petite, sa couleur plus obscure, ses yeux plus grands, son corselet à peine rétréci en avant et ses élytres à ponctuation un peu plus serrée et moins forte. Il se distingue encore de l'*anceps* par son corselet plus court et ses élytres d'un noir mat.

Trouvé avec M. Lethierry dans une forêt de pins du Cambredaze, sous les mousses. CH. BRIS.

43. PHILONTUS OBSCURIPES. — *Niger, nitidus, antennarum basi genibus tarsisque ferrugineis ; thorace oblongo, antice angustato; elytris rufis thorace paulo longioribus, subtiliter confertim punctatis ; abdomine nigro crebre punctato.* — Long. 5 à 6 millim.

Antennes un peu plus courtes que la tête et le corselet, noires, avec les deux ou trois premiers articles ferrugineux, les trois premiers articles sont allongés, le deuxième presque égal au troisième, les suivants peu à peu plus épais, 4-6 plus longs que larges, 7-10 obconiques, pas plus larges que longs, le dernier un peu plus long que le précédent. Palpes fer. rugineux avec le dernier ou les deux derniers articles obscurs. Tête ovale, plus étroite que le corselet, de chaque côté, avec deux points placés transversalement, au côté interne des yeux, et quatre autres placés obliquement derrière eux, et derrière cette ligne de points, avec une ponctuation éparse mais bien distincte. Yeux assez petits. Corselet un peu plus long que large, distinctement rétréci en avant, angles arrondis, côtés latéraux presque droits ; avec deux séries de six points sur le disque, et quelques autres sur les côtés. Écusson noir finement ponctué. Élytres plus larges que le corselet, un peu plus longues que lui, finement pubescentes, couvertes d'une ponctuation fine assez serrée. Abdomen légèrement rétréci postérieurement, couvert d'une pubescence d'un gris obscur, assez longue, médiocrement cerrée, à ponctuation fine et serrée, très-éparse sur le dernier segment. Pattes d'un noir brunâtre ou d'un brun ferrugineux, avec les genoux et les tarses ferrugineux.

Mâles, tarses antérieurs médiocrement dilatés, femelles, presque simples.

Très-semblable au *salinus*, s'en distingue par ses élytres entièrement rouges, plus fortement ponctuées, et la couleur obscure de ses pattes.

Cette espèce paraît commune dans le midi de la France et dans les Pyrénées. CH. BRIS.

44. LATHROBIUM PYRENAICUM. — *Rufo-castaneum, nitidum, capite abdomineque paulo obscurioribus, antennis pedibusque pallide rufotestaceis; capite dense punctato, antice medio lævi ; prothorace oblongo, dense punctato, spatio medio lævi, elytris fere dimidio*

brevioribus, grossè punctato-substriatis, abdomine tenuissimè ac densissimè punctulato. — Long. **6** millim.

Ce *Lathrobium* ressemble beaucoup au *multipunctum;* mais la tête offre une ponctuation moins grosse, un peu plus serrée, et en avant, au milieu, un petit espace lisse ; les antennes sont plus grêles. Le corselet est un peu moins convexe, sa ponctuation est aussi serrée, mais bien plus fine. Les élytres sont notablement plus courtes et plus larges que le corselet ; leur ponctuation, comme celle de l'abdomen, est presque identique. — Lac d'Oo (Hautes-Pyrénées).

Trouvé par M. H. de Bonvouloir.

FAIRM.

45. SCIMBALIUM LONGIPENNE. — *Apterum, piceum, nitidum planum, elytris pedibus abdominisque apice brunneis, antennis testaceis; capite thorace paulo latiore, quadrato, parce punctato ; thorace longiore, postice angustato, angulis omnibus rotundatis, utrinque subtiliter parce punctato ; elytris thorace longioribus, fere opacis, abdomineque densè subtiliter punctatis.* — Long. 4 3/4 millim.

Tête un peu plus large que le corselet, carrée, fortement rétrécie après les yeux, côtés latéraux droits, angles postérieurs arrondis; couverte d'une ponctuation fine et éparse, lisse au milieu, revêtue d'une pubescence éparse, dressée, d'un gris obscur, et vers les bords latéraux et à la partie antérieure, de poils très-longs et rares. Yeux très-petits, très-peu saillants. Antennes aussi longues que la moitié du corps, sublinéaires, à peine un peu épaissies vers l'extrémité; 1-7 articles allongés, le troisième de un tiers plus long que le deuxième, le septième à peu près de la longueur du deuxième, 7-10 ovalaires, le dernier acuminé à l'extrémité, un peu plus long que le précédent. Corselet plus long que large, fortement rétréci en arrière, très-légèrement sinué intérieurement, au milieu de ses côtés, couvert d'une ponctuation fine et écartée, et de quelques points enfoncés, plus gros, disposés presque en série sur les côtés, avec un espace longitudinal lisse au milieu, revêtu d'une pubescence plus courte que celle du corselet et de deux ou trois longs poils sur les bords latéraux. Élytres plus longues que le corselet, presque mates, couvertes d'une ponctuation fine et serrée, un peu rugueuse, revêtues d'une pubescence jaunâtre, couchée, assez courte et assez serrée; avec une dépression bien marquée sur la base de la suture, cette dernière est distinctement saillante en arrière. Abdomen noirâtre couvert d'une ponctuation fine et serrée, revêtu d'une pubescence jaunâtre, couchée, assez longue et assez serrée. Pattes d'un brun testacé avec les tarses testacés.

Extrêmement semblable au *grandiceps* Duv. Il s'en éloigne par sa tête carrée non rétrécie avant les yeux, ses élytres plus longues, et sa couleur généralement plus obscure.

Trouvé à Béziers, par M. le docteur Grenier.

Ch. Bris.

46. Lithocharis maritima. — *Nigro-picea, nitidula; antennis, pedibus, elytris anoque rufo-ferrugineis. Capite orbiculato, dense punctato, thorace minus dense punctato, cum linea media apice vix elevata lævi, elytris thorace sesquilongioribus, ad scutellum infuscatis.* — Long. 5 millim.

Elle est d'un noir de poix assez brillant, avec les antennes, les palpes, les pattes, les élytres et l'extrémité de l'abdomen d'un rouge ferrugineux ; les élytres un peu rembrunies à la base vers la région de l'écusson. Tête orbiculaire, couverte de points assez forts d'autant plus serrés qu'ils sont plus externes ; le milieu offre une ligne longitudinale peu sensible, lisse et sans points. Antennes à peine de la longueur de la tête et du corselet réunis. Corselet plus court et plus étroit que la tête, légèrement rétréci en arrière, couvert de points un peu plus fins et plus confus que ceux de la tête, avec une ligne longitudinale étroite très-légèrement élevée en avant, assez saillante en arrière et lisse. Élytres une fois et demie plus longues que le corselet, couvertes de points analogues à ceux de ce dernier. Abdomen très-finement pointillé. L'insecte est entièrement couvert d'une légère pubescence un peu plus dense sur les élytres et surtout sur l'abdomen.

Le mâle a le cinquième arceau ventral largement et assez profondément échancré, et le sixième plus profondément et triangulairement.

· Elle ressemble beaucoup à la *castanea*, mais elle s'en distingue par sa taille plus petite, sa tête plus orbiculaire, ses antennes et son corselet plus courts.

J'ai reçu cet insecte de M. le capitaine Martin et de M. Raymond, comme ayant été pris au bord de la mer à Toulon et Saint-Raphaël.

Ch. Audé.

47. Lithocharis aterrima. — *Atra, subtilissimè densissimèque punctulata, elytris thorace dimidio longioribus et paulo latioribus; pedibus antennisque nigro-piceis; palpis nigris.* — Long. 4 millim.

Espèce intermédiaire entre les L. *obsoleta* et *ochracea ;* s'en distingue au premier coup d'œil par sa couleur entièrement d'un noir foncé, ses palpes noirs et la forme générale du corps.

Tête à côtés parallèles et à angles postérieurs arrondis. Antennes d'un brun foncé, premier article et extrémité plus clairs. Corselet en carré légèrement arrondi aux angles, côtés parallèles; un fin et court sillon médian longitudinal à la base. Élytres plus larges et une fois et demie aussi longues que le corselet. Abdomen parallèle. Pattes d'un brun noir. Côtés de tout le corps hérissés de poils noirs.

Diffère de l'*obsoleta* par sa taille plus grande, sa tête non élargie en arrière, ses élytres plus longues et plus larges, sa forme un peu plus large et moins parallèle, et sa couleur.

Diffère de l'*ochracea* par sa forme moins large, sa ponctuation plus fine, son corselet un peu plus étroit, à angles plus arrondis, ses élytres plus longues, et sa couleur.

Trois exemplaires trouvés par moi sous les détritus de l'étang de Vendres, près Béziers.   SAULCY.

48. EVÆSTHETUS DISSIMILIS. — *Lævis, rufo-ferrugineus, abdomine piceo, segmentis apice ferrugineis. Capite profunde bisulcato, thorace cordato, ad basin transversim impresso, cum striolis brevissimis profundis; inter striolas carinula elevata.* — Long. 1 millim.

Lisse et brillant, d'un brun ferrugineux sur la tête et le corselet, l'abdomen un peu plus foncé, avec l'extrémité des derniers segments et les deux derniers tout entiers ferrugineux. Tête marquée sur le front de deux sillons longitudinaux profonds; palpes et antennes testacés. Corselet cordiforme, plus large que la tête et ayant la plus grande largeur un peu avant le milieu; il est marqué en arrière et transversalement à sa base d'une dépression sensible, et au milieu de cette dépression de deux très-courts sillons longitudinaux très-rapprochés, atteignant à peine le quart de sa longueur, convergeant en arrière et faisant ressortir une très-petite carène triangulaire libre en arrière, et se confondant en avant avec le dessus du corselet. Élytres presque aussi longues que le corselet, couvertes de points très-écartés et à peine visibles et de très-petits poils couchés. Pattes testacées.

Ce curieux *Evæsthetus*, qui pourrait peut-être servir de base à un genre particulier, a quelque analogie avec les *euplectus*; mais il a quatre articles aux tarses et appartient bien réellement à la grande famille des *Staphylinides*.

Je ne possède qu'un seul exemplaire de cet insecte; il m'a été offert
par M. le capitaine Martin qui l'a pris à Toulon.

Ch. Aubé.

49. Stenus macrocephalus. — *Niger, nitidulus, vix pubescens,
fortius punctatus. Capite thorace latiore, fronte late bisulcata. Thorace
cordato, elytris thorace vix longioribus et angustioribus, abdomine
subtilius punctulato, pedibus nigro-piceis.* — Long. 3 millim.

Ce stenus a la plus grande analogie avec le *vafellus*, à la division duquel
il appartient. Il en diffère cependant par les caractères suivants : il est un
peu plus grand, plus trapu, avec la ponctuation de la tête et du corselet
plus forte. Le corselet est plus cordiforme, les élytres sont à peu près de
la longueur du corselet, l'abdomen est moins atténué en arrière et les pattes
sont presque noires.

Le mâle offre en dessous de l'abdomen, de la base à l'extrémité, une
assez large dépression longitudinale ; les second, troisième, quatrième et
cinquième anneaux sont très-largement et très-peu profondément échancrés en arrière, le cinquième terminé par deux bouquets convergents de
petits poils grisâtres.

Reçu de M. Raymond comme ayant été pris à Saint-Raphaël.

Ch. Aubé.

50. Stenus politus. — *Niger, nitidissimus, fortiter minus dense
punctatus, vix pubescens, testaceus. Antennis ferrugineis, articulis
duobus primis infuscatis. Pedibus testaceis, geniculis late infuscatis.* — Long. 5 millim.

Il est d'un noir très-brillant comme verni, à peine pubescent. Tête
plus large que le corselet, avec un sillon assez large de chaque côté,
couverte de points assez forts et assez écartés ; les palpes testacés ; les
antennes aussi longues que la tête et le corselet réunis, ferrugineuses, avec
les deux premiers articles rembrunis. Corselet cordiforme, la partie la plus
large un peu avant le milieu ; il est couvert de points analogues à ceux de
la tête et présente dans son milieu une dépression longitudinale canali-
forme. Élytres un peu plus longues que le corselet, couvertes de points
analogues, offrant à l'écusson une dépression triangulaire assez profonde
et deux autres irrégulières vers l'épaule et l'angle postérieur externe.
Abdomen allongé, couvert de points moins forts et moins serrés que ceux

de la tête et du corselet. Pattes avec l'extrémité des cuisses et la base des tibias assez largement rembrunies.

Il ressemble un peu pour la forme au *St. œrosus* et doit être placé à côté de lui dans la même division ; il en diffère et de tous ceux qui l'avoisinent par son brillant et sa ponctuation plus forte et plus lâche.

Je ne possède qu'un exemplaire femelle que j'ai reçu de M. Raymond et pris à Saint-Raphaël.

Сн. Aubé.

51. Stenus salinus. —*Subelongatus, subdepressus, nigro-plumbeus, parum nitidus, albido pubescens, densius sat fortiter punctatus, palporum basi antennisque testaceis, his apice infuscatis, articulo primo nigro ; capite thoracis latitudine, fronte leviter bisulcata ; thorace lateribus rotundato, pone medium bi-impresso ; elytris thorace dimidio longioribus, inæqualibus, profunde punctatis ; abdomine sat dense punctato.* — Long. 4 à 4 1/2 millim.

D'un noir de plomb, quelquefois avec un très-léger reflet bleuâtre, couvert d'une pubescence fine, d'un blanc à reflet brillant, peu serrée et pas très-courte. Tête légèrement transversale, aussi large que le corselet, à ponctuation serrée et assez fine, avec deux faibles sillons longitudinaux, l'intervalle large et peu saillant. Palpes noirâtres avec le premier article, la base et le sommet du deuxième et la base du troisième testacés. Antennes de la longueur du corselet, testacées, avec l'extrémité plus obscure, et le premier article noir, troisième article un peu plus long que le quatrième. Corselet allongé, plus long que large, distinctement arrondi sur les côtés, également rétréci à la base et au sommet avec une impression oblique de chaque côté du disque, surface couverte d'une ponctuation serrée et assez forte, quelquefois avec un petit espace lisse au milieu. Élytres plus larges que le corselet , près de moitié plus longues que lui, fortement déprimées sous l'écusson et avec deux légères impressions latérales, surface couverte d'une ponctuation assez serrée, assez forte et profonde. Abdomen à peine plus étroit que les élytres, couvert d'une ponctuation assez serrée, plus fine que celle des élytres. Dessous à ponctuation serrée et fine, plus forte sur la poitrine. Pattes noires avec les tarses un peu brunâtres, troisième article des tarses cordiforme, quatrième profondément bilobé.

Mâle : deuxième et cinquième segments de l'abdomen légèrement échancrés à leur bord postérieur, le deuxième légèrement déprimé au milieu, troisième et quatrième segments plus profondément échancrés et plus fortement déprimés, les deux côtés de l'échancrure terminés en une petite crète saillante; ces deux dépressions et leur bord postérieur sont densément couverts d'une longue pubescence blanchâtre. Sixième segment profondément échancré, le fond de l'échancrure est arrondi. Femelle, sixième segment terminé en ogive, à pointe peu aiguë.

Voisin du *subimpressus*, distinct par sa taille moindre, sa tête moins large; sa ponctuation plus forte et plus profonde sur la tête, le corselet et l'abdomen, les élytres plus égales, et le dernier segment de l'abdomen des femelles autrement formé.

(Hyères.) Delarouzée. (Béziers.) Pas rare.

CH. BRIS.

52. GEODROMICUS ANTHRACINUS. — *Niger, nitidus, pubescens, crebre et fortiter punctatus, pedibus fusco-testaceis; fronte impresso; thorace cordato, basi foveolato; elytris thorace plus duplo longioribus.* — Long. 4 1/2 à 5 millim.

Assez large, d'un noir brillant, couvert d'une pubescence assez longue, et peu serrée. Tête à ponctuation forte et assez serrée, avec une profonde impression sur le front, et une seconde, transversale, entre les antennes, ces deux impressions sont réunies par un court sillon. Antennes dépassant le milieu de l'élytre, noires, avec les articulations des premiers articles d'un rouge ferrugineux, tous les articles sont allongés, le deuxième est environ un tiers plus court que le troisième. Palpes noirs. Corselet convexe, fortement arrondi sur les côtés, assez brusquement rétréci dans son quart postérieur, angles antérieurs arrondis, les postérieurs droits, au milieu de la base avec une profonde fossette, et une très-petite carène au-dessus, quelquefois aussi avec un sillon longitudinal assez large; surface couverte d'une ponctuation médiocrement serrée, mais assez forte. Élytres à leur base un peu plus larges que le corselet dans son plus grand diamètre, un peu élargies en arrière, avec l'angle extérieur fortement arrondi, le long de la suture avec une dépression longitudinale, surface couverte d'une ponctuation assez forte, mais un peu moins serrée que celle du corselet; généralement les élytres sont d'un rouge-brun vers l'extrémité du bord extérieur.

Abdomen avec une ponctuation fine et assez serrée, et couvert d'une pubescence grisâtre peu serrée, couchée, assez longue. Pattes d'un brun-noirâtre, avec les tarses, l'extrémité des tibias et la base des cuisses, d'un brun-testacé plus ou moins clair, crochets des tarses simples.

Très-voisine du *plagiatus*, s'en distingue par sa couleur plus obscure, sa forme plus courte et plus large, ses élytres un peu plus courtes, à ponctuation un peu plus forte et moins serrée.

Trouvé avec M. Lethierry, à Mont-Louis, au bord d'un petit ruisseau, sous les pierres.

Ch. Bris.

53. Thinobius Wenckeri.—*Elongatus, niger, opacus, capite thoraceque nigro-fuscis, minus opacis, elytris fusco-brunneis, antennis pedibusque piceis.* — Long. 1 1⁄3 millim.

Étroit, assez allongé, parallèle. Noir, à peine brillant, couvert d'une pubescence très-fine d'un cendré doré, très-serrée sur les élytres, plus longue sur l'abdomen; ponctuation extrêmement fine et serrée, invisible sur les élytres. Pattes et antennes d'un noir de poix. Ces dernières assez robustes, à peine épaissies à l'extrémité; premier article brunâtre, grand, subsécuriforme, deuxième assez grand, d'un quart plus long que le troisième, ce dernier d'un tiers plus long que le suivant, quatrième et sixième à peine plus longs que larges, septième un peu plus grand, huitième plus petit que le précédent, articles 9-10 égaux, dernier grand, allongé, subacuminé au sommet. Tête plus petite et plus étroite que le corselet. Celui-ci transversal, moitié environ plus large que long, côtés régulièrement arrondis, angles antérieurs droits, postérieurs obtus, arrondis. Élytres du double au moins plus longues que le corselet, déprimées, d'un brun fauve, largement échancrées à l'angle sutural. Abdomen noir, un peu plus large que les élytres. Cuisses foncées; tarses plus clairs.

Strasbourg, au bord du Rhin, sur le sable.

J'ai reçu ce *thinobius* de M. E. Wencker, à qui je me fais un devoir de le dédier.

A. Fauvel.

54. Antophagus Pyrenæus. — *Nigro-piceus, minus nitidus, antennarum basi, ore, elytris pedibusque testaceis; thorace subquadrato, postice angustato, sat crebre, minus profunde punctato; elytris sat crebre fortiterque punctatis. Mas: capite thorace latiore, transversim quadrangulo, antice emarginato, cornubus duobus, validis, arcuatis armato; mandibulis magnis, validis, arcuatis, acutis.*

Extrêmement semblable à l'*alpinus* et confondu avec lui; les mâles se distinguent facilement, mais les femelles diffèrent à peine. Les mâles se distinguent de l'*alpinus* par le front échancré en arc, les mandibules bien plus larges, anguleusement dilatées vers leur base, les cornes frontales, observées perpendiculairement, paraissent étroites et courbées extérieurement; de côté, elles paraissent deux fois plus larges que chez l'*alpinus*. et concaves du côté externe. La tête et le corselet paraissent plus distinctement réticulés que chez l'*alpinus*, la ponctuation du corselet et des élytres est généralement un peu plus serrée et plus profonde, et le corselet est un peu plus rétréci postérieurement.

J'ai pris abondamment cette espèce avec M. Lethierry, sur les fleurs de rhododendrum, à Mont-Louis.

CH. BRIS.

55. PHILORINUM CADOMENSE.—*Lineare, minùs depressum, subnitidum, parcè pubescens, nigrum, elytris concoloribus, antennis rufulis, articulis 4 primis pallidè testaceis, palpis articulo ultimo apice pedibusque piceis, capite crebre æqualiter, thorace fortius punctatis, hoc transverso, lateribus fortiter angustatis, elytris crebrius, abdomine subtilissimè punctatis.* — Long. 1 3/4 millim.

Voisin du *phil. humile* Er., mais d'un tiers plus petit. Bien plus étroit, linéaire, moins déprimé, plus brillant; pubescence d'un cendré doré plus rare. Noir, palpes testacés; troisième article brun au sommet. Antennes roussâtres, avec les quatre premiers articles d'un testacé pâle; premier grand, allongé, deuxième assez large, plus de moitié plus court, troisième aussi long que le deuxième, mais plus étroit, quatrième en carré long, petit; les suivants progressivement, mais faiblement plus larges; dernier long, fusiforme. Tête et corselet à ponctuation égale, serrée, bien marquée sur ce dernier, qui est transversal, presque d'un tiers plus large que long; côtés coupés obliquement à partir du premier tiers antérieur, ce qui les fait paraître notablement rétrécis; angles antérieurs marqués, les postérieurs obtus. Élytres concolores à ponctuation forte, bien visible, moitié environ plus longue que le corselet. Abdomen pas plus large que les élytres, à ponctuation extrêmement fine. Pattes d'un brun clair. Cuisses plus foncées.

Calvados, Ille-et-Vilaine.

J'ai pris cette petite espèce, au mois de mai, en compagnie du *ph. humile*, sur des *ulex europæus*, au milieu des bruyères. M. de la Godelinais me l'a envoyée d'Autrain-sur-Couesnon, où il l'a trouvée dans les mêmes conditions.

Elle se distingue sans peine de l'*humile* par sa petite taille, son corps étroit, son corselet transversal, la ponctuation forte de ses élytres, etc., paraît voisin du P. *nitidulum*. Kraatz de Grèce; mais outre que la courte diagnose de l'auteur ne dit rien de la forme du corselet, les élytres ne sont pas d'un noir de poix et la ponctuation est différente ; quant au *pal-lidicorne* Fairm, ses élytres concolores suffisent pour l'en séparer.

A. Fauvel.

56. Anthobium Kraatzii.—J. Duval. Genera. Pl. 27, fig. 134.— *Rufo-testaceum, glabrum ; thorace transverso, opaco ; elytris testaceis, dense subtiliterque punctatis, thorace plus triplo longioribus, maris apice truncatis, feminæ angulo interiore acuminatis.* — Long. 1 3/4 à 2 millim.

Tête assez large, presque opaque, un peu brillante antérieurement, avec une fossette de chaque côté à la base des antennes, et une légère impression transversale qui les réunit. Antennes aussi longues que la tête et le corselet, un peu épaissies vers l'extrémité, les deuxième et troisième articles subégaux, le deuxième beaucoup plus étroit, 4-6 ovalaires, 7-10 arrondis, peu à peu plus larges, le dernier ovalaire plus de moitié plus long que le précédent. Corselet près de moitié plus large que long, légèrement arrondi sur les côtés, un peu rétréci à la base et au sommet ; angles postérieurs légèrement obtus ; opaque, sans ponctuation apparente, avec un très-obsolète sillon longitudinal sur la partie postérieure du disque. Écusson très-finement réticulé. Élytres plus larges que le corselet, peu à peu élargies vers l'extrémité ; celle-ci est tronquée chez les mâles ; chez les femelles elle est tronquée un peu plus obliquement, avec l'angle sutural légèrement saillant ; la surface est densément couverte de petits points enfoncés.

Cette espèce est très-voisine du *puberulum Kiesw.* Elle s'en distingue par l'impression transversale de la tête, ses élytres un peu plus longues, plus densément et plus finement ponctuées. — (Pyrénées-Orientales.) J. Duval.

Ch. Bris.

57. Ptenidium nitidum.—*Nigrum, nitidum, fere glabrum, antennis fuscis, pedibus testaceis ; elytris parcè subtiliterque punctatis ; thorace basi obsoletè bifoveolato.* — Long. 2/3 à 3/4 millim.

D'une forme ovale un peu allongée. Tête transversale lisse, antennes aussi longues que la tête et le corselet, ferrugineuses avec les deux premiers articles et la massue obscurs. Corselet transversal assez fortement arrondi sur les côtés, presque lisse, avec quelques poils très-fins et courts ; les quatre fossettes basilaires sont très-obsolètes. Ecusson grand, triangulaire, lisse. Elytres ovalaires, arrondies sur les côtés, leur plus grande largeur avant le milieu ; rétrécies à la base et au sommmet, d'un noir brillant ou d'un noir de poix, avec l'extrémité un peu plus claire; surface couverte de points espacés mais distincts, subseriés ; de chacun de ces points sort un poil très-fin et très-court ; dessous du corps d'un noir brillant, presque lisse, avec une pubescence éparse et très-fine.

Cette espèce se distingue de l'*apicale* par sa taille moindre, sa forme plus courte, ses antennes obscures et sa pubescence bien plus courte. Elle est très-semblable au *formicetorum* Kr., elle s'en éloigne par sa couleur plus noire, sa forme un peu plus courte, ses antennes obscures et la ponctuation de ses élytres plus forte.

Se trouve sur le bord de la Seine, au pied des peupliers, parmi les feuilles humides.

Cn. Bris.

58. PHALACRUS SERIEPUNCTATUS.—*Ovatus, fortiter convexus, niger, nitidissimus, antennis pedibusque brunneis; elytris subtilissimè serie-punctatis; antennarum clava oblonga.* — Long. au delà de 2 millim.

Tête large, couverte d'une ponctuation distincte et assez serrée, avec quelques points plus fins dans les intervalles ; chez le mâle, le bord antérieur est assez fortement bisinué, avec deux petites fossettes placées transversalement entre les yeux ; chez la femelle, le bord antérieur est très-légèrement sinué, sans fossette sensible entre les yeux. Antennes brunes ou ferrugineuses, un peu plus longues que la tête, massue oblongue, dernier article un peu plus long que les deux précédents réunis. Corselet transversal, très-convexe, fortement rétréci en avant, très-légèrement sinué de chaque côté de l'écusson ; angles postérieurs presque droits, un peu émoussés ; surface assez densément couverte de petits points très-fins. Écusson très-grand subtriangulaire, presque lisse. Elytres de la largeur du corselet, peu à peu rétrécies vers l'extrémité qui est arrondie, avec des traces de stries indistinctes, excepté la suturale qui est assez profonde ; le premier intervalle présente une série de points excessivement fins, les autres présentent deux séries de points fins, placés à côté des stries, le second intervalle présente une troisième série de points très-fins dans son milieu : les stries sont si faibles que les élytres paraissent couvertes de séries de points rapprochés. Dessous du corps à ponctuation médiocrement serrée un peu rugueuse, mesosternum plus brillant; couvert d'une pubescence assez courte, grise ; extrémité de l'abdomen cilié de poils obscurs. Pattes brunâtres ou ferrugineuses, couvertes d'une pubescence jaunâtre, plus longue au bord postérieur des cuisses ; tibias intermédiaires un peu courbés extérieurement.

Se distingue du *substriatus* par sa forme moins large, ses antennes et ses pattes brunes, ses stries plus obsolètes et ses séries de points autrement disposées.

(Collioure.) Delarouzée.

CH. BRIS.

59. PHALACRUS BRUNNIPES. — *Ovatus, fortiter convexus, niger, nitidissimus, antennarum basi pedibusque brunneis; elytris subtiliter punctato-substriatis, interstitiis subtilissimè seriatim punctatis; antennarum clava oblonga.* — Long. 1 1/2 à 2 millim.

Tête large, fortement rétrécie en avant, couverte d'une ponctuation très-fine, avec deux petites fossettes transversalement placées entre les yeux ; bord antérieur étroitement tronqué en ligne droite ou à peine sinué. Antennes plus longues que la tête, noirâtres, avec les premiers articles un peu ferrugineux, massue oblongue, dernier article plus long que les deux précédents réunis. Corselet transversal, fortement rétréci avant, angles antérieurs assez saillants, les postérieurs droits ; bord postérieur légèrement sinué de chaque côté de l'écusson ; surface assez densément couverte d'une ponctuation excessivement fine et superficielle. Écusson très-grand presque lisse. Élytres peu à peu et assez fortement rétrécies vers l'extrémité qui est arrondie ; avec de faibles stries ponctuées, les points fins et rapprochés ; tous les intervalles avec une série irrégulière de points plus fins que ceux des stries ; strie suturale assez fortement enfoncée. Dessous à ponctuation rugueuse et assez serrée, couvert d'une pubescence grisâtre assez courte et peu serrée. Pattes d'un brun-obscur à pubescence jaunâtre, plus longue au bord postérieur des cuisses ; tibias intermédiaires un peu courbés extérieurement.

Se distingue du *substriatus* par sa forme plus allongée, ses antennes et ses pattes moins obscures, la massue de ses antennes plus allongée, ses élytres à stries plus obsolètes et ponctuées, s'éloigne du *seriepunctatus* par la forme différente de la partie antérieure de la tête, ses antennes plus obscures et ses élytres autrement ponctuées.

(Collioure.) Delarouzée.

CH. BRIS.

60. EPURÆA DIFFUSA. — *Oblongo-ovata, leviter convexa, nitidula, fusco-ferruginea, thoracis margine strigaque et elytrorum guttis decem, diffusis, pallidis.* — Long. 2 1⁄3 à 3 millim.

Forme de la *decemguttata*. Tête d'un ferrugineux brunâtre, avec une paire de fossettes entre les antennes ; surface couverte d'une ponctuation rugueuse serrée, assez forte et d'une pubescence jaunâtre, couchée, assez fine et peu serrée. Antennes d'un ferrugineux testacé, avec la massue à peine plus obscure. Corselet transversal, presque de la largeur des élytres, arrondi sur les côtés, légèrement rétréci en avant, échancré antérieurement, un peu sinué de chaque côté de la base, près des angles postérieurs qui sont aigus et saillants en arrière, côtés latéraux assez étroitement déprimés, avec le rebord distinctement relevé ; disque assez convexe, surface couverte d'une ponctuation un peu rugueuse, assez serrée, assez grosse, mais peu profonde ; d'un brun-ferrugineux, avec les côtés latéraux et une grande tache au milieu du bord postérieur d'un ferrugineux-brunâtre, couvert d'une pubescence jaunâtre, couchée, peu subtile et peu serrée. Écusson brunâtre, densément ponctué. Élytres un peu rétrécies à l'extrémité qui est obtusément arrondie, avec le bord latéral étroitement déprimé, couvertes d'une ponctuation assez grosse, peu profonde et assez serrée ; d'un brun-ferrugineux, avec cinq taches pâles disposées comme chez la *decemguttata*, mais diffuses et souvent réunies. Dessous du corps d'un brun plus ou moins ferrugineux, avec l'abdomen d'un ferrugineux-brunâtre, poitrine couverte d'une ponctuation serrée et assez forte. Pattes assez fortes, testacées. Mâle, tarses antérieurs dilatés ; cuisses postérieures plus épaisses que les autres mais simples, ainsi que leurs tarses.

Très-semblable à la *decemguttata*, mais bien distincte par sa taille plus petite, son corselet et ses élytres plus étroitement déprimés latéralement, ses élytres un peu plus acuminées à l'extrémité, à taches pâles bien moins déterminées, et par les pattes postérieures simples chez le mâle.

Normandie, Paris dans les plaies de chêne et d'orme. Delarouzée. (Hyères.)

CH. BRIS.

61. SORONIA OBLONGA. — *Oblongo-ovata, sat convexa, obscurè ferruginea, nitidula, creberrimè ruguloso-punctata, thorace inæquali elytrysque nigro-variegatis.* — Long. 4 à 4 1⁄2 millim.

D'une forme plus allongée que la *punctatissima* et la *grisea*, tête transversale, d'un brun obscur, avec la partie antérieure d'un rouge ferrugineux ; déprimée en avant, avec deux fossettes entre les antennes séparées par un petit espace convexe ; surface rugueusement et densément ponctuée, couverte d'une pubescence jaunâtre, couchée et éparse. Antennes d'un testacé sordide, corselet transversal, un peu arrondi sur les côtés, assez fortement rétréci en avant, très-légèrement en arrière, sa plus grande largeur se trouvant vers son tiers postérieur ; bord antérieur fortement échancré, avec ses angles saillants mais émoussés, bord postérieur très-légèrement sinué de chaque côté avec ses angles obtus, mais non émoussés ; bords latéraux assez largement déprimés ; surface inégale, couverte d'une ponctuation grosse et écartée, et dans les intervalles, d'une ponctuation fine et serrée, revêtu d'une pubescence obscure, fine, couchée et peu serrée, et de petites soies jaunes plus fortes mi-redressées et éparses ; d'un ferrugineux obscur et maculé de noir comme chez la *grisea*, seulement les taches sont un peu plus grandes et plus obscures. Écusson d'un ferrugineux-obscur pointillé. Élytres deux fois plus longues que le corselet, à peine plus larges que lui, un peu rétrécies à l'extrémité qui est arrondie, bord latéral étroitement déprimé ; surface avec de faibles côtes et des apparences de stries, couverte de gros points peu serrés, généralement disposés en séries irrégulières, et, dans les intervalles, d'une ponctuation fine et assez serrée ; revêtues d'une pubescence obscure, très-fine et peu serrée, et de petites soies plus fortes mi-redressées, disposées en séries longitudinales ; ces soies sont jaunes sur le fond jaune et obscures sur le fond noir ; d'un ferrugineux obscur avec un dessin noir disposé comme chez la *grisea*, seulement ces taches sont un peu plus grandes et plus noires, et la bande jaune transversale, placée derrière le milieu, est plus étroite et plus sinuée ; dessous du corps d'un testacé pâle, à ponctuation fine et peu serrée. Pattes testacées, assez fortes. Mâle inconnu.

S'éloigne de la *Punctatissima* par sa forme allongée, bien plus étroite, sa convexité un peu plus forte, son corselet moins large, à côtés latéraux moins largement déprimés, ses élytres plus longues, à côtés étroitement déprimés, par son dessin composé de taches plus grandes et plus noires, et par la ponctuation double qui couvre sa surface. Se distingue de la *grisea* par sa forme plus allongée, son corselet moins large, plus convexe, à angles postérieurs moins obtus, son dessin composé de taches plus grandes et plus noires, son aspect plus brillant et sa ponctuation différente.

(Delarouzée Hyères.)

Ch. BRIS.

62. MELIGETHES GRACILIS. — *Oblongo-ovatus, leviter convexus, niger, nitidulus, subtiliter obscurè pubescens, densè subtiliter punctatus; elytris nitidis, viridi-subæneis; antennarum basi pedibusque testaceis, tibiis anticis extus subtilissimè serrulatis.* — Long. 1 3/4 mill.

D'un noir légèrement plombé, peu brillant, avec les élytres d'un vert métallique brillant, quelquefois légèrement bronzées; couvert d'une pubescence fine d'un gris obscur, médiocrement serrée. Antennes noirâtres avec les deux premiers articles jaunes. Tête à ponctuation fine et serrée, avec deux petites fossettes entre les antennes, réunies par une légère impression transversale; corselet transversal, un peu rétréci en avant, légèrement arrondi sur les côtés, avec les angles postérieurs à peu près droits; bord latéral étroitement déprimé, base légèrement sinuée de chaque côté de l'écusson, puis droite vers les angles postérieurs; surface finement et très-densément pointillée. Elytres deux fois au moins aussi longues que le corselet, obtusément arrondies à l'extrémité, finement et assez densément ponctuées. Dessous du corps noir ou noir brun, avec les pattes d'un jaune rougeâtre, tibias antérieurs étroits, très-finement denticulés, au bord extérieur, dans leur seconde moitié; tibias postérieurs un peu plus larges, garnis sur leur moitié antérieure de petites soies raides et courtes; prosternum étroit, rétréci à l'extrémité; mésosternum à ponctuation fine et serrée.

Mâle. Mésosternum avec un sillon profond et bien limité, qui occupe sa moitié postérieure. — Femelle. Mésosternum avec un sillon plus faible.

Très-voisin des petits *æneus*; s'en distingue par sa couleur, sa convexité un peu plus forte, ses élytres à ponctuation un peu moins serrée, ses pattes plus claires, et par son mésosternum sillonné.

Paris, rare; Dijon, Strasbourg (M. Wencker), Vosges, Eaux-Bonnes (docteur Aubé).

Ch. BRIS.

63. MELIGETHES ANTHRACINUS. — *Oblongo-ovatus, convexo, niger subopacus, sat densè obscurè pubescens, parciùs subtiliter punctatus; antennarum basi pedibusque rufo-brunneis, tibiis anticis extus subtilissimè crenatis.* — Long. 2/5 millim.

Presque parallèle, d'un noir soyeux un peu luisant; couvert d'une pubescence obscure fine, couchée et peu serrée. Tête à ponctuation fine et serrée. Antennes d'un noir brunâtre avec le deuxième article jaune. Corselet transversal, environ de moitié plus large que long, un peu rétréci en

avant, distinctement arrondi sur les côtés, avec les angles postérieurs
presque droits; bord antérieur peu échancré : bord latéral très-étroitement déprimé, avec le rebord un peu relevé; base légèrement sinuée de
chaque côté de l'écusson, puis coupée droit vers les angles; surface à
ponctuation fine et pas très-serrée. Élytres plus de deux fois plus longues
que le corselet, un peu rétrécies vers l'extrémité qui est obtusément arrondie; surface à ponctuation fine et un peu écartée. Pattes postérieures
et intermédiaires d'un rouge-brun : les antérieures d'un jaune-rougâtre;
tibias antérieurs assez étroits, très-finement dentés sur leur seconde moitié; tibias postérieurs assez larges.

De la forme de l'*œneus*, mais bien distinct par sa couleur, ses élytres
à ponctuation écartée; s'éloigne du *viridiœneus* par sa couleur et sa ponctuation moins forte et plus serrée. Se distingue du *subœneus* par sa
forme plus parallèle, son corselet plus arrondi sur les côtés, sa ponctuation plus écartée et sa coloration.

Aix. (le Dr Grenier.)

Ch. Bris.

64. Meligethes fulvipes. — *Oblongo-ovatus, leviter convexus,
nigro-plumbeus, sat densè obscurè pubescens, densè subtiliter punctatus; antennis pedibusque rufo-testaceis, tibiis anticis extùs subtilissimè serratis.* — Long. 2 millim.

D'un noir-plombé, peu brillant sur la tête et le corselet, plus brillant
sur les élytres; couvert d'une pubescence grisâtre, fine, courte, et assez
serrée. Antennes d'un rouge-jaunâtre, avec les articles intermédiaires un
peu plus obscurs. Tête à ponctuation fine et serrée. Corselet plus de moitié plus large que long, largement échancré au bord antérieur, un peu
arrondi sur les côtés, légèrement rétréci en avant, bord latéral très-finement rebordé, base légèrement sinuée de chaque côté de l'écusson, puis
coupée droit vers les angles postérieurs qui sont presque droits; surface
à ponctuation fine et assez serrée. Élytres plus de deux fois plus longues
que le corselet, obtusément arrondies à l'extrémité, à ponctuation fine et
serrée. Mésosternum à ponctuation fine et serrée. Pattes d'un rouge-jaunâtre; tibias antérieurs assez étroits, très-finement denticulés sur leur seconde moitié, les postérieurs assez larges.

Mâle. Mésosternum, dans son milieu avec un sillon lisse. — Femelle. Mésosternum plus légèrement sillonné.

Paris, rare. Lesterel, Delarouzée; La Teste; Aix, le Dr Grenier; Sain
Sever, le Dr Aubé; Rochefort.

Ch. Bris.

4

65. MELIGETHES ATER. — *Breviter ovatus, convexus, niger sub-nitidus, subtiliter obscurè pubescens, densè fortiterque punctatus; thorace transverso, angulis posticis obtusis; pedibus anticis rufo-brunneis, tibiis anticis dilatatis, extùs subtilissimè crenulatis, api-cem versùs, tri vel quadri-denticulatis.* — Long. au delà de 2 1/2 millim.

D'une forme courte et large ; d'un noir profond peu brillant, couvert d'une pubescence obscure, fine, couchée et pas très-serrée. Antennes noires avec les deux premiers articles d'un rouge-brun. Tête à ponctua-tion fine et serrée. Corselet environ de un quart plus large que long, sa plus grande largeur se trouve près de la base, rétréci d'arrière en avant, faiblement arrondi sur les côtés ; bord latéral étroitement rebordé ; bord postérieur, de chaque côté de l'écusson, obsolètement bisinué, avec les angles postérieurs obtus ; surface couverte d'une ponctuation très-dense et assez forte, un peu moins serrée en arrière. Élytres de moitié plus longues que le corselet, un peu retrécies vers l'extrémité qui est tronquée presque en ligne droite, avec l'angle extérieur largement arrondi ; sur-face couverte d'une ponctuation très-dense et assez forte : strie humé-rale bien distincte. Mésosternum à ponctuation fine et serrée. Pattes d'un noir-brunâtre, les antérieures plus claires ; tibias intermédiaires et posté-rieurs larges, avec leur côté extérieur angulé avant le milieu, et garnis de petits poils raides et serrés sur leur trois quarts antérieur ; tibias antérieurs larges, arrondis extérieurement, finement denticulés et armés avant l'ex-trémité de trois ou quatre dents en scie, aiguës.

Voisin de l'*umbrosus*, s'en distingue par sa forme encore plus large et plus massive et sa ponctuation bien plus forte. S'éloigne du *maurus* par sa forme courte, sa ponctuation plus forte et sa couleur d'un noir plus profond. Ressemble assez pour l'aspect au *lumbaris*.

Un individu femelle de Toulon.

CH. BRIS.

66. MELIGETHES NIGER. — *Ovatus, convexus, niger nitidus, sub-tiliter obscurè pubescens, densé subtiliter punctatus; pedibus piceis, tibiis anticis apicem versus dilatatis, extùs subtilissimè apice for-tiùs serratis.* Longueur 1 1/2 millim. à peine.

D'une forme ovalaire assez large, distinctement arrondi sur les côtés ; couvert d'une pubescence obscure peu visible, fine, couchée et peu serrée.

Antennes d'un brun-noirâtre, avec le deuxième article jaune. Tête à ponctuation très-fine et très-serrée. Corselet environ de un quart plus large
que long, un peu rétréci en avant, légèrement arrondi sur les côtés,
bord latéral rebordé finement, mais pas distinctement déprimé; bord antérieur coupé droit, le postérieur, légèrement échancré de chaque côté
de l'écusson, puis coupé obliquement vers les angles postérieurs, qui sont
un peu obtus; surface à ponctuation fine et très-serrée, un peu plus écartée à la base. Élytres plus de moitié plus longues que le corselet, assez
rétrécies vers l'extrémité qui est obtusément arrondie ; surface à ponctuation fine et serrée : vers la base elle est un peu plus serrée et plus forte.
Mésosternum à ponctuation dense et forte, surface presque plane. Pattes
d'un noir-brun obscur, avec les tibias antérieurs d'un ferrugineux obscur ;
tibias postérieurs larges, les antérieurs fortement dilatés vers l'extrémité,
avec leur côté extérieur très-finement crénelé, puis armé avant l'extrémité de trois ou quatre dents en scie, petites et peu aiguës, dont la première et l'avant-dernière sont un peu plus saillantes.

Distinct des espèces voisines *viduatus*, *pedicularius*, etc., par sa petite
taille. De la forme du *viduatus* et de l'*assimilis*, mais s'éloigne du premier par sa plus forte ponctuation et du deuxième par l'armature de ses
tibias et la ponctuation plus serrée du corselet.

Deux femelles de Hyères. (Delarouzée.)

CH. BRIS.

67. MELIGETHES SULCATUS. — *Oblongo-ovalis, leviter convexus,
niger nitidulus, subtiliter obscurè pubescens, densiùs subtiliterque
punctulatus; antennis pedibusque brunneo-ferrugineis; tibiis anticis apicem versùs sensim dilatatis, extùs subtilissimè denticulatis,
apice fortiùs unidentatis.* — Long. 2 millim.

D'une forme oblongue-ovalaire, distinctement arrondie sur les côtés ;
couvert d'une pubescence noirâtre, fine, couchée, et assez serrée; d'un
noir assez brillant, quelquefois avec un faible reflet verdâtre sur la base
du corselet. Antennes d'un jaune-ferrugineux, ou brunâtres avec le
deuxième article plus clair. Tête à ponctuation fine et très-serrée. Corselet
presque de moitié plus large que long, un peu rétréci au sommet, légèrement arrondi sur les côtés, côté latéral pas distinctement déprimé, mais à
rebord un peu relevé; bord antérieur légèrement échancré, le postérieur
distinctement sinué de chaque côté de l'écusson ; puis coupé très-peu
obliquement vers les angles postérieurs. qui sont presque droits et assez
aigus; surface couverte d'une ponctuation fine et très-serrée. Mésoster-

num à ponctuation fine et serrée. Pattes d'un brun-rougeâtre avec les tibias antérieurs plus clairs; tibias postérieurs médiocrement larges, les antérieurs peu à peu dilatés-arrondis vers l'extrémité, très-finement crénelés au bord extérieur, puis après le milieu armés de très-petites denticules, et, avant l'extrémité, d'une petite dent triangulaire, plus fortement saillante.

Mâle. Mésosternum, sur sa moitié postérieure avec un sillon lisse court, profond, et bien limité. — Femelle. Mésosternum avec un léger sillon.

Voisin du *serripes*, par les caractères du mâle, mais s'en distingue par une forme plus ovale, une ponctuation plus fine et plus serrée et par l'armature de ses tibias.

Paris sur le *Lamium album*. (Dr. Aubé.)

Cʜ. Bʀɪs.

68. Mᴇʟɪɢᴇᴛʜᴇs ʙɪᴅᴇɴs. — *Oblongo-ovatus, leviter convexus, subtiliter griseo-pubescens, densè subtiliter punctatus, pedibus nigris, antennis tibiisque anticis ferrugineis, his apicem versus sensim dilatatis, extùs subtiliter crenulatis, apice fortiùs bidentatis.* — Longueur 2 millim.

D'un noir médiocrement brillant, couvert d'une pubescence grise, fine, couchée et assez serrée. Antennes d'un brun-testacé, plus ou moins clair. Tête à ponctuation fine et très-serrée. Corselet environ d'un tiers plus large que long, un peu rétréci en avant, presque droit sur les côtés sur les deux tiers postérieurs, bord latéral finement rebordé, très-étroitement déprimé; bord antérieur légèrement échancré : le postérieur distinctement sinué de chaque côté de l'écusson, puis coupé un peu obliquement vers les angles postérieurs, qui sont un peu obtus; surface couverte d'une ponctuation fine et très-serrée. Elytres un peu plus d'une fois et demie plus longues que le corselet, un peu rétrécies vers l'extrémité qui est tronquée, arrondie : couvertes d'une ponctuation fine et serrée, elles paraissent légèrement rugueuses surtout vers la base par la présence de fines rides transversales. Mésosternum à ponctuation fine et serrée. Pattes d'un noir-brun foncé avec les tibias antérieurs ferrugineux; tibias postérieurs pas très-larges, les antérieurs médiocrement dilatés vers l'extrémité, finement crénelés au bord extérieur, puis armés avant l'extrémité de deux petites dents triangulaires plus saillantes.

Mâle. Tarses antérieurs assez fortement dilatés; mésosternum avec une impression assez large et assez profonde.—Femelle. Mésosternum à peine impressionné.

Forme du *pedicularius*, un peu plus étroit, moins convexe, plus finement ponctué; remarquable par l'armature de ses tibias.

Paris, assez rare, Dijon. Sorrèze. Pyrénées. (Delarouzée.)

CH. BRIS.

69. MELIGETHES VILLOSUS. — *Oblongo-ovatus, leviter convexus,
nigro-sub-plumbeus, nitidus, densè griseo-pubescens, densè subtiliterque punctatus; thorace longiore lateribus rotundato; antennis, tibiis
tarsisque anticis, rufo-testaceis; tibiis anticis apicem versùs dilatatis, extùs serratis.* — Long., presque 2 millim.

Oblong-ovalaire, peu arondi sur les côtés, pas très-convexe. D'un noir-
plombé brillant, couvert d'une pubescence d'un gris blanchâtre, assez
longue, peu subtile et assez serrée. Antennes d'un jaune-rougeâtre avec la
massue plus obscure. Tête couverte d'un pointillé fin et très-serré. Corselet assez long, environ d'un quart plus large que long, un peu rétréci en
avant et près de la base, distinctement arrondi sur les côtés, bord latéral
finement rebordé, côté à peine très-étroitement déprimé; bord antérieur
coupé presque droit avec ses angles à peu près droits, bord postérieur légèrement sinué de chaque côté de l'écusson, puis dirigé un peu obliquement
vers les angles qui sont très-obtus; surface couverte d'une ponctuation
fine et serrée, plus forte et moins serrée vers la base. Elytres environ de
moitié plus longues que le corselet, peu rétrécies vers l'extrémité qui est
tronquée, arrondies; couvertes d'une ponctuation fine, serrée et peu subtile,
un peu plus forte vers la base. Mésosternum à ponctuation serrée et peu
subtile. Pattes d'un noir-brunâtre avec les tibias antérieurs d'un rouge-
jaunâtre, tibias postérieurs médiocrement épais, les antérieurs médiocrement larges; peu à peu élargies vers l'extrémité, au côté externe avec
quelques crénelures à la base, suivies de huit à neuf dents en scie, triangulaires, aiguës, un peu inégales.

Mâle. Mésosternum à peine impressionné; dernier segment abdominal
cilié de poils jaunes à son extrémité.

Voisin du *Marrubii* comme forme, mais bien distinct par son corselet
plus arrondi latéralement, ses élytres à ponctuation plus serrée, sa pubescence un peu plus longue, et l'armature de ses tibias. S'éloigne du *murinus*
par son corselet plus long, plus arrondi sur les côtés; ses antennes et ses
tibias antérieurs d'un rouge-brun clair, dont l'armature est moins forte.

Paris. Sur le *Marrubium vulgare*. Rare.

Ch. BRIS.

70. MELIGETHES MARRUBII. — *Oblongo-ovatus, leviter convexus, nigro-subplumbeus, nitidus, griseo-pubescens, densé subtiliterque punctatus; thorace longiore; antennis, tibiis tarsisque anticis, ferrugineis; tibiis anticis linearibus extùs pectinato-serratis.* — Long. 1 3/4 millim.

Oblong-ovalaire, assez étroit, peu arrondi sur les côtés ; d'un noir légèrement plombé, brillant, assez convexe, couvert d'une pubescence grise, pas très-courte, fine, couchée, assez serrée. Tête couverte d'un pointillé fin et serré. Antennes d'un rouge-brun, clair. Corselet de un quart plus large que long, un peu rétréci en avant, légèrement près de la base, le milieu des côtés presque en ligne droite, bord latéral finement rebordé, les côtés non déprimés ; bord postérieur légèrement sinué de chaque côté de l'écusson, puis dirigé un peu obliquement vers les angles qui sont obtus ; angles antérieurs à peu près droits ; surface couverte d'une ponctuation fine et serrée au sommet, plus forte et moins serrée vers la base. Elytres environ de moitié plus longues que le corselet, peu retrécies vers l'extrémité, qui est tronquée avec l'angle extérieur largement arrondi ; surface couverte d'une ponctuation serrée, assez forte et assez profonde ; l'extrémité des élytres est souvent légèrement brunâtre. Mésosternum à ponctuation fine et assez serrée. Pattes d'un noir-brunâtre, avec les deux ou quatre tibias antérieurs et quelquefois les postérieurs d'un rouge-ferrugineux ; tibias postérieurs assez étroits, ciliés au côté externe, sur leur moitié antérieure, de petites soies raides, pas très-serrées ; tibias intermédiaires, garnis extérieurement sur leur trois-quarts antérieur, de soies fortes et raides, presque dentiformes, pas très-serrées ; tibias antérieurs presque de même largeur sur leur deux-tiers antérieurs, au côté externe avec quelques dentelures à la base, suivies d'une petite dent en scie, aiguë, puis de deux grandes dents, suivies de nouveau de trois dents un peu plus petites, puis d'une nouvelle grande dent, et enfin d'une dernière plus petite ; toutes ces dents sont longues, aiguës, et les sept dernières sont en peigne.

Mâle. Mésosternum impressionné assez profondément ; dernier segment abdominal légèrement déprimé à l'extrémité, et cilié de chaque côté du bord postérieur de petites soies raides et noires. — Femelle. Mésosternum presque plan.

Ressemble au *serripes*, mais s'en distingue facilement par son corselet plus long, plus faiblement sinué à la base et par l'armature de ses tibias.

Paris, sur le *Marrubium vulgare*. France méridionale.

CH. BRIS.

71. Meligethes castaneus. — *Oblongo-ovatus, subdepressus, nigro-plumbeus, nitidulus. Elytris brunneis, sub-opacis; densè griseo-pubescens, subtiliter densè punctatus,' antennis pedibusque rufo-testaceis; tibiis anticis apicem versùs dilatatis, extùs subtilissimè crenulatis, apice fortiùs quadri vel quinquedentatis.* — Long. 2 à 2 1/3 millim.

D'un plombé assez brillant sur la tête et le corselet, quelquefois avec un très-léger reflet verdâtre. Elytres d'un brun-jaunâtre plombé un peu mat, généralement plus obscur vers la base : couvert d'une pubescence grise peu subtile, assez longue, couchée et assez serrée. Palpes, mandibules et antennes jaunes. Tête à ponctuation très-fine et très-serrée. Corselet transversal, environ de un tiers plus large que long, assez rétréci antérieurement, légèrement en arrière, distinctement arrondi sur les côtés; bord latéral finement rebordé; bord postérieur légèrement sinué de chaque côté de l'écusson, puis coupé obliquement vers les angles qui sont très-obtus; surface à ponctuation fine et serrée, un peu plus forte et plus écartée vers la base. Élytres environ deux fois plus longues que le corselet, peu rétrécies vers l'extrémité qui est tronquée et un peu arrondie; surface à ponctuation fine et serrée, un peu plus écartée et plus fine vers l'extrémité. Mésosternum à ponctuation fine et serrée, bords des segments abdominaux ferrugineux. Pattes d'un jaune-rougeâtre; tibias postérieurs assez épais; les antérieurs assez fortement dilatés, arrondis au côté extérieur : celui-ci est très-finement denticulé; à partir du milieu les denticules deviennent peu à peu plus fortes, les quatre ou cinq avant-dernières sont un peu plus fortement saillantes.

Mâle. Mésosternum légèrement sillonné dans sa longueur; dernier segment abdominal avec l'extrémité de son bord postérieur relevé et lisse.

Voisin du *fumatus*, s'en éloigne par sa coloration, l'armature de ses tibias, son segment anal non impressionné et sa pubescence un peu moins longue. Se distingue du *picipes* par sa pubescence plus longue et moins fine, sa coloration et sa ponctuation moins serrée.

Hyères, Lesterel. (Delarouzée.)

Ch. Bris.

72. MELIGETHES ROTUNDICOLLIS. — *Oblongo-ovatus, convexus, nigro sub-plumbeus, nitidulus, subtiliter grisco-pubescens, densiùs subtiliter punctatus; thorace transverso, lateribus rotundato; antennis pedibusque rufo-testaceis; tibiis anticis subtiliter serratis, apicem versùs dilatatis.* — Long. 1 1/2 à 1 3/4 millim.

Oblong-ovalaire, assez convexe; d'un noir-plombé peu brillant, quelquefois avec un léger reflet verdâtre sur le corselet. Antennes, palpes et souvent les mandibules d'un jaune-testacé. Tête couverte d'un pointillé très-fin et très-serré. Corselet environ de moitié plus large que long, fortement arrondi sur les côtés, sa plus grande largeur se trouvant vers le milieu, un peu plus rétréci en avant qu'en arrière; bord latéral finement rebordé, base légèrement sinuée de chaque côté de l'écusson, puis dirigée un peu obliquement vers les angles qui sont obtus, un peu arrondis; surface couverte d'une ponctuation très-fine et très-serrée, un peu moins serrée vers la base. Élytres environ deux fois plus longues que le corselet, un peu rétrécies vers l'extrémité qui est tronquée, avec l'angle extérieur largement arrondi; surface couverte d'une ponctuation très-fine et très-serrée. Mésosternum à ponctuation fine et serrée. Pattes d'un jaune-rougeâtre, quelquefois avec les cuisses postérieures brunâtres; tibias postérieurs assez épais, les antérieurs un peu plus étroits, crénelés excessivement finement à leur côté extérieur jusque vers le milieu, et de là à l'extrémité armées de petites dents en scie, très-fines et aiguës, presque égales.

Mâle. Mésosternum légèrement sillonné longitudinalement dans son milieu.

Voisin du *picipes*; s'en éloigne par son corselet fortement arrondi sur les côtés, sa ponctuation plus fine et par ses tibias moins fortement armés.

Paris, rare sur les genêts. Hyères. (Delarouzée.) Nice. (M. de Baran.)

Ch. BRIS.

73. MELIGETHES PUNCTATUS. — *Oblongo-ovatus, leviter convexus, nigro sub-plumbeus, ferè opacus, densè grisco-pubescens, confertissimè subtiliter punctatus; pedibus nigro-brunneis; antennis tibiisque anticis ferrugineis; his apicem versùs dilatatis, extùs subtilissimè denticulatis, apice fortiùs quadri-dentatis.* — Long. 2 1/4 millim.

D'un noir légèrement plombé, assez mat, couvert d'une pubescence grise, couchée, serrée, et assez fine. Tête à ponctuation fine et très-serrée. Antennes ferrugineuses, avec le premier article et la massue plus obscures. Corselet environ de un tiers plus large que long, retréci en avant, plus légèrement en arrière, distinctement arrondi sur les côtés, côté latéral finement rebordé mais non déprimé, près de l'angle postérieur le bord latéral est légèrement sinué; bord postérieur légèrement sinué de chaque côté de l'écusson, puis coupé presque droit vers les angles qui sont obtus, mais non émoussés; surface couverte d'une ponctuation fine et très-serrée, un peu moins serrée vers la base. Élytres environ deux fois plus longues que le corselet, un peu rétrécies vers l'extrémité qui est arrondie-tronquée ; couverte d'une ponctuation fine et très-serrée, un peu moins serrée vers l'extrémité. Pattes d'un noir-brun avec les tibias antérieurs ferrugineux; tibias postérieurs assez larges; les antérieurs, assez fortement arrondis-dilatés au côté extérieur; celui-ci est très-finement crénelé à la base, puis très-finement denticulé et avant l'extrémité : il est armé de quatre ou cinq dents en scie, un peu étroites, assez fortement saillantes.

Femelle. Mésosternum à ponctuation fine et serrée, avec une petite ligne lisse, longitudinale au milieu, dernier segment abdominal dans son milieu avec une impression transversale assez large et assez profonde, couverte d'une ponctuation fine et serrée comme tout le segment.

Voisin du *brachialis* femelle ; s'en distingue facilement par sa forme plus allongée, sa pubescence moins obscure, sa ponctuation plus serrée et plus fine ét l'armature de ses tibias.

Ressemble à l'*incanus* par sa pubescence et sa ponctuation ; il s'en éloigne par sa forme moins ovale, sa convexité moindre et l'armature de ses tibias.

Plusieurs femelles de Hyères. (Delarouzée.) Aix (docteur Grenier).

Cн. Bris.

74. Meligethes Menthæ. — *Sub-oblongo-ovalis, convexus, nigerrimus, nitidus, densè griseo-pubescens, minus confertius et subtiliter punctatus ; elytris transversim rugulosis; tibiis anticis obscurè ferrugineis, leviter dilatatis, extùs subtiliter serratis, denticulis binis magis prominulis.* — Long. 2 millim.

D'un ovale un peu allongé, convexe ; d'un noir profond, brillant, couvert d'une pubescence grise, fine, couchée et assez serrée. Antennes d'un noir-brunâtre avec le deuxième article d'un ferrugineux obscur. Tête couverte d'une ponctuation fine, serrée, et assez profonde. Corselet environ

de un quart plus large que long, légèrement arrondi sur les côtés, assez
rétréci en avant, bord latéral finement bordé; bord antérieur légèrement échancré : le postérieur légèrement sinué de chaque côté de l'é-
cusson, puis dirigé un peu obliquement vers les angles qui sont droits;
couvert d'une ponctuation fine et très-serrée vers le sommet, plus forte et
moins serrée vers la base ; cependant quelquefois la ponctuation n'est pas
très-serrée antérieurement. Élytres plus de moitié plus longues que le
corselet, rétrécies vers l'extrémité, qui est tronquée, un peu arrondie ;
couvertes d'une ponctuation serrée, aussi forte que celle de la base du
corselet ; vers l'extrémité cette ponctuation devient de plus en plus fine,
les points sont réunis par de petits traits fins, aciculaires, et vers la base
les élytres paraissent couvertes de légères rugosités transversales. Mésosternum à ponctuation écartée et assez forte. Pattes noires avec les tibias
antérieurs d'un ferrugineux obscur; tibias postérieurs peu épais ; les antérieurs plus étroits, peu à peu élargis jusqu'au milieu, puis de largeur à
peu près égale, jusqu'à l'extrémité, avec le bord extérieur crénelé excessivement finement jusqu'après le milieu, puis armé jusqu'à l'extrémité de
petits denticules dont le premier et l'avant-dernier sont un peu plus fortement saillants; entre ces deux dents, il s'en trouve généralement de trois
à cinq plus petites.

Mâle. Mésosternum largement et assez profondément impressionné avec
une petite carène longitudinale, saillante, à la partie antérieure de l'impression ; dernier segment abdominal dans son milieu ayant un tubercule
poilu, assez fortement saillant.

S'éloigne du *lugubris* par sa pubescence grise, les caractères du mâle
et son corselet à rebord latéral non déprimé.

Serait-ce l'*egenus* Er. ?

Sur les Menthes, pas rare à Paris et à Béziers.

Ch. Bris.

75. Meligethes acicularis. — *Ovalis, leviter convexus, nigerri-*
mus, nitidus, subtiliter obscurè pubescens ; thorace transverso, con-
fertissimè subtilissimèque punctato, angulis posticis obtusis; elytris
subtilissimè transversim rugulosis; tibiis anticis obscurè-ferrugineis,
extùs densè subtiliterque serratis, denticulis binis magis prominulis.
— Long. 1 1/2 millim.

D'un ovale un peu étroit, médiocrement convexe; d'un noir profond
couvert d'une pubescence obscure, courte, fine, couchée et médiocrement
serrée. Antennes d'un noir-brunâtre avec le deuxième article jaune. Cor-

selet de un tiers environ plus large que long, un peu rétréci en avant, légèrement vers la base : distinctement arrondi sur les côtés, surtout antérieurement; bord latéral finement rebordé, base légèrement sinuée de chaque côté de l'écusson, puis dirigée un peu obliquement vers les angles postérieurs, qui sont obtus; couvert d'un pointillé très-fin et très-serré. Élytres deux fois environ plus longues que le corselet, un peu rétrécies vers l'extrémité, qui est à peine légèrement arrondie; couvertes d'une ponctuation fine et peu serrée; les points sont réunis par de petits traits aciculaires très-fins, et la base des élytres paraît transversalement rugueuse, mais peu sensiblement. Mésosternum couvert d'un pointillé très-fin et très-serré, avec une petite ligne lisse au milieu. Pattes d'un noir-brunâtre avec les tibias antérieurs d'un ferrugineux obscur; tibias postérieurs peu épais, un peu tronqués obliquement à l'extrémité ; les antérieurs assez étroits, peu à peu dilatés en dedans jusque vers le milieu, puis de même largeur jusqu'à l'extrémité, crénelés excessivement finement jusque vers le milieu de leur longueur, puis armés de petits denticules, dont le premier et l'avant-dernier sont un peu plus fortement saillants. Entre ces deux dents, il s'en trouve de cinq à six plus petites.

Mâle. Mésosternum largement et peu profondément impressionné; dernier segment abdominal, avant son extrémité, avec un très-petit tubercule peu saillant. — Femelle. Mésosternum légèrement impressionné.

Distinct du *gagathinus*, du *lugubris* et de l'*egenus*, par sa petite taille, la très-fine ponctuation du son corselet et de son mésosternum, et par les angles postérieurs obtus de son corselet.

Fontainebleau, Bouray, rare.

Ch. Bris.

76. Meligethes Erichsonii. — *Ovatus, convexus, nigro-sub-plumbeus, densè subtiliterque obscurè cinereo-pubescens, densè subtiliterque punctatus; thorace lateribus rotundato; antennis pedibusque ferrugineis, tibiis anticis, extùs subtiliter serratis, denticulis binis magis prominulis.* — Long. 1 1/2 millim.

D'une forme ovale, légèrement allongée, assez étroite; médiocrement convexe; d'un noir-plombé, peu brillant, couvert d'une pubescence d'un gris obscur, fine, couchée et assez serrée. Antennes d'un testacé-jaunâtre. Tête à ponctuation subtile et très-serrée. Corselet plus de un tiers plus large que long, fortement arrondi sur les côtés, plus rétréci en avant qu'en arrière; bord latéral finement rebordé; bord antérieur à peine échancré : le postérieur légèrement sinué de chaque côté de l'écusson, puis dirigé obliquement vers les angles postérieurs, qui sont très-obtus, sub-arrondis; surface couverte d'une ponctuation fine et très-serrée, un peu moins serrée vers la base. Élytres environ deux fois plus longues que le corselet, un peu rétrécies vers l'extrémité, qui est tronquée, un peu arrondie; couvertes d'une ponctuation très-serrée et plus forte que celle du corselet; vers la base la ponctuation est un peu plus forte et un peu plus profonde. Mésosternum à ponctuation fine et serrée. Pattes d'un brun plus ou moins rongeâtre, avec les antérieures d'un jaune-ferrugineux : souvent tous les tibias sont de cette couleur; tibias postérieurs médiocrement épais : les antérieurs peu à peu élargis jusqu'au delà du milieu, puis de même largeur jusqu'à l'extrémité, finement crénelés au côté extérieur, puis après le milieu, armés de petits denticules, dont le premier et l'avant-dernier sont plus saillants; entre ces deux denticules, il s'en trouve de deux à quatre plus petits.

Mâle. Mésosternum assez profondément sillonné longitudinalement dans son milieu. — Femelle. Mésosternum légèrement sillonné.

Se distingue de l'*erythropus* et du *minutus* par son corselet plus fortement arrondi sur les côtés; il s'éloigne encore du premier par sa ponctuation plus forte sur les élytres et sa forme un peu plus étroite.

Paris, assez rare. Hyères (Delarouzée).

CH. BRIS.

77. MELIGETHES MINUTUS. — *Oblongo-ovatus, convexus, nigro sub-plumbeus, densè subtiliterque cinereo-pubescens, densè subtiliterque punctatus ; antennis, tibiis tarsisque anticis, rufo-ferrugineis, tibiis anticis, extùs, subtiliter crenatis, denticulis binis magis prominulis.* — Long. 1½2 millim.

D'une forme ovale un peu allongée, assez étroite, médiocrement convexe; d'un noir-plombé peu brillant; couvert d'une pubescence cendrée, fine, couchée, assez serrée. Palpes et antennes ferrugineuses, celles-ci avec e deuxième article plus clair. Tête à ponctuation fine et très-serrée. Corselet de un tiers plus long que large, un peu rétréci en avant, légèrement en arrière, un peu arrondi sur les côtés; bord latéral très-finement rebordé, bord antérieur légèrement échancré; le postérieur légèrement sinué de chaque côté de l'écusson, puis dirigé un peu obliquement vers les angles postérieurs, qui sont très-obtus, non émoussés; surface couverte d'une onctuation fine et très-dense, un peu moins serrée vers la base. Élytres moins de deux fois plus longues que le corselet, un peu rétrécies vers l'extrémité qui est tronquée, très-peu arrondie ; couvertes d'une ponctuation plus forte que celle du corselet, peu subtile et assez profonde. Mésosternum à ponctuation serrée et assez forte. Pattes d'un brun noirâtre, avec les tibias antérieurs, et même les cuisses, d'un rouge-ferrugineux ; tibias postérieurs assez épais : les antérieurs assez étroits, légèrement et peu à peu élargies jusqu'au milieu, puis de là jusqu'à l'extrémité, de même largeur, très-finement crénelés au côté interne, et, à partir du milieu, armés de très-petites dents en scie, serrées, un peu obtuses, dont la première et l'avant-dernière sont plus fortement saillantes. Entre ce deux dents il s'en trouve de trois à six plus petites ; quelquefois, après la deuxième dent saillante, on en aperçoit deux petites au lieu d'une.

Mâle. Mésosternum assez profondément déprimé, dernier segment abdominal, dans son milieu, avec une légère impression, ce qui relève l'extrémité du rebord. — Femelle. Mésosternum avec un léger sillon.

Voisin de l'*erythropus*, mais plus étroit; tête, corselet et surtout les élytres à ponctuation plus forte ; mésosternum ponctué plus fortement, et entre les deux plus grandes dents des tibias, il s'en trouve généralement un plus grand nombre de petites.

Hyères. (Delarouzée.)

CH. BRIS.

78. MELIGETHES BIDENTATUS. — *Ovatus, convexus, niger densè subtiliterque cinereo-pubescens, densè subtiliterque punctatus, antennis, tibiis tarsisque anticis, ferrugineis, tibiis anticis apicem sensim dilatatis, extùs subtiliter serratis, denticulis binis magis prominulis.* — Long. 1 3/4 millim.

D'une forme ovale assez large et assez convexe; d'un noir-plombé peu brillant; couvert d'une pubescence d'un cendré obscur, fine, couchée et assez serrée. Palpes d'un brun-noirâtre. Antennes ferrugineuses, avec le premier article, et quelquefois les intermédiaires plus obscurs. Corselet environ de moitié plus large que long, assez arrondi sur les côtés, distinctement rétréci en avant, très-légèrement en arrière; bord latéral finement rebordé ; bord antérieur largement échancré; le postérieur légèrement sinué de chaque côté de l'écusson, puis un peu oblique vers les angles postérieurs, qui sont obtus, avec une légère dépression devant ces angles; surface couverte d'une ponctuation fine et très-serrée, un peu moins serrée vers la base. Élytres environ une fois et trois quarts plus longues que le corselet, un peu rétrécies vers l'extrémité, qui est tronquée, et un peu arrondie; couvertes d'une ponctuation fine et très-serrée, un peu plus fine vers l'extrémité. Mésosternum à ponctuation peu subtile et très-serrée. Pattes fortes, noirâtres, avec les tibias antérieurs ferrugineux ; tibias postérieurs assez larges, arrondis extérieurement ; les antérieurs, arrondis au côté externe, très-finement denticulés et armés, vers leur dernier tiers, de quatre à cinq petites dents en scie, dont la première et l'avant-dernière sont légèrement plus fortes et plus saillantes.

Mâle. Dernier segment abdominal terminé par une carène transversale bidentée, très-saillante, dirigée obliquement ; intérieurement, les dents qui forment les deux extrémités sont grandes et triangulaires ; cette carène est lisse et brillante.

Voisin de l'*erythropus*; s'en distingue par sa forme un peu plus large, plus convexe, sa ponctuation un peu plus serrée, ses tibias plus épais et le singulier caractère du mâle.

Paris, rare. Vosges.

Сн. Bris.

79. Monotoma ferruginea. — *Oblonga, ferruginea, sub-depressa, subtiliter adspersè setosa, rugoso-punctata; capite subtriangulari, obsoletè trifoveolato, latere antè oculos tuberculo elevato, angulis posticis productis, acutis; thorace oblongo, convexiusculo, basi leviter rotundato, posticè bifoveolato; angulis anticis obtusis, posticis prominulis, lateribus deflexis, obscurissimè crenulatis; elytris thorace fero duplo longioribus, crenato-striatis.* — Long. 1 3/4 à 2 1/4 millim.

Ferrugineux, quelquefois avec la région scutellaire et même l'extrémité des élytres plus obscure. Tête un peu plus étroite que la partie antérieure du corselet, plane, avec une impression oblongue bien distincte, un peu oblique de chaque côté, et une troisième longitudinale sur le milieu du disque; couverte d'une ponctuation assez forte et rugueuse, revêtue de petits poils dressés, jaunâtres, peu serrés. Antennes ferrugineuses. Corselet plus long que large, presque droit sur les côtés, légèrement rétréci en avant; angles antérieurs légèrement épaissis en faible calus; les postérieurs saillants et un peu obtus; base légèrement arrondie au milieu et coupée obliquement sur les côtés; bord latéral finement crénelé et cilié; surface couverte de gros points serrés, mais peu profonds, avec deux fossettes longitudinales oblongues vers sa base, et quelquefois deux autres obsolètes vers sa partie antérieure; revêtu de petits poils dressés, jaunâtres, peu serrés. Élytres un peu plus larges que le corselet, presque deux fois plus longues que lui, ovales-oblongues, légèrement arrondies sur les côtés, subtronquées à l'extrémité, avec l'angle externe arrondi, couvertes de séries de points rapprochées; de chacun des points sort un petit poil dressé, jaunâtre, court. Pygidium couvert de gros points enfoncés, soyeux comme ceux des élytres. Dessous avec une ponctuation fine, assez serrée, et une pubescence très-courte, jaunâtre et peu serrée; poitrine et base de l'abdomen d'un brun-ferrugineux. Pattes d'un testacé-brunâtre.

Se rapproche du *quadricollis*; s'en éloigne par sa couleur toujours claire, sa tête trifovéolée et son corselet, moins convexe, à angles postérieurs saillants; se distingue des *quadrifoveolata* et *rufa* par la ponctuation plus forte de la tête et du corselet. Ce dernier, plus long et plus étroit, présente des côtés latéraux beaucoup moins largement déprimés, et des angles postérieurs saillants.

Hyères (Delarouzée), dans les fumiers de bergerie.

Ch. Bris.

80. Cryptophagus punctipennis. — *Oblongus, ferrugineus, pube longiore hirtellus ; thorace transverso, densè minus fortiter punctato, lateribus acutè bidentatis ; elytris setulosis, profondè punctatis.* — Long. 2 à 2 1/3 millim.

Tête large, légèrement convexe, densément et assez fortement ponctuée, couverte d'une pubescence jaunâtre, peu serrée et assez longue. Antennes presque aussi longues que la tête et le corselet, troisième article près de moitié plus long que le deuxième; massue de trois articles, le second un peu plus large que les autres, les deux premiers transversaux, le dernier ovalaire-acuminé, de moitié plus long que le précédent. Corselet transversal, un peu rétréci en arrière, bords latéraux bien distinctement angulés au milieu; angles antérieurs faiblement dilatés, formant en arrière une petite dent aiguë et saillante et dont la partie externe présente une surface lisse, légèrement déprimée, avec une petite dent aiguë, saillante au milieu du bord latéral, entre cette dent et l'angle antérieur le bord est légèrement sinué, et entre elle et l'angle postérieur, il est assez oblique et finement crénelé; angles postérieurs obtus et saillants; bord postérieur transversalement déprimé, avec une petite fossette ponctiforme de chaque côté; bord latéral étroitement bordé et cilié de longs poils jaunâtres; surface couverte d'une ponctuation médiocrement forte et assez serrée, et revêtue d'une pubescence jaunâtre, inclinée, assez longue. Elytres en ovale un peu allongé, un peu plus larges que le corselet, couvertes d'une ponctuation assez forte et profonde, mais assez écartée, les points deviennent plus fins vers l'extrémité; revêtues d'une pubescence assez longue, un peu inclinée et peu serrée, jaunâtre, et de poils plus longs, dressés, disposés en séries longitudinales. Pattes médiocres ; tibias antérieurs terminés en angles obtus. Chez les mâles, les tibias antérieurs sont plus fortement élargies vers leur extrémité.

Voisin du *pilosus*; s'en distingue par les élytres plus ovales; à pubescence plus longue et à ponctuation plus forte et plus écartée. S'éloigne du *setulosus* par sa forme plus étroite, ses antennes plus grêles, son corselet moins fortement ponctué, plus finement rebordé, à angles antérieurs moins épaissis et par ses élytres à ponctuation plus écartée.

Paris, dans la paille.

Cн. Bris.

81. CRYPTOPHAGUS RUFUS. — *Elongatus, leviter convexus, rufo-ferrugineus, nitidulus, pube brevi depressa helvola tenuiter vestitus; thorace subquadrangulo, densè profundèque punctato, lateribus obtusè bidentatis.* — Long. 2 1/3 millim.

Oblong, légèrement convexe, rouge-ferrugineux ; couvert d'une pubescence jaunâtre, couchée, fine et peu serrée. Tête large, couverte d'une ponctuation forte et serrée. Antennes assez fortes, aussi longues que la tête et le corselet; 4-8 articles ovalaires, plus longs que larges; massue de trois articles, les deux premiers fortement transversaux, le dernier arrondi, acuminé, de moitié plus long que le précédent. Corselet transversal, légèrement rétréci en arrière, latéralement à peine arrondi ; angles antérieurs faiblement dilatés, formant en arrière une faible dent obtuse en dehors, élargis, tronqués et présentant une petite surface déprimée; vers le milieu du bord latéral se trouve une petite dent saillante et aiguë ; entre cette dent et l'angle antérieur le bord latéral est légèrement sinué, et entre elle et l'angle postérieur il est très-légèrement oblique et très-finement crénelé; angles postérieurs presque droits, saillants ; bord postérieur étroitement déprimé en avant de la base, et terminé de chaque côté, avant les angles postérieurs, par une petite fossette ponctiforme ; bord latéral étroitement bordé, cilié de poils jaunâtres; dessus assez convexe, couvert d'une ponctuation assez forte et très-serrée, avec quatre calus obsolètes. Écusson transversal, déprimé, lisse. Elytres en ovale allongé, un peu plus larges que le corselet, couvertes d'une ponctuation peu serrée, moins forte que celle du corselet; les points deviennent très-fins vers l'extrémité. Dessous du corps à ponctuation fine et assez serrée. Pattes médiocres ; tibias légèrement élargies vers l'extrémité.

Très-semblable au *quercinus;* s'en distingue par les antennes un peu plus longues, sa ponctuation plus forte et plus serrée sur la tête et le corselet et par les angles antérieurs de ce dernier beaucoup moins dilatés et non déprimés en dessus.

France centrale.

Ch. Bris.

82. Cryptophagus parallelus. — *Elongatus, parallelus, convexus , ferrugineus , densè subtiliterque punctatus , pube brevi depressa sat densè vestitus; thorace subquadrato , versùs basin parum angustato, lateribus obtusè bidentatis.* — Long. 1 2|5 à 2 millim.

Allongé, parallèle, assez convexe, ferrugineux, assez densément couvert d'une pubescence jaunâtre, courte et couchée; chez la femelle cette pubescence paraît un peu plus longue. Tête large, à ponctuation fine et serrée chez le mâle, confluente et plus fine chez la femelle. Yeux arrondis, saillants. Antennes presque de la longueur de la tête et du corselet. Celui-ci plus large que la tête, presque aussi long que large, distinctement rétréci en arrière chez le mâle, légèrement chez la femelle; côtés latéraux non arrondis ; angles antérieurs faiblement dilatés, formant en arrière une faible dent obtuse, élargis en dehors, tronqués et présentant une petite surface déprimée au milieu ou un peu après le milieu du bord latéral avec une petite dent saillante ; entre cette dent et l'angle antérieur, le bord latéral est légèrement sinué, et entre elle et l'angle postérieur, le bord latéral est très-légèrement oblique, et très-finement crénelé ; angles postérieurs presque droits, saillants ; bord postérieur très-étroitement déprimé devant la base et terminé de chaque côté, avant les angles postérieurs, par une petite fossette ponctiforme ; bord latéral très-étroit cilié dans sa seconde moitié de poils jaunâtres ; dessus convexe, densément couvert d'une ponctuation très-serrée et fine. Élytres très-peu plus larges que le corselet, oblongues, parallèles, arrondies à l'extrémité, densément couvertes d'une ponctuation très-fine, mais moins serrée que celle du corselet. Dessous du corps à ponctuation fine et serrée. Pattes assez grêles ; tibias antérieurs faiblement élargis vers l'extrémité. Les femelles sont généralement plus grandes que les mâles, leur corselet est moins rétréci en arrière, et leur pubescence paraît plus longue.

Cette espèce se rapproche un peu des petits individus du *C. dentatus*, mais elle s'en distingue facilement par sa forme plus étroite et plus allongée, son

5

corselet et ses élytres plus longues, sa ponctuation bien plus fine et plus serrée sur les élytres.

Pyrénées (M. Pandellé) ; Vosges (M. Puton.)

Ch. Bris.

83. Cryptophagus niger. — *Oblongus, subdepressus, nigro-piceus, confertim subtiliter punctatus sat densè pubescens ; pedibus brunneo-ferrugineis ; thorace lateribus obtusè bidentatis, angulis posticis subrectis.* — Long. près de 2 millim.

Oblong, subdéprimé, d'un noir légèrement brunâtre, un peu plus clair sur les élytres ; couvert d'une pubescence grise, couchée, fine et peu serrée. Tête large, à ponctuation fine et serrée. Antennes un peu plus courtes que la tête et le corselet, d'un noir brunâtre ; huitième article arrondi : massue de trois articles à peu près de même largeur, les deux premiers transversaux, le dernier arrondi, acuminé, plus long que le précédent. Corselet transversal, très-légèrement rétréci en arrière, les côtés latéraux très-légèrement angulés vers le milieu ; angles antérieurs faiblement dilatés formant en arrière une petite dent obtuse, élargis légèrement en dehors, tronqués et présentant une petite surface plane vers le milieu du bord latéral, avec une très-petite dent saillante ; entre cette dent et l'angle antérieur, le bord latéral est à peine sinué, et entre elle et l'angle postérieur, il est très-peu oblique et très-finement crénelé ; angles postérieurs à peu près droits ; distinctement déprimé au bord postérieur avec les deux petites fossettes ponctiformes, obsolètes ; bord latéral étroitement bordé, cilié finement de poils gris ; dessus couvert d'une ponctuation fine et serrée. Écusson transversal, déprimé. Élytres un peu plus larges que le corselet, ovalaires, assez planes, un peu rétrécies vers l'extrémité, à ponctuation fine et peu serrée : les points deviennent très-fins vers l'extrémité. Dessous à ponctuation fine et assez serrée. Pattes d'un brun ferrugineux ; tibias très-peu élargis vers l'extrémité.

Voisine du *dorsalis ;* s'en distingue par sa couleur plus obscure, ses antennes à massue plus forte, son corselet plus droit latéralement, à angles postérieurs droits, et à dépression de la base bien distincte.

Vosges (M. Puton.) Un mâle.

Ch. Bris.

84. — Cryptophagus montanus. — *Oblongo-ovatus, ferrugineus, subtiliter densè punctatus, pube brevi depressa tenuiter vestitus; thorace transversim subquadrato, margine subintegro, angulis anticis nullis; elytris ovalis.* — Long. 2 à 2 1/3 millim.

Tête large, rétrécie en avant, à ponctuation fine et serrée. Antennes plus courtes que la tête et le corselet, ferrugineuses : massue médiocre ; premier article un peu plus étroit que le deuxième, troisième plus de moitié plus long que le précédent, subglobuleux, acuminé au sommet. Corselet d'un tiers au moins plus large que long ; bord latéral rebordé et très-étroitement déprimé, avec une dent excessivement fine au milieu ; bord antérieur, tronqué avec ses angles un peu saillants, le postérieur légèrement bisinué avec ses angles droits un peu saillants en arrière ; surface à ponctuation fine et serrée, avec le bord postérieur distinctement, mais assez étroitement déprimée ; cette dépression ne s'avançant pas jusqu'aux angles. Écusson transversal, rugueux. Élytres médiocrement convexes, à peine plus larges que le corselet, ovalaires, légèrement arrondies sur les côtés, et peu à peu rétrécies en arrière, à partir du premier tiers ; avec une strie suturale dans sa moitié postérieure. Pattes médiocres, tibias un peu dilatés antérieurement, l'extrémité externe à angle obtus.

Cette espèce est très-voisine du *baldensis ;* elle s'en distingue par sa forme plus allongée, son corselet moins arrondi sur les côtés, sa ponctuation plus fine, moins profonde et plus serrée, et ses antennes à massue moins épaisse. Ressemble aussi au *C. simplex ;* il s'en éloigne par une forme moins allongée, un corselet plus court, des élytres moins longues et une ponctuation plus serrée.

Trouvé avec M. Lethierry, dans une forêt du Cambredaze, sous les mousses.

Ch. Bris.

85. Cryptophagus muticus. — *Oblongo-ovalis, leviter convexus, ferrugineus, nitidulus, pube brevi depressa tenuiter vestitus, subtiliter et minùs densè punctatus ; thorace transverso lateribus, rotundato, integro ; elytris sub-punctato-striatis.* — 1 1/2 à 2 millim.

Allongé, ovalaire, médiocrement convexe, ferrugineux, assez brillant ; couvert d'une pubescence jaunâtre, couchée, fine et médiocrement serrée. Tête large, à ponctuation fine et peu serrée. Antennes un peu plus courtes que la tête et le corselet réunis ; massue de trois articles, les deux premiers transversaux, le dernier arrondi, acuminé, un peu plus long que le précédent. Corselet fortement transversal, plus large que la tête, légèrement arrondi sur les côtés, au milieu de la base et au milieu du sommet ; bords antérieur et postérieur distinctement sinués de chaque côté, près des angles, avec une petite fossette ponctiforme de chaque côté de la base ; bord latéral entier, sans trace de dents, finement rebordé ; angles postérieurs obtus ; dessus ponctué comme la tête. Élytres pas plus larges que le corselet, en ovale oblong, un peu rétrécies vers l'extrémité, couvertes de points fins, médiocrement serrés et de lignes de points plus gros, disposés en séries longitudinales ; ces stries de points sont plus ou moins visibles, suivant les individus. Dessous à ponctuation fine, peu serrée sur le mésosternum ; dernier segment de l'abdomen avec une légère dépression transversale. Tibias distinctement élargis vers l'extrémité.

Cette espèce rappelle la *Typhœa fumata* : elle s'en éloigne par les caractères du genre et par une taille plus petite, une forme moins large, un aspect plus brillant, le corselet moins large, plus rétréci en arrière, à ponctuation plus forte et moins serrée, ses élytres à pubescence uniforme, à ponctuation plus forte et à série de points moins régulière.

Hyères (Delarouzée). Saint-Raphaël (M. Raymond). Sicile.

Ch. Bris.

86. Atomaria rubricollis. Chevrier, inédit. — *Oblongo-ovalis, convexa, parcè subtiliterque griseo pubescens, subglabra, rufo-ferruginea : thorace leviter transverso, antrorsum angustato ; elytris nigris, apice humerisque rufescentibus, parcè subtilissimèque punctatis* — Long. 1 1/3 à 1/2 millim.

Ovale-oblongue, très-convexe ; couverte d'une pubescence peu serrée, grisâtre, très-courte et fine ; d'un noir assez brillant, avec la tête et le corselet rouges. Tête d'un rouge ferrugineux, à ponctuation très-fine et écartée. Antennes aussi longues que la tête et le corselet, assez fortes ; massue de trois articles peu épais, les deux premiers obconiques, le dernier ovalaire-acuminé, un peu plus long que le précédent. Corselet transversal, environ de un tiers plus large que long, très-convexe, tronqué en avant, légèrement arrondi à la base, fortement rétréci en avant du milieu, et en arrière pas sensiblement ; angles postérieurs presque droits ; assez largement déprimé devant la base, ce qui relève un peu le bord postérieur devant l'écusson ; surface couverte de points très-fins et peu serrés. Écusson d'un ferrugineux obscur, lisse. Élytres de la largeur du corselet à leur base, ovales, arrondies sur les côtés, assez fortement rétrécies vers l'extrémité, à ponctuation aussi fine, mais plus écartée que celle du corselet ; d'un noir brillant, avec une petite tache humérale et l'extrémité des élytres peu à peu d'un rouge ferrugineux. Dessous du corps d'un rouge ferrugineux, avec la poitrine brunâtre, à ponctuation très-fine. Pattes d'un rouge ferrugineux.

Ressemble assez au *nigripenne* ; s'en distingue par sa forme plus oblongue, son corselet plus long, moins profondément déprimé à la base, ses élytres plus rétrécies : il est aussi autrement, colorées et à ponctuation encore plus fine.

Paris. Puy-de-Dôme. Hautes-Alpes.

Ch. Bris.

87. Atomaria Barani. — *Oblonga, subcylindrica, fusca, parum convexa, subtiliter griseo-pubescens, densè punctata ; antennis pedibusque ferrugineis ; thorace subquadrato, lateribus leviter rotundato ; elytris thorace vix latioribus, macula oblonga, obliqua, antè apicem, humerisque rufo-luteis.* — Long. 1 2/3 à 1 3/4 millim.

Oblongue, subcylindrique, peu convexe, d'un noir de poix plus ou moins foncé ; recouverte d'une pubescence gris-jaunâtre, courte, médiocrement serrée. Tête un peu plus étroite que le corselet à son bord antérieur, d'un ferrugineux obscur, couverte d'une ponctuation fine et assez serrée. Antennes assez fortes, ferrugineuses, troisième article aussi long mais plus étroit que le deuxième ; massue pas très-forte, les deux premiers articles transversaux, le deuxième à peine plus large que le premier, dernier article en ovale court, un peu plus long que le précédent. Corselet plus large que long, à peine plus étroit que les élytres, légèrement arrondi sur les côtés, un peu rétréci en avant ; angles postérieurs arrondis ; surface assez convexe, couverte d'une ponctuation serrée et assez forte. Élytres ovalaires allongées à ponctuation semblable à celle du corselet ; dans l'état normal elles sont d'un noir de poix, avec une petite tache oblongue aux épaules, et une grande tache allongée et oblique sur chacune avant leur extrémité, d'un ferrugineux jaunâtre ; la tache postérieure se réunit souvent à l'humérale de manière à former une bande longitudinale ferrugineuse ; quelquefois la couleur ferrugineuse envahit presque entièrement les élytres et le corselet ; enfin, mais rarement, c'est la couleur obscure qui prend le dessus, les taches sont alors obsolètes, ou même disparaissent complétement. Dessous du corps d'un noir de poix avec l'abdomen ferrugineux; chez les individus clairs, le dessous devient entièrement ferrugineux; la surface est couverte d'une ponctuation fine et peu serrée: sur l'abdomen elle est très-fine et très-serrée.

Très-voisine de la *fumata*; s'en distingue par sa forme plus allongée, plus parallèle, son dessin et sa ponctuation plus serrée. J'ai dédié cette jolie espèce à mon ami M. de Barau.

Trouvée dans la forêt de Saint-Germain.

Cu. Bris.

88. Sacium brunneum. — *Oblongo-ovatum, subdepressum, piceum, griseo-pubescens, thorace limbo antico testaceo pellucido; antennis testaceis; pedibus fusco-testaceis; thorace basi sat fortiter bisinuato.* — Long. 1 1/2 à 1 2/3 millim.

D'un brun-noirâtre ou d'un brun-rougeâtre, avec la partie antérieure du corselet d'un testacé rougeâtre, transparent et couvrant aussi toute la base et les bords latéraux; chez les individus foncés, le dessous du corps est d'un brun-noirâtre avec l'extrémité de l'abdomen d'un testacé-ferrugineux; chez les individus clairs, tout le dessous est d'un testacé-ferrugineux, un peu plus obscur sur la poitrine. Tète petite; antennes assez courtes: massue de trois articles légèrement transversaux, le dernier le plus grand. Corselet plus large que long, régulièrement arrondi à partir des angles postérieurs, se rétrécissant ensuite pour s'arrondir en avant, distinctement et assez fortement sinué de chaque côté de l'écusson; angles postérieurs droits, un peu saillants; disque convexe, bord antérieur un peu déprimé; surface couverte d'une ponctuation fine et assez serrée, et d'une pubescence grisâtre, pas très-courte. Écusson petit, arrondi. Élytres à peine plus larges que le corselet à leur bord antérieur, ovalaires et légèrement arrondies sur les côtés, distinctement rétrécies dans leur seconde moitié; l'extrémité de chaque élytre largement arrondie; surface couverte d'une ponctuation un peu plus forte mais un peu moins serrée que celle du corselet. Pygidum à ponctuation fine et rugueuse. Dessous du corps couvert d'une ponctuation fine, assez serrée et finement pubescent.

Se distingue du *pusillum* par sa taille plus grande, sa couleur plus claire, sa pubescence plus longue, moins serrée et moins obscure, sa ponctuation moins serrée et la base de son corselet fortement bisinuée.

Tarbes (Pandellé.)

Cu. Bris.

89. Lathridius Pandellei. — *Oblongo-ovatus, brunneo-ferrugi-neus, aut rufo-ferrugineus, glaber thorace subquadrato, depresso, late-ribus leviter bisinuatis, dorso bicostato, costis anterius divergentibus; elytris convexis, ovatis, striato-punctatis, interstitiis alternis elevatio-ribus.* — Long. 1 2/3 à 2 millim.

Tête transversale, un peu rétrécie en avant, presque plane, longitudi-nalement sillonnée dans son milieu ; couverte d'une ponctuation serrée et rugueuse. Yeux globuleux très-saillants. Antennes d'un rouge-ferrugi-neux, à peu près aussi longues que la tête et le corselet. Celui-ci à peine plus long que large antérieurement, tronqué à la base, légèrement échan-cré au sommet ; angles antérieurs un peu saillants ; côtés latéraux arrondis assez fortement dans leur premier tiers, puis rétrécis par une légère si-nuosité, suivie d'une deuxième plus légère avant la base ; angles posté-rieurs droits : le bord postérieur est transversalement déprimé devant la base : au milieu du disque on remarque deux carènes longitudinales, sinueuses, qui s'éloignent l'une de l'autre vers la partie antérieure, et qui se recourbent près du bord antérieur pour se rapprocher de nouveau ; surface densément couverte d'une ponctuation assez fine et rugueuse. Élytres très-larges, ovales, glabres : épaules arrondies, mais saillantes en forme de calus ; latéralement arrondies, leur plus grande largeur vers le milieu, rétrécies vers l'extrémité, assez fortement striées-ponctuées, les striées et les points s'affaiblissant peu à peu vers l'extrémité ; les troisième et cinquième intervalles présentent une convexité plus forte que les autres, surtout vers la base, le septième est relevé en forme de carène tranchante, qui part de l'épaule et s'évanouit vers les deux tiers de sa longueur : cette septième strie est fortement déviée de sa direction, dans le milieu de sa longueur, par une forte dépression oblongue. Pattes ferrugineuses.
Très-voisine de l'*angusticollis*, mais s'en distingue par sa taille générale-ment plus grande, son corselet plus court, moins rétréci en arrière, beau-coup moins fortement sinué latéralement, ses élytres moins fortement striées, ponctuées, et sans apparence de petites soies ; se distingue de l'*an-gulatus* par son corselet un peu plus long, moins fortement sinué latérale-ment, ses élytres beaucoup moins fortement striées-ponctuées, n'ayant pas le cinquième intervalle relevé en carène tranchante, et l'absence de petites soies dressées.
Hautes-Pyrénées (M. Pandellé.) Vosges (le docteur Puton.)

Ch. Bris.

90. CORTICARIA CRIBRICOLLIS. — *Elongata, subparallela, sat pallidè rufescens; prothorace lateribus rotundato, tenuiter crenulato, densè sat profundè punctato, posticè obsoletè impresso; elytris punctato-striatis, interstitiis leviter rugosulis, punctatis, breviter hispido-pilosis.* — Long. 1 3/4 millim.

Allongée, presque parallèle, faiblement convexe, d'un roux ferrugineux, peu brillant. Tête et corselet finement et densément ponctués, presque rugueux. Corselet un peu plus large que long, arrondi sur les côtés, en avant, très-légèrement rétréci en arrière; bords latéraux finement denticulés; au milieu de la base une petite impression oblongue, à peine distincte. Élytres à stries ponctuées, intervalles finement ridés en travers, avec une série de points donnant chacun naissance à une petite soie blanchâtre.

Pyrénées-Orientales, le Vernet, dans la mousse. (V. Bruck.)

Cette espèce ressemble beaucoup à la C. *cylindrica*, et s'en distingue seulement par le corps un peu plus large, moins convexe; le corselet plus large, beaucoup plus ponctué, plus arrondi sur les côtés, à impression postérieure moins marquée, et les élytres moins rugueuses.

FAIRM.

91. CORTICARIA SYLVICOLA. — *Ovato-oblonga, convexa, ferrugineo-testacea, nitida, longiùs pubescens; thorace lato, rotundato, sat profundè punctato lateribus, crenulato, fovea rotundata posticè impresso; elytris, breviter ovatis, fortiter striato-punctatis, interstitiis remotè seriatim punctatis.* — Long. 1 1/2 à 1 3/4 millim.

Espèce remarquable par sa forme ramassée et convexe. Tête transversale, rétrécie en avant, à ponctuation assez forte et peu serrée. Yeux globuleux, saillants. Antennes plus courtes que la tête et le corselet, fines; premier article épais, deuxième allongé-ovale, 3-6 plus étroits, oblongs, presque égaux en longueur: massue de trois articles sub-arrondis, le dernier globuleux, plus grand et plus large que les précédents. Corselet beaucoup plus large que la tête, environ de moitié plus large que long, fortement arrondi sur les côtés, sa plus grande largeur au milieu; le bord latéral est très-finement crénelé dans sa première moitié; dans sa seconde, il est armé de quatre dents aiguës bien distinctes, rapprochées par paires; surface à

ponctuation assez forte et profonde, médiocrement serrée. Écusson transversal, tronqué en arrière. Élytres courtement ovales, convexes, à extrémité arrondie dans leur plus grande largeur, un peu plus large que le
corselet dans son plus grand diamètre, couvertes d'une longue pubescence,
peu serrée, inclinée; les points des intervalles sont seulement un peu
moins forts que ceux des stries, mais ils sont plus distants. Pattes ferrugineuses; tibias presque linéaires.

Cette espèce s'éloigne de la *crenulata* par sa forme bien plus courte,
par sa couleur, ses élytres très-brèves et non rétrécies vers l'extrémité, etc.

Trouvé aux environs du Vernet sous les mousses.

Ch. Bris.

92. **Corticaria obscura.** — *Elongata, nigro-picea, nitidula, subglabra, depressa; antennis ferrugineis; pedibus fuscis; thorace subcordato, subtiliter minus crebrè punctato, posticè fovealato, lateribus
subtiliter denticulato; elytris planis, substriato-punctatis, interstitiis
seriatim punctatis.* — Long. 1 1/4 à 1 1/2 millim.

D'un noir de poix avec les élytres un peu plus claires vers l'extrémité;
couverte d'une fine pubescence obscure, peu visible. Tête transversale,
couverte d'une ponctuation très-fine et peu serrée. Yeux globuleux, saillants, bruns. Antennes plus courtes que la tête et le corselet, ferrugineuses, avec les derniers articles souvent un peu plus obscurs; massue
de trois articles, les deux premiers subcarrés, un peu arrondis, le dernier
très-courtement ovalaire, acuminé, plus large et de moitié plus long que
le précédent. Corselet transversal, un peu rétréci en arrière, sa plus grande
largeur avant le milieu, de un quart environ plus large que la tête; côtés
légèrement arrondis, très-finement crénelés, avec quelques petites dents plus
fortes postérieurement; angles postérieurs avec une petite dent saillante;
couvert d'une ponctuation bien distincte, mais peu serrée, et une fossette arrondie, médiocrement profonde devant l'écusson. Élytres plus
larges que le corselet, plus de trois fois plus longues que lui, assez planes,
un peu arrondies sur les côtés et à l'extrémité, avec les épaules légèrement
saillantes; couvertes de stries obsolètes, bien distinctement ponctuées, ces
points devenant plus faibles vers l'extrémité, les intervalles obsolètement
rugueux en travers, avec une série de points à peine plus faibles que ceux des
stries. Pattes d'un brun-ferrugineux avec les cuisses un peu plus obscures.

Se distingue de la *foveola* Beck, par sa taille moindre, sa tête très-finement ponctuée, son corselet moins fortement ponctué, à fossette moins profonde, et ses élytres à stries non rapprochées par paires. Se distingue de la *serrata* par sa forme plane, sa couleur plus obscure, son corselet moins arrondi à ponctuation moins serrée, ses élytres plus longues, moins ovales, à stries plus finement ponctuées, et à pubescence plus fine et plus obscure. Souvent confondue avec elle.

Lyon. Pyrénées. Paris, très-rare.

Ch. Bris.

93. BYRRHUS DECIPIENS. — *Ovatus niger fusco-tomentosus, prothorace fulvo-maculosus; elytris vittis interruptis atro-holosericeis, cinereo plagiatis, dorso striga duplici flexuosa albida ; palpis maxillaribus articulo ultimo ovato, apice truncato ; antennis articulo ultimo rotundato.* — Long. 7 à 9 millim.

Var : B. Elytris striga duplici valdè interrupta, maculis minutis tantum signata.

Var : C. Elytris fusco-tomentosis, vagè atro-sericeo-vittatis et cinereo sparsutis.

Ressemble extrêmement au *B. pilula* pour la coloration, mais la forme est beaucoup plus courte, plus élargie et plus brusquement arrondie en arrière ; les angles postérieurs du corps sont plus prolongés ; l'écusson paraît moins arrondi ; les élytres sont bien plus fortement déclives en arrière ; le mésosternum n'offre pas la forte impression transversale qu'on remarque près du bord antérieur chez le *pilula*. Il est aussi plus court que le *fasciatus*, dont il se distingue facilement par le dernier article des palpes maxillaires non acuminé ; mais le dessein des élytres est presque identique.

Canigou. (V. Bruck.)

FAIRM.

94. ELMIS SUBPARALLELUS. — *Oblongus subdepressus, œneo-niger, sat nitidus ; antennis pedibusque rufis : prothoracis lineis antrorsum convergentibus, basi distantibus ; elytris lateribus utrinquè subtiliter tricarinatis, striato-punctatis.* — Long. 1 1/2 millim.

Oblong, assez déprimé, d'un noir bronzé assez brillant ; pattes et antennes d'un roux assez clair, jambes parfois obscures, couvertes d'une pubescence grisâtre très-fine et peu serrée. Corselet notablement rétréci en avant à partir du milieu ; stries latérales très-écartées à sa base, notablement rapprochées en avant ; intervalle très-finement ponctué ; bord externe finement crénelé et râpeux ; angles postérieurs n'embrassant pas les épaules. Elytres presque parallèles à la base, un peu élargies avant l'extrémité, à lignes ponctuées bien marquées jusqu'au bout ; les intervalles plans, finement réticulés : à chaque, trois carènes extrêmement fines, l'interne prolongeant la strie du corselet.

Hyères (M. V. Bruck.)

Diffère du *parallelopipedus* par la forme moins allongée, les stries du corselet plus écartées à la base, plus sinuées et plus rapprochées en avant, par les bords du corselet crénelés, par les élytres à stries entièrement marquées et à triples carènes latérales.

Fairm.

95. Aphodius ascendens. — *Oblongus, convexus, ater, subnitidus; prothorace densè sub-inæqualiterque punctato; elytris latè profundèque striato-punctatis; interstitiis, subtilissimè punctatis secundo tertioque apicem versùs elevatis; fronte trituberculata; clypeo ruga transversa elevata.* — Longit. 4 1/2-5 millim. 1/4. Latit. 2 1/4-2 1/2 millim.

Oblong, assez fortement convexe, noir, peu brillant. Tête en demi-hexagone avec l'épistome sinué dans son milieu, et de chaque côté, en avant des yeux, fortement rugueuse ; suture frontale élevée, trituberculée ; épistome chargé d'un relief transversal plus saillant dans le mâle. Corselet un tiers plus large que la tête, moins long que large, arqué sur ses côtés, un peu rétréci en avant et élargi en arrière ; son bord postérieur très-sensiblement rebordé ; sa surface criblée de points enfoncés presqu'égaux en grosseur. Écusson en triangle curviligne, rugueux, marqué de quelques gros points enfoncés dans son milieu. Élytres de la largeur du corselet à leur base, à peine moitié plus longues que larges, un peu élargies au delà du milieu, à neuf stries ou rainurelles, la marginale non comprise ; ces rainurelles, profondes et crénelées de points enfoncés peu serrés, la septième et surtout la huitième raccourcie près de la base ; les cinquième et sixième réunies vers l'extrémité ; intervalles très-légèrement convexes, finement pointillés avec les deuxième et troisième convexes et relevés vers l'extrémité. Pattes antérieures tridentées au côté externe ; tarses grêles, le premier article des postérieurs un peu moins long que les trois suivants réunis.

Cette espèce est propre aux hautes montagnes du midi et du sud-est de la France. J'en possède : deux individus femelles trouvés dans les Pyrénées, près de Cauterets, par notre regretté collègue Delarouzée ; deux mâles des Hautes-Pyrénées donnés par M. de Saulcy ; deux autres rapportés des Basses-Alpes par M. Bellier de la Chavignerie et un ramassé au col de Glaize, dans le département de l'Isère, par M. Thibésard.

Les caractères assignés par Érichson à sa division F du genre *Aphodius* se retrouvent dans cette espèce qui doit y prendre place à côté de l'*A. ater*, dont elle diffère par sa taille moindre, par la ponctuation de son corselet plus dense et moins inégale, par son écusson fortement ponctué dans son milieu, par les intervalles des stries de ses élytres moins planes et surtout par la convexité postérieure des deuxième et troisième stries, enfin par le premier article de ses tarses postérieurs plus court.

REICHE.

99. RHYSSEMUS MARQUETI. — *Elongato-oblongus, nigro piceus, subobscurus ; capite grosse verrucoso, rufo marginato ; clypeo sat profundè emarginato, angulis acutiusculis ; thorace transversim quadrisulcato, sulcis profundè punctatis, basalibus duabus medio canaliculo interruptis ; interstitiis elevatis lævibus ; clytris crenulato striatis, interstitiis planis minutissimè punctatis, tertio, quinto et septimo parùm angulatim elevatis.* — Longit. 4 millim. Latit. 1 1/2 millim.

Oblong-allongé, d'un noir de poix un peu obscur. Tête couverte de grosses verrues, ses bords rougeâtres ; épistome assez profondément échancré avec les angles acuminés. Corselet plus de moitié plus large que la tête, garni en avant d'une membrane jaunâtre et de cils de même couleur, sur ses côtés et en arrière transversalement quadrisillonné ; sillons fortement ponctués ; intervalles élevés, lisses, les deux basilaires interrompus par un canal longitudinal. Écusson triangulaire, lisse. Élytres de la largeur du corselet, parallèles, arrondies à l'extrémité, sillonnées de rainurelles crénelées avec les intervalles plans, finement ponctués de points distincts ; les 3e, 5e et 7e légèrement carénés.

Trouvée aux environs de Béziers, par M. Marquet, à qui je l'ai dédiée en mémoire des services que ses découvertes ont rendus à la science. Cette espèce, par les intervalles de ses stries plans et presque lisses, se rapproche du *Rh. algiricus* Lucas ; elle en diffère par les rugosités de sa tête en forme de grosses verrues.

REICHE.

97. Agrilus Cisti. — *Cupreus, capite magno, impresso, fortiter sulcato ; thorace versùs basin angustato, transversim rugoso, canaliculato, angulis posticis, acutis, carinulatis ; elytris rugosis, pruinoso-pubescentibus ; prosterno anticè integro ; segmento ultimo ventrali, rotundato, integro.* — Long. 4 1/3 à 6 millim.

Bronzé, ou bronzé-cuivreux médiocrement brillant, avec les élytres couvertes d'une petite pubescence raide, très-courte, assez serrée. Tête grande, assez convexe, avec le front et la partie antérieure assez fortement sillonnés, et une impression arrondie au bord interne des yeux ; surface couverte d'une ponctuation rugueuse qui forme, sur le sommet, des rugosités longitudinales. Antennes courtes, un peu dilatées au milieu ; les articles dentés au côté interne à partir du quatrième ; deuxième oblong, un peu plus long que le troisième, les cinq derniers un peu plus larges que longs chez la femelle, les six derniers chez le mâle. Corselet plus large que la tête, légèrement arrondi sur les côtés, assez fortement sinué et rétréci près de la base, angles postérieurs aigus et saillants, bord antérieur légèrement bisinué, le postérieur assez fortement trisinué ; surface densément couverte de fines rugosités transversales, avec une impression transversale antérieure, un sillon longitudinal postérieur, et une impression oblique de chaque côté du disque ; on remarque aussi une petite carène courbe, assez courte qui prend naissance aux angles postérieurs. Écusson large, avec une carène transversale au milieu. Élytres à peu près de la largeur du corselet à sa base, dilatées après le milieu, puis rétrécies vers l'extrémité qui est très-finement denticulée ; surface densément couverte de fines rugosités ; suture enfoncée à la base, distinctement saillante sur ses deux tiers postérieurs, de chaque côté avec une large et peu profonde impression longitudinale parallèle à la suture, et une deuxième arrondie de chaque côté de l'écusson. Dessous du corps et pattes d'un curieux brillant, couvert de fines rugosités transversales, et d'une pubescence analogue à celle des élytres. Tibias postérieurs finement ciliés au côté externe de petites soies raides et noires. Bord antérieur du prosternum entier, assez fortement relevé par un fort sillon transversal.

Mâle. Prosternum à pubescence dressée, longue et serrée, antennes plus fortement dentées en scie ; crochets des tarses antérieurs, et crochet externe des tarses intermédiaires finiment bifides à l'extrémité, crochets des tarses postérieurs et crochet interne des tarses intermédiaires armés à leur base d'une large dent peu saillante.

Femelle. Prosternum à pubescence courte ; tous les crochets des tarses armés à leur base d'une large dent peu saillante.

Très-voisine de *A. Solieri* ; s'en distingue par sa couleur, sa taille plus petite, les angles postérieurs du corselet un peu plus saillants, le bord antérieur du prosternum plus fortement relevé, son sillon transversal plus profond, et les crochets des tarses autrement dentés.

Ressemble aussi au *roscidus* ; il s'en éloigne par sa couleur plus bronzée, son corselet plus rétréci postérieurement, son prosternum entier, sa tête profondément sillonnée et les crochets de ses tarses autrement dentés.

Se prend sur les cistes, à Béziers, Aix.

Cette différence de dentation des crochets des tarses, que je viens de signaler, pour mon *Agrilus Cisti*, est identiquement la même chez les espèces suivantes :

Agrilus tenuis Ratz., *angustulus* Illig., *olivicolor* Kiesw., *hastulifer* Ratz., *graminis* Kiesw., *derasofasciatus* Lac., *litura* Kiesw., *cyanescens* Illig., *convexicollis* Redt., *laticornis* Illig., *obscuricollis* Kiesw., *viridis* L., *Betuleti* Ratz., *Hyperici* Creutz, *cinctus* Oliv., *integerrimus* Ratz., *aurichalceus* Redt.

Сн. Bris.

98. Agrilus Artemisiæ. — *Obscurè cupreus ; capite magno, fortiter sulcato ; thorace versùs basin angustato, transversim rugoso, canaliculato, angulis posticis rectis, longissimè carinulatis ; clytris rugosis, pruinoso-pubescentibus ; prosterno anticè emarginato ; segmento ultimo ventrali rotundato, integro.* — Long. 6 1/3 à 8 millim.

D'un bronzé obscur, où d'un bronzé à peine verdâtre peu brillant. Tête assez convexe, profondément sillonnée ainsi que le front, avec une légère dépression au bord interne des yeux : surface couverte d'une ponctuation rugueuse, formant vers la partie antérieure de la tête des rugosités longitudinales. Yeux grands. Antennes assez courtes, un peu dilatées au milieu, les articles dentés en scie à partir du quatrième ; les trois premiers articles oblongs, le troisième un peu plus court que le deuxième, les derniers à peine plus larges que longs. Corselet convexe, un peu plus large que la tête, légèrement arrondi sur les côtés, distinctement sinué vers la base, angles postérieurs droits et saillants ; bord antérieur légèrement bisinué : le postérieur assez fortement trisinué ; la surface est densément couverte de rugosités transversales assez fines, avec un sillon longitudinal assez large, interrompu au milieu, et une dépression oblique de chaque côté; on remarque encore une petite carène peu saillante, qui prend naissance aux angles postérieurs; légèrement courbée d'abord, elle se rapproche ensuite peu à peu du bord latéral, et disparaît un peu avant l'angle antérieur : cette carène est quelquefois interrompue dans son milieu. Écusson transversalement caréné au milieu. Élytres un peu plus étroites que le corselet dans sa plus grande largeur, un peu dilatées sur les côtés après le milieu, puis peu à peu rétrécies vers l'extrémité, qui est très-finement denticulée; surface densément couverte de fines rugosités transversales, avec une dépression assez forte à la base, de chaque côté de l'écusson et une impression longitudinale large et peu profonde de chaque côté de la suture ; celle-ci est légèrement saillante, excepté à la base où elle est un peu enfoncée. Dessous du corps finement rugueux, à rugosités plus fines sur l'abdomen ; la pubescence des pattes, et de l'abdomen est analogue à celle des élytres, celle du prosternum, des parties latérales du corselet et de la poitrine, est un peu plus longue et moins raide ; repli inférieur du corselet médiocrement rétréci en arrière. Bord antérieur du prosternum largement et peu profondément échancré en arrière avec un assez fort sillon transversal. Pattes assez grêles ; tibias postérieurs ciliés au côté externe de petites soies raides et noires.

Mâle. Antennes un peu plus épaisses, prosternum à pubescence serrée longue et dressée, crochets des tarses bifides à l'extrémité, les deux branches de longueur presque égales aux quatre tarses antérieurs, inégales aux postérieurs.

Femelle. Tous les crochets des tarses bifides à l'extrémité, ou plutôt armés avant leur base d'une dent saillante assez étroite, beaucoup plus courte que le crochet.

Cette espèce est de la forme du *Solieri*; elle s'en distingue par sa couleur obscure, les longues carènes des angles postérieurs du corselet et son prosternum échancré en avant.

Trouvé à Nîmes, Prades, Arles et dans les Pyrénées-Orientales, à Vernet-les-Bains. M. Raymond a aussi observé que cette espèce se trouvait sur l'Armoise, à Saint-Raphaël.

Les espèces suivantes offrent les mêmes caractères pour ce qui regarde les crochets des tarses :

Agrilus albogularis, Gory; *roscidus*, Kiesw.; *biguttatus*, Fab.; *Guerinii*, Lac.; *sinuatus*, Oliv.; *subauratus*, Gebler; *Solieri*, Lap.; *pratensis*, Ratz.

Il est à remarquer cependant que souvent, comme chez le *pratensis*, la dent interne des crochets est beaucoup plus courte que le crochet principal, dans les deux sexes ; mais les deux crochets des tarses intermédiaires chez les mâles ne sont jamais dentés inégalement, comme dans le groupe du *Viridis*, L.

Ch. Bris.

99. Athous Ecoffeti. — *Brunneo-ferrugineus, parum nitidus, pube grisea sat densè obtectus; fronte valdè excavata, anticè leviter emarginata; antennis validis, articulo tertio secundo majore, quartoque minore; thorace latitudine longiore, crebre obsoletè canaliculato, angulis posticis haud carinatis obliquè truncatis; elytris ferrugineo-testaceis, punctato striatis, interstitiis granulato-punctulatis, sutura margineque fuscescentibus, subtùs abdominis lateribus pedibusque ferrugineo-testaceis.* — Long. 10-11 millim. Latit. 2 3/4 millim.

Allongé, un peu déprimé, d'un brun roussâtre sur la tête et le corselet, plus pâle sur les élytres avec les côtés de l'abdomen, les pattes et les antennes d'un testacé ferrugineux; un peu brillant et couvert d'une pubescence grisâtre assez abondante. Tête brune, criblée de points enfoncés, assez profondément excavée sur le front, dont les côtés sont relevés en bourrelets épais et ferrugineux, l'épistome un peu sinué; yeux gros et assez saillants; antennes d'un testacé ferrugineux, dépassant de plus de deux articles la base du corselet, à articles trois à six un peu dilatés, le troisième, moitié plus long que le deuxième, et un tiers plus court que le quatrième. Corselet brun, un peu plus long que large, un peu rétréci en avant avec les angles arrondis, se dilatant de là jusque près de la base sur laquelle il tombe à angle droit; ses angles postérieurs, très-peu saillants en dehors, légèrement prolongés et tronqués obliquement; il est assez convexe et criblé de points enfoncés et obsolètement canaliculé. Écusson subpentagonal, renflé, fortement ponctué. Élytres d'un ferrugineux brunâtre, plus larges que le corselet, arrondies aux épaules, sub-parallèles jusqu'au delà du milieu, où elles sont légèrement élargies, fortement striées-ponctuées avec les intervalles plans finement rugueux de petits points enfoncés; la suture et les côtés largement mais légèrement rembrunis. Dessous brun, les épipleures, les côtés de l'abdomen, le bord apical des segments abdominaux et les pattes d'un testacé ferrugineux.

Il se trouve dans le département de la Lozère.

Cette espèce, dont j'ai vu un assez grand nombre d'individus, tous mâles, ressemble extrêmement à l'*At. difformis*; elle en diffère par sa forme moins allongée, par sa taille un peu plus petite, par son corselet moins allongé, les stries de ses élytres beaucoup plus fortement ponctuées, et surtout par ses antennes plus épaisses dont les articles troisième à sixième sont dilatés, et le troisième très-sensiblement plus court. Je l'ai dédiée à M. Ecoffet, dont le zèle ardent a enrichi la faune française de la connaissance d'une foule d'espèces méridionales, particulièrement des départements de la Lozère et du Var.

REICHE.

100. ATHOUS STRICTUS. — *Testaceus, fusco-variegatus, subnitidus, griseo-tomentosus, elongatus, angustatus. Caput fuscum crebrè punctatum; fronte leviter excavato, ferrugineo, anticè leviter reflexo; antennis thorace longioribus, articulis 2-3 minutissimis subæqualibus. Thorax elongatus apice parum angustatus, crebrè punctatus; angulis posticis prolongatis parum divaricatis. Elytra testacea, thorace paulo latiora striato-crenata; interstitiis convexis, crebrè punctatis, secundo et tertio lateribusque infuscatis. Fœmina statura crassiore, thorace convexiore, ferrugineo distincta.* — Long., mâle, 8 1/2; femelle, 10 millim. Latit., mâle, 2; femelle, 3 millim.

Allongé, très-étroit, un peu déprimé, d'un testacé varié de brunâtre, peu brillant, avec une pubescence grisâtre. Tête brune, criblée de gros points enfoncés, légèrement canaliculée dans son milieu; front concave, ferrugineux avec son bord antérieur un peu relevé et très-légèrement sinueux; yeux médiocrement saillants; antennes testacées, dépassant le corselet de un article et demi : les deuxième et troisième articles très-petits et plus étroits que le quatrième, que, réunis, ils égalent à peine en longueur. Corselet d'un brun rougeâtre, allongé, de la largeur de la tête en avant, et allant de là en s'élargissant jusqu'aux angles postérieurs qui sont prolongés, un peu divariqués et tronqués à l'extrémité; sa surface, un peu convexe, est criblée de points enfoncés et présente, un peu au-dessus du milieu de la base, la trace d'un canal médian. Écusson presque carré, brunâtre, rugueux de points enfoncés. Élytres un peu plus larges que le corselet, allant en s'atténuant de la base à l'extrémité, à stries crénelées de gros points enfoncés; les intervalles convexes, rugueux de points enfoncés : elles sont d'un testacé ferrugineux plus foncé sur les deuxième et troisième intervalles et sur les côtés. Dessous d'un brun rougeâtre assez uniforme. Pattes testacées. La femelle, beaucoup plus renflée, a la tête et le corselet d'un ferrugineux clair.

Habite les Pyrénées-Orientales.

Cette espèce ressemble beaucoup à l'*Ath. longicollis* pour les deux sexes;

6

elle en diffère par sa taille moindre, son front excavé, les angles postérieurs de son corselet plus prolongés et divariqués, mais surtout par la
brièveté des articles deuxième et troisième de ses antennes et la distribution de ses couleurs.

REICHE.

101. ATHOUS VIRGATUS. — *Linearis, fuscus, nitidulus pube grisea
vestitus. Caput crebrè punctatum ; fronte rubescente parum deplanatum; oculis vix prominulis; antennis thorace parum longioribus,
articulo 3o secundo vix longior et conjunctis quarto æqualibus. Thorax capitis latitudine, subparallelus medio perparum ampliatus ;
angulis posticis divaricatis, subacutis ; disco crebrè punctato a latere
rubescente. Scutellum oblongum. Elytra thorace latiora subparallela,
ultrà medium perparum ampliora. striato valdè punctata interstitiis
convexis crebrè punctatis ; testacea, sutura late marginibusque
fuscis. Mâle.* — Long. 7 millim. Latit. 2 millim.

Allongé, linéaire, brunâtre, un peu brillant, avec une pubescence grisâtre. Tête criblée de gros points enfoncés, avec le front rougeâtre, un peu
déprimé, mais non concave; yeux peu saillants; antennes dépassant de
deux articles la base du corselet avec leurs deuxième et troisième articles
très-petits, le troisième à peine plus long et égalant ensemble la longueur
du quatrième. Corselet convexe, de la largeur de la tête, à côtés presque
parallèles, très-légèrement renflé dans son milieu, criblé de points enfoncés, rougeâtre sur ses côtés ; ses angles postérieurs un peu avancés, divariqués, presque aigus. Écusson oblong, rugueux. Élytres un tiers plus larges que le corselet, presque parallèles, légèrement élargies un peu au delà
du milieu, fortement striées ; les stries crénelées de points enfoncés ; les
intervalles rugueusement ponctués : elles sont testacées avec une fascie
brune longitudinale, suturale, amincie vers l'extrémité et une fascie latérale
semblable. En dessous, la poitrine et les derniers segments de l'abdomen
sont d'un brun rougeâtre. Pattes ferrugineuses.

Département de la Lozère.

Cette espèce ressemble un peu à l'*Ath.*, *longicollis;* mais elle en diffère
par sa taille bien plus petite, par son corselet nullement rétréci en avant,
par la distribution de ses couleurs et la longueur relative de ses articles
antennaires.

REICHE.

102. CYPHON PUTONII. — *Oblongo-ovalis, parum convexus, supra testaceus, infra nigro-piceus, grisco-pubescens; capite nigro; antennis basi pedibusque testaceis; elytris confertim subtiliter punctatis.* — Long., 2 à 2 1/3 millim.

D'une forme assez allongée, couvert d'une pubescence assez serrée, assez longue et un peu rude; d'un jaune d'ocre pâle, quelquefois avec la base des élytres un peu enfumée, et souvent avec la partie médiane de la suture étroitement noirâtre; en général le corselet est d'un jaune plus rougeâtre que le reste du corps. Tête noire à ponctuation fine et très-serrée. Mandibules testacées. Antennes de la longueur de la moitié du corps, noires; 1er article très-épais, couleur de poix, les deux suivants d'un testacé obscur, 2e article ovalaire, 3e de moitié plus court que le 2e et beaucoup plus étroit, 4e double plus long que le 3e et égal en longueur au dernier, 5e-10e allongés. Corselet deux fois plus long que large, à côtés légèrement arrondis, bisinué en avant et en arrière, mais plus fortement en arrière; surface couverte d'une ponctuation fine et serrée, le bord postérieur, de chaque côté, est très-étroitement déprimé en forme de strie. Écusson triangulaire, finement ponctué. Élytres ovale-oblongues, légèrement dilatées en arrière, à ponctuation fine et serrée. Dessous du corps, noir de poix, avec la poitrine un peu plus claire, couvert d'une ponctuation très-fine et serrée. Pattes testacées, avec les cuisses un peu obscurcies.

Cette espèce ressemble au *C. variabilis*; elle s'en distingue par une taille plus petite, une forme un peu moins convexe, le 3e article des antennes plus petit et la ponctuation des élytres plus fine et plus serrée.

Elle se rapproche du *C. Paykulii* par la petitesse du 3e article des antennes; mais elle s'en éloigne par sa forme allongée et sa coloration plus obscure en dessous qu'en dessus.

M. Lethierry et moi avons trouvé cette espèce à Bourg-Madame, près Mont-Louis. M. Delarouzée l'avait prise à Collioures; j'en ai capturé moi-même un individu aux environs de Versailles.

J'ai dédié cette espèce à mon aimable compagnon de voyage M. le docteur Puton.

CH. BRIS.

103. Malthinus Kiesenwetteri. — *Flavo-testaceus ; capite basi váldè attenuato, nigro, ruguloso, anticè flavo ; antennis nigris basi testaceis ; thorace oblongo, inæquali, fusco-maculato, posticè canaliculato, ad angulos impresso, ruguloso ; elytris fuscis, apice sulphureis, basi fasciaque media livida, rugulosis ; pedibus testaceis, femoribus posticis nigricantibus.* — Long., 2 3/4 à 3 1/3 millim.

Allongé, d'un testacé jaunâtre, avec la tête en partie, les antennes moins les deux premiers articles, deux taches sur le corselet, la base des élytres et la partie qui précède son extrémité noirâtre. Tête et corselet presque glabres; tête subtriangulaire, avec les yeux presque deux fois plus larges que le corselet, fortement rétrécie postérieurement, noirâtre, avec la partie antérieure d'un jaune clair, et deux bandes longitudinales d'un jaune-ferrugineux, disposées obliquement derrière les yeux; surface rugueuse, avec une impression transversale entre les yeux, précédée d'une légère gibbosité; la partie postérieure de la tête est aussi distinctement déprimée. Bouche d'un jaune testacé, derniers articles des palpes obscurs. Mandibules didentées. Yeux globuleux, saillants, noirs. Antennes noirâtres, avec les deux premiers articles testacés, filiformes, atteignant presque l'extrémité des élytres chez les mâles, à peine les deux tiers chez les femelles, les deuxième et troisième subégaux en longueur. Corselet beaucoup plus long que large, légèrement arrondi sur les côtes dans son milieu, distinctement rétréci en avant, légèrement sinué devant les angles postérieurs qui sont saillants mais émoussés; d'un testacé jaunâtre, bordé de jaune pâle aux bords antérieurs et postérieurs, avec quatre taches peu déterminées, obscures, oblongues, deux placées antérieurement et deux postérieurement; les antérieures souvent obsolètes; surface rugueuse, avec un sillon longitudinal, obsolète en avant, assez large postérieurement, et deux impressions distinctes, placées de chaque côté, près des angles. Écusson jaune testacé. Élytres moins de trois fois plus longues que le corselet, d'un brun-noirâtre, avec l'extrême base et une large bande transversale indéterminée jaunâtre, et l'extrémité des élytres ornée d'une petite tache d'un jaune soufre ou jaune blanchâtre; surface rugueuse, avec de vagues apparences de séries de points, revêtues d'une pubescence grisâtre, courte, couchée et assez serrée; ailes obscures. Dessous du corps d'un jaune-testacé, tête noirâtre dans sa partie médiane, partie de la poitrine et bord antérieur des segments abdominaux, plus ou moins obscurs, extrémité de l'abdomen d'un jaune-rougeâtre. Pattes testacées ou testacé-brunâtres, avec les cuisses postérieures, moins leur base, et quelquefois leurs tibias en partie, noirâtres; pénultième article de tous les tarses, obscur.

Mâle. Pénultième segment ventral profondément échancré en arc, tête légèrement plus large, antennes plus fortes et plus longues.

Voisine de l'*ornatus.* Rosenh. S'en distingue par sa couleur plus pâle, son corselet d'un testacé-rougeâtre, et ses élytres à bande transversale livide.

Collioures. (Dʳ Grenier.)

Cʜ. Bʀɪs.

104. Mᴀʟᴛʜᴏᴅᴇs ᴍᴇʟᴏɪғᴏʀᴍɪs. — *Niger, subnitidus, subtiliter pubescens; mandibulis rufo-testaceis; abdominis segmentis flavo-limbatis; thorace transverso, marginato.* — Long., 4 à 4 1⁄4 millim.

Mas. Alatus, subnitidus; antennis robustis, corporis tertiam partem bis superantibus; elytris thorace plus triplo longioribus; pedibus elongatis; segmento ventrali penultimo emarginato, ultimo stylum breviorem, apice bifidum, exhibente.

Femina. Aptera, subopaca; thorace testaceo-marginato; elytris apice pallidè sulphureis, thoracis duplum vix æquantibus; antennis gracilioribus, corporis tertiam partem vix excedentibus; pedibus brevioribus; abdomine incrassato, simplice.

Mâle. — Ailé. Entièrement d'un noir de poix assez luisant en dessus, sauf les mandibules, qui sont d'un roux testacé. Tête à peine plus large que le corselet, subtriangulaire, notablement rétrécie en arrière, un peu déprimée entre les yeux, qui sont saillants; indistinctement ponctuée, couverte d'une fine pubescence grise. Antennes robustes, à articles allongés, plus longues que les deux tiers du corps. Corselet en forme de carré transversal, légèrement rétréci en arrière, à angles obtusément arrondis; rebordé, assez brillant, chargé sur son disque de six petites élévations ou tubercules peu apparents; bord antérieur presque sinué. Élytres au moins trois fois de la longueur du corselet, et sensiblement plus larges; finement et assez densément pubescentes; marquées de rides confuses, et laissant les ailes à découvert sur la partie postérieure de l'abdomen. Dessous du corps noirâtre, avec une étroite bordure d'un jaune obscur, plus ou moins distinct, à chaque segment ventral. Avant-dernier segment échancré en ogive, laissant paraître le dernier, qui a la forme d'un style court et droit, bifide au sommet.

Femelle. — Aptère. Dessus d'un noir peu luisant, avec les mandibules d'un roux testacé. Tête un peu plus étroite que le corselet, subarrondie, très-peu rétrécie en arrière, finement ponctuée et comme ridée, ainsi que le corselet. Yeux nullement saillants. Corselet à peu près de même forme que chez le mâle, chargé de plusieurs élévations peu marquées ; assez fortement rebordé ; paré d'une étroite bordure jaune, interrompue latéralement et sur le milieu du bord postérieur, et légèrement dilatée aux angles postérieurs. Élytres à peine plus larges que le corselet, et environ deux fois plus longues ; finement pubescentes, confusément ridées, avec une tache d'une jaune pâle à l'extrémité, laissant la moitié postérieure du corps à découvert. Cette tache, ainsi que la bordure du corselet, est souvent peu apparente ; elle disparaît même complétement chez certains individus, qui présentent alors la même coloration que les mâles. Abdomen simple, épais, plus large que les élytres ; d'un noir de poix, avec les segments inférieurs marginés de jaune.

Ce curieux *Malthodes,* d'un facies si tranché, et dont la femelle, avec ses élytres courtes et son abdomen découvert, offre un peu la physionomie d'un petit *Meloe,* a été découvert par M. Bellevoye et moi, en juillet, sur le pic de Costa-Bonna (Pyrénées-Orientales), à une très-grande élévation. Il se trouvait blotti sous les pierres, ou courant sur le sol.

J. LINDER.

105. PTINUS QUADRIDENS. — *Mas. Alatus pilosulus, elongatus, brunneus; capite albicante, subquadrato, planiusculo, lateribus unisulcato; prothorace posticè coarctato, ibique transversim depresso-nodulis quatuor spiniformibus, laterali obtuso, dorsali elevato, sulco longitudinali angusto, intus fulvo. Scutello albido. Elytris angustis parallelis, conjunctim rotundatis, in humero obtusè rectangulis, punctato-striatis, interstitiis modicè elevatis; fasciis duabus, antè suturam abbreviatis, versusque apicem confusè albidis. Antennis pedibusque elongatis, pubescentibus, rufo-testaceis; tibiis posticis paululùm arcuatis.*

Cette espèce appartient à la première division du travail de M. Boieldieu ; elle se rapproche assez du *Pt. fossulatus* Luc.

Trouvée par M. Peragallo, à Menton, sous l'écorce des platanes. Femelle inconnue.

A. CHEVROL.

106. Gastrallus striatellus. — *Elongatus, leviter convexus, pube brevissimè, minus densè vestitus, subtilissimè subgranulatus ; niger nitidulus; antennis, pedibus, elytrisque brunneo-ferrugineis, his obsoletè punctato-striatis.* — Long. 3 millim.

Allongé, légèrement convexe, couvert d'une pubescence grisâtre, très-courte et peu serrée; d'un noir un peu brillant, avec les antennes, les pattes et les élytres d'un brun ferrugineux. Tête transversale, légèrement convexe, couverte d'une ponctuation fine et serrée, un peu plus écartée sur le disque; avec une petite fossette arrondie, de chaque côté, près des yeux et la partie antérieure de la tête transversalement déprimée. Parties de la bouche testacées. Antennes de moitié environ plus longues que la tête et le corselet, d'un brun clair; premier article, oblong, un peu épais, légèrement courbé; deuxième ovalaire, deux fois plus court que le premier; troisième allongé, plus étroit, mais subégal en longueur au deuxième; quatrième et sixième de moitié plus courts que le troisième; neuvième et septième, de moitié plus courts que les quatrième et sixième; les trois derniers, grands, comprimés, beaucoup plus épais, forment une massue dont les deux premiers articles sont minces à la base et épaissis vers l'extrémité; plus de deux fois et demie plus longs que larges, et le troisième article allongé, subparallèle, un peu plus long que le précédent. Yeux arrondis saillants. Corselet, un peu plus large que la tête avec les yeux, convexe, transversal, légèrement arrondi sur les côtés, plus légèrement encore à la base et au sommet, angles antérieurs coupés obliquement, angles postérieurs obtus; côtés latéraux fortement abaissés, sans arête bien distincte; couvert d'une granulation fine et serrée, un peu plus écartée sur le disque, avec une fossette arronde, assez profonde, de chaque côté du disque, et une deuxième plus petite devant les angles postérieurs; bord antérieur du corselet un peu roussâtre. Écusson subcarré, finement rugueux. Élytres de un tiers environ plus larges que le corselet, allongées, subparallèles, un peu rétrécies vers l'extrémité; épaules arrondies, avec des séries de petits points strialement disposées, et quelques apparences de stries; ces stries de points disparaissent vers l'extrême base; à l'extrémité et vers les bords latéraux, les intervalles couverts d'une très-fine granulation, assez serrée; derrière l'écusson, sur chaque élytre, une dépression distincte. Dessous du corps d'un noir brunâtre, avec l'extrémité du dernier segment de l'abdomen d'un testacé ferrugineux; celui-ci avec une très-petite fossette devant son bord postérieur. Pattes d'un brun clair avec les cuisses un peu plus obscures; premier article des tarses postérieurs un peu plus long que les trois suivants réunis.

Cette espèce présente un peu la forme de l'*Anobium thoracicum* Rossi.
Environs de Bade (M. Jules Linder).

Ch. Bris.

107. Asida Marmottani. — *Nigro-obscura, convexa, subglabra;
thorace densè granulato, basi lobo intermedio brevi, lato, truncato,
angulis posticis acutis, valdè productis; elytris densè subtiliterque
granulatis, inæqualibus, costis interruptis, parum distinctis, confu-
sis; antennis brevibus pedibusque nigris.* — Long., 8 à 11 millim.

D'un noir mat, souvent terreuse, couverte de poils couchés, obscurs, épars.
Tête couverte de gros points enfoncés, assez serrés, avec une impression
transversale large, assez profonde, et une fossette oblongue sur le front;
antennes noires, assez courtes, deuxième article très-court, transversal;
troisième plus de trois fois plus long que le deuxième; quatrième ovalaire
6e-9e arrondis; dixième, grand, transversal; le dernier très-petit, de la largeur du deuxième article; ferrugineux. Corselet transversal, assez fortement arrondi sur les côtes, bords latéraux assez fortement déprimés et
relevés; bord antérieur échancré en arc, le postérieur bisinué avec le lobe
médian large, peu saillant et tronqué; les angles postérieurs fortement
prolongés en arrière en angles aigus; surface densément couverte d'une
ponctuation granuleuse, assez fine, souvent avec deux petites fossettes
ponctiformes, placées transversalement sur le disque et quelquefois aussi
en arrière, avec une petite ligne lisse, longitudinale. Élytres de la même
largeur que le corselet à ses angles postérieurs, à peu près deux fois aussi
longues que lui, légèrement élargies après le milieu, très-densément couvertes d'une granulation très-fine, avec quelques faibles côtes longitudinales : les plus distinctes de ces côtes sont, un rudiment de côte bien prononcée, au milieu de la base de l'élytre, et deux autres latérales plus ou
moins raccourcies, plus ou moins interrompues. Le dessous est couvert
d'une ponctuation granuleuse assez serrée, et d'une pubescence jaunâtre
assez dense. Pattes fortes et noires. La femelle diffère du mâle par une taille
plus grande, une plus forte convexité et des élytres plus larges.

Cette espèce se distingue de la *Jurinei* par sa taille généralement plus
petite et bien moins allongée chez les mâles, sa convexité plus forte, ses
côtes moins saillantes, et surtout ses antennes à articles plus courts.

Trouvée avec M. Lethierry aux environs de Mont-Louis, sous les pierres;
cette espèce n'y paraît pas bien rare.

Ch. Bris.

108. ANTHICUS LONGIPILIS. — *Niger, aut nigro-piceus, nitidus, griseo hirsuto-pilosus; thorace basi leviter bituberculato; elytris oblongis parcè fortiterque punctatis; antennarum basi tibiis tarsisque ferrugineis.* — Long., 2 1/2 à 2 3/4 millim.

Offre la forme de l'*humilis.* Tête subarrondie, à ponctuation assez fine et peu serrée, revêtue d'une pubescence grise, fine, couchée, peu serrée; disque médiocrement convexe. Yeux médiocrement saillants. Bouche et palpes d'un ferrugineux-obscur; dernier article de ceux-ci généralement brun. Antennes plus courtes que la tête et le corselet, ferrugineuses avec les derniers articles, généralement plus obscurs, deuxième article oblong, un peu plus court que le troisième, celle-ci et quatrième allongés, subcylindriques, 5e-7e légèrement obconiques, environ de moitié plus longs que larges; huitième obconique plus court que le septième, un peu plus long que large, 9-10, comme le huitième, mais un peu plus larges; dixième pas plus long que large, le dernier ovalaire-acuminé, presque égal aux deux précédents réunis. Corselet aussi large que la tête, plus long que large, lobe antérieur assez convexe, arrondi en tous sens, presque globuleux, fortement rétréci dans plus de son quart postérieur, un peu renflé devant la base; devant le bord postérieur avec deux calus distincts; couvert d'une ponctuation fine et peu serrée, plus forte et plus serrée vers la base; revêtu d'une pubescence grise, peu serrée et assez courte. Élytres ovales, oblongues, une fois et demie au moins aussi larges que le corselet, à peu près deux fois aussi longues que larges, légèrement arrondies sur les côtés, et conjointement arrondies au sommet, épaules arrondies, suture légèrement déprimée à la base; peu convexes, couvertes d'une ponctuation forte, profonde et écartée, moins forte vers le sommet; revêtues d'une pubescence grise médiocrement longue, inclinée et peu serrée, et de longs poils dressés, peu serrés; les élytres sont quelquefois brunâtres, surtout vers l'extrémité. Dessous à ponctuation très-fine et peu serrée; abdomen non ponctué, finement rugueux. Pattes d'un brun ferrugineux plus ou moins clair, avec les cuisses noirâtres; celles-ci claviformes.

Facile à confondre avec l'*humilis* var. noire ou obscure; mais s'en distingue facilement par ses antennes plus courtes à derniers articles moins allongés, et ses élytres à ponctuation plus écartée et à pubescence beaucoup plus longue et hérissée.

Aix, Béziers (A. Grenier). Collioures (Delarouzée.)

CH. BRIS.

109. Anthicus Fairmairei. — *Niger leviter olivaceus, nitidulus, griseo-pubescens, tibiis, apice, tarsisque obscurè testaceis ; capite lato ; thorace brevi ; elytris oblongis, fasciis duabus argenteo-pilosis, subtiliter sat crebrè punctatis.* — Long., 2 2/3 à 3 millim.

Tête large, transversale, avec les yeux beaucoup plus larges que le corselet, très-arrondie aux angles postérieurs ; couverte d'une ponctuation assez fine et peu serrée, revêtue de poils gris assez longs et peu serrés. Bouche et palpes couleur de poix. Antennes fortes, à peu près aussi longues que la tête et le corselet, noires : les deux premiers articles ovalaires, le premier un peu plus épais et un peu plus long que le deuxième ; troisième égal au deuxième ou à peine plus long ; quatrième et cinquième oblongs, environ de moitié plus longs que larges, subégaux au deuxième, 6e-10e obconiques, peu à peu plus courts et plus larges ; dixième à peu près aussi long que large, dernier en ovale oblong, rétréci vers l'extrémité, égal en longeur aux deux précédents réunis. Corselet à peu près aussi large que long, dilaté, arrondi dans les deux tiers antérieurs de ses bords latéraux, assez convexe sur le disque, distinctement rétréci dans son tiers postérieur ; fossettes peu apparentes ; couvert d'une ponctuation fine et assez serrée, revêtu d'une pubescence grise assez fine et assez serrée. Élytres près de deux fois aussi larges que le corselet, oblongues, environ deux fois plus longues que larges, légèrement arrondies sur les côtés et conjointement à l'extrémité ; épaules légèrement saillantes, coupées un peu obliquement, fossettes humérales petites, mais distinctes ; disque peu convexe ; couvertes d'une ponctuation fine et assez serrée ; revêtues d'une pubescence d'un gris-olivâtre, assez courte et médiocrement serrée, et de deux bandes transversales de pubescence moins couchée, d'un gris-argenté brillant ; la première bande se trouve au premier tiers, elle est un peu sinueuse, elle s'élargit vers les bords latéraux et elle remonte aussi le long de la suture vers l'écusson ; la deuxième se trouve après le milieu, elle se dilate sur la suture et vers le bord latéral, où elle se réunit souvent à la première bande. Dessous du corps à ponctuation fine et serrée ; poitrine à ponctuation fine et écartée. Pattes d'un noir-brunâtre, avec la base et le sommet des tibias, ainsi que les tarses, d'un brun-ferrugineux, quelquefois les tibias sont entièrement de cette couleur.

Cette espèce se rapproche du *validicornis* ; elle s'en distingue par sa taille plus grande ; ses antennes plus fortes ; sa tête bien plus large ; son corselet à fossettes moins distinctes ; ses élytres plus parallèles, à bandes transversales de pubescence argentée.

J'ai laissé à cette espèce le nom qu'elle porte dans la collection de M. de la Ferté.'

Collioures (Delarouzée).

CH. BRIS.

110. XYLOPHILUS NEGLECTUS. — Jacq. Duval, Gen. des Col. d'Eur. Vol. III, pl. 85.

Jacquelin Duval a donné, dans la troisième livraison de son Genera des Coléoptières d'Europe et à la planche quatre-vingt-cinq, la figure d'un *Xylophilus* qu'il nomme *neglectus*, et, dans le texte du même travail (vol. III, p. 376) dans lequel il traite du genre tout entier, il ne fait aucune mention de cet Insecte. Il a même, dans ce texte, confondu cette espèce avec le *nigripennis* de Villa, et nul doute que si la mort n'était venue le surprendre avant cette publication, il n'eût rectifié cette erreur, qu'il serait fâcheux aujourd'hui de laisser subsister. C'est pour éviter cette confusion que je donne ici la description de ce *Xylophilus* en le comparant au véritable *nigripennis*, dont je possède un exemplaire reçu de M. Villa lui-même.

Nigro-piceus cum capite, thorace elytrorumque humeris et apice latè testaceis, pube brevi grisea vestitus; thorace subquadrato, densè punctulato; elytris ovalibus, fortius et minus densè punctulatis. Long., 1 à 1 1/2 millim.

De la taille et à peu près de la forme de l'*oculatus*. Tête testacée, assez forte, avec un pli en carène transversale assez élevé qui vient buter en arrière contre la partie antérieure du corselet ; elle est assez finement pointillée. Antennes un peu plus pâles que le corselet, assez grêles: celles du mâle un peu plus longues. Corselet testacé, presque quadrangulaire vu en dessus, à peine plus étroit en arrière qu'en avant, avec une dépression transversale irrégulière, souvent divisée en deux faibles fossettes isolées ; il est légèrement convexe et ponctué un peu plus fortement que la tête. Écusson testacé. Élytres ovalaires, assez convexes, noirâtres, avec les épaules très-largement et l'extrémité testacées: elles sont pubescentes et couvertes de points un peu plus forts encore et plus écartés que ceux du corselet. En dessous, la tête et le corselet sont testacés ; la poitrine et l'abdomen noirâtres. Pattes testacées.

Il ressemble assez pour la taille, la forme générale et la coloration au *nigripennis* de Villa; mais il s'en distingue facilement par son corselet et plusieurs autres légers caractères. Chez le *nigripennis*, la tête est noirâtre; le corselet est un peu plus long, étranglé un peu avant sa base et offre en avant un autre étranglement plus faible ; la partie la plus large, placée au tiers antérieur environ, est assez étroite et présente de chaque côté un tubercule arrondi. A la base existent deux fossettes longitudinales profondes et séparées par une carène mousse. Les élytres sont un peu plus longues que chez le *neglectus*, plus parallèles, moins convexes, moins pubescentes et à peine testacées aux épaules et en arrière.

Le *Xyl. neglectus* est assez commun dans le centre et le midi de la France ; il a même était pris par M. Grenier et M. Charles Brisout aux environs de Paris ; le *nigripennis* a été découvert aux environs de Milan par M. Villa.

Ch. Aubé.

111. MELOE BAUDUERI. — *Ater, opacus, pube mediocri, undique simili, flavo grisea tectus; antennis gracilibus, longioribus; prothorace transverso, suprà planato, sat profundè canaliculato, hic illic uni aut bi-foveolato, lateribus parallelis.* — Long., 9 à 12 millim.

D'un noir grisâtre, opaque et garni sur tout le corps, tête, antennes, corselet, élytres, abdomen, d'une pubescence grise jaunâtre, peu serrée, couchée, égale, et ne formant nulle part de petits fascicules ou mouchetures comme chez les *murinus*.

Tête à ponctuation fine assez serrée ; front plus ou moins bombé, dénudé à sa partie moyenne et couvert en cet endroit d'une ponctuation beaucoup plus serrée et excessivement fine ; de cette partie dénudée part un sillon longitudinal qui se prolonge jusque en arrière du vertex et d'autant moins prononcé qu'il s'en éloigne davantage ; labre et épistome ornés de poils jaunes, beaucoup plus longs. Antennes grêles, presque filiformes : premier article obconique, renflé ; deuxième, très-court, subsphérique ; troisième, un peu plus long que le premier, moins épais ; quatrième, très-peu plus long que le troisième ; cinquième, à peu près un tiers plus court que le précédent; sixième à huitième, augmentant graduellement de longueur ; neuvième et dixième, un peu plus courts que le huitième, subégaux ; enfin le onzième, allongé, terminé assez brusquement en pointe, presque aussi long (huit dixièmes) que les deux avant derniers réunis.

Prothorax à peu près deux fois aussi large qu'il est long dans son milieu, se rétrécissant en avant et en arrière, à côtés parallèles, plus ou moins échancré en arc à ses bords antérieur et postérieur, marqué d'une

ligne médiane et de chaque côté de cette ligne présentant en avant une
fossette, quelquefois une seconde en arrière plus en dedans; d'autres fois il
n'y a qu'un gros sillon court, oblique, formé des deux fossettes réunies.

Élytres finement coriacées à surface rendue inégale par un certain
nombre de bosselures que forment des enfoncements longitudinaux ir-
réguliers.

L'abdomen en dessus est couvert d'une ponctuation régulière assez fine
et assez serrée ; les aires à peine indiquées sur les premiers segments,
sont mieux marquées sur les cinquième et sixième. L'aire de ce dernier
occupe toute sa partie antéro-postérieure moyenne en forme de large en-
foncement dénudé ; en dessous, il est assez grossièrement rugueux en
travers.

Pattes grêles, assez longues, ayant l'épine externe du tibia postérieur
beaucoup plus forte que l'interne, non conique, et dont la coupe, très-lon-
guement oblique, donne une surface ovalaire très-allongée, ni lisse ni
concave.

Cette curieuse espèce a été en partie décrite par M. Mulsaut (Coléopt.
de France, Vésicants, pag. 84), sous le nom de *murimus,* Br. et Er.,
dont elle est cependant bien distincte par les antennes plus grêles et pas
du tout submoniliformes comme celles du *M. murinus* auxquelles Brandt
et Erichson les assimilent, par la pubescence moins colorée, égale partout
et ne présentant en aucun endroit ni mouchetures ni fasciculés ; par la
forme du corselet ; la ponctuation de l'abdomen ; les aires, etc.

On ne pourra pas non plus la confondre avec le *M. pygmæus,* dont les
antennes sont submoniliformes et la pubescence noire.

Trouvée à Sos, près Nérac, par M. Paul Bauduer, auquel je suis heureux de la dédier.

A. Grenn.

112. Bruchus Eryngii. — *Oblongus, niger, undique cinereo, vel
cinereo-flavescenti tomentosus, antennis basi testaceis ; thorace longiore, conico; elytris ovatis, tenuiter striatis ; antennis longioribus,
compressis, sub-serratis.* — Long., 3 à 3 1/4 millim.

Tête presque triangulaire, à ponctuation très-fine et très-serrée; yeux
profondément échancrés, grands et saillants. Mâle : Antennes plus longues
que la moitié du corps : premier article, ovalaire; deuxième, conique,
plus court que le premier; troisième, oblong, un peu plus long que le
deuxième; à partir du quatrième article, les antennes sont légèrement en
scie, le quatrième article est plus de moitié plus long que le précédent et

beaucoup plus large; 4e-11e sont plus longs que larges, et ils augmentent
peu à peu de largeur jusqu'au dixième; le dernier est oblong-ovale, plus
étroit que les précédents. Femelle : Antennes plus courtes et beaucoup
plus grêles, à peine plus longues que la tête et le corselet; quatrième article
à peu près de la longueur du troisième et à peine plus large ; à partir du
cinquième article, les antennes sont très-légèrement en scie, et elles augmentent peu à peu de largeur vers l'extrémité ; 9e-10e sont aussi longs que
larges ou à peine plus larges que longs, le dernier est courtement ovale,
un peu plus étroit que le précédent. Dans les deux sexes, les antennes sont
noires, avec les premiers articles testacées : le 1er article est presque toujours
noir en dessus. Corselet plus long que large, deux fois plus large à la base
qu'au sommet, plus étroit à son bord antérieur que la tête avec les yeux,
côtés latéraux obliques, à peine arrondis dans leur milieu ; bord antérieur
très-légèrement arrondi, le postérieur bisinué avec ses angles aigus, acuminés; lobe médian assez saillant, large et tronqué au sommet ; surface
à ponctuation très-fine et très-serrée, couverte d'une pubescence serrée
cendrée jaunâtre, avec un sillon longitudinal obsolète en arrière et une
légère impression sur les angles postérieurs. Écusson légèrement oblong,
tomenteux. Élytres un peu plus larges que le corselet, arrondies aux
épaules, puis un peu dilatées latéralement, peu à peu rétrécies vers le
sommet; l'extrémité de chaque élytre est nettement arrondie; surface
densément couverte de la même pubescence que celle du corselet ; de
chaque côté de l'écusson, on remarque une faible impression transversale,
en avant de laquelle la base est légèrement relevée, avec une petite tache
noire, subdénudée aux épaules et une deuxième arrondie vers le milieu de
la base : cette seconde tache est terminée en arrière par deux petites granulations bien distinctes. Pygidium plus long que large, ogival, densément
pubescent comme le corselet. Dessous du corps et pattes à pubescence
dense, plus pâle que celle du dessus; crochets des tarses avec une dent
triangulaire à leur base; cuisses mutiques.

Cette espèce ressemble en grand au *cinerascens*, Sch.; elle n'en diffère
uniquement que par sa grande taille et ses antennes à articles plus allongés.

Nous avons trouvé cette espèce avec M. Lethierry et M. le docteur Marmottan sur une espèce d'Eryngium à Cette et à Lanouvelle.

Ch. Bris.

113. ENEDREUTES OXYACANTHÆ. — *Elongatus, subtiliter punc-tatus, densiùs albido-pubescenti variegatus, nigro-fuscus, opacus, tibiis tarsisque obscurè ferrugineis ; rostro breviore ; thorace opaco, posticè striga transversa, elevata, bisinuata; elytris punctato-striatis.* — Long., 3 millim.

Tête assez large, rugueusement et densément ponctuée, d'un noir opaque, revêtue d'une pubescence d'un gris jaunâtre, assez courte, couchée; front assez plan. Rostre court, déprimé, aussi large que la tête, distinctement échancré à son bord antérieur, rugueux comme la tête; parties de la bouche brunâtres; yeux situés de chaque côté sur le front, arrondis, médiocrement saillants; antennes presque aussi longues que la moitié du corps, d'un noir brunâtre avec le premier article brun ; deuxième article ovoïde assez épais, un peu plus long que le premier ; 3e-8e, allongés, grêles, graduellement un peu plus courts; les trois derniers formant une massue allongée, à articles bien détachés : premier, obconique, presque deux fois plus long que large; deuxième, légèrement plus court que le premier ; troisième, ovalaire aussi long que le précedent. Corselet un peu plus large que long, rétréci en avant, brusquement et obliquement rétréci à la base après la carène transversale, par suite avec les angles postérieurs très-obtus, arrondis; surmonté avant la base d'une carène transversale, assez fortement bisinué, le lobe médian est assez large et obtusément arrondi, les latéraux sont plus étroits et terminés moins obtusément; disque assez convexe, avec une légère dépression transversale en arrière du bord antérieur, derrière la carène, la surface est très-déclive; couvert d'une ponctuation rugueuse très-serrée et assez fine, à pubescence éparse et obscure, et çà et là avec des taches bien distinctes de pubescence blanchâtre, situées principalement dans la partie antérieure et trois autres placées le long de la base : l'une au milieu, les deux autres près des angles. Écusson arrondi, à pubescence dense, gris jaunâtre. Élytres moins de deux fois aussi longues que le corselet, à peine plus larges que lui, subcylindriques, obtusément arrondies au sommet, d'un noir un peu brunâtre, légèrement brillant, revêtues d'une pubescence blanchâtre qui forme çà et là des marques ou bandes transversales formées de taches ; on remarque un espace oblong et nu de chaque côté de l'écusson. Dessous du corps, finement et rugueusement ponctué. Pattes obscures avec les tibias et les tarses d'un ferrugineux obscur, revêtu d'une pubescence blanchâtre, plus serrée sur les côtés de la poitrine.

Bien distinct de l'*hilaris* par sa couleur plus obscure et opaque; sa ponctuation bien plus fine; ses yeux rapprochés et situés sur le front; ses antennes plus courtes et plus fines, à deuxième article plus court, plus épais, à onzième et douzieme articles plus étroits, presque aussi long que le dixième, et par son corselet à carène transversale plus éloignée du bord et fortement bisinuée. S'éloigne du *Tropideres cinctus,* par sa taille un peu plus grande; ses antennes plus longues, à articles plus allongés, à massue composée d'articles écartés non transversaux , ses élytres plus courtes, etc.

Cette espèce a été généralement regardée par erreur comme le *Tropideres cinctus* Payk. Gyll. Elle se trouve dans les Landes; aux environs de Paris on la prend dans les branches d'aubépine.

CH. BRIS.

114. APION WENKERI. — *Oblongum, angustum, obscurè virescens vel cœruleo-virescens, undique albido-subsetosum; rostro nigro-cupreo, nitido, feminœ longissimo, cylindrico ; thorace longiore, punctato rugoso ; elytris striato-punctatis, interstitiis subtiliter rugulosis.* — Long., sans le rostre, 2 à 2 3/4 millim.

Tête oblongue, étroite, ponctuée, striée entre les yeux. Rostre du mâle un peu plus long que le corselet, presque droit, assez fort, strié et ponctué vers la base, très-finement ponctué et très-lisse au sommet ; rostre de la femelle filiforme, de la longueur de la moitié du corps, droit, à ponctuation subtile et éparse. Antennes noires, assez courtes, chez le mâle, insérées un peu avant le milieu du rostre; chez la femelle, insérées près de la base.

Corselet plus long que large, un peu rétréci en avant, très-légèrement arrondi sur les côtés, tronqué à la base et au sommet, avec une légère impression devant l'écusson; surface à ponctuation forte et rugueuse : les points, en se réunissant, forment des rugosités longitudinales. Élytres ovales-oblongues, un peu dilatées en arrière, assez fortement striées-ponctuées; intervalles plus larges que les stries, très-légèrement concaves, avec une série de petites soies dressées, blanchâtres. Dessous du corps noir avec des petits poils blanchâtres peu serrés. Pattes du mâle d'un verdâtre obscur; couvertes de petites soies blanchâtres, un peu dressées et peu serrées.

Très-semblable au *tubiferum,* s'en distingue par sa couleur toujours verdâtre, ou bleu-verdâtre ; ses élytres plus allongées et leurs intervalles moins lisses avec une série de soies beaucoup plus courtes. S'éloigne du *letiferum* par sa taille plus grande; son corselet plus long; son bec bien plus long chez la deuxième ; ses élytres plus allongées et ses intervalles non distinctement ponctués.

Capturé au Vernet avec M. le docteur Marmottan et M. Lethierry, sur une espèce de ciste à grande fleurs blanches, en compagnie de l'*A. letiferum.*

Je me fais un plaisir de dédier cette espèce à mon ami **M. Wenker**, le futur auteur d'une monographie des Apions.

Cii. Bris.

115. Thylacites depilis.—*Oblongo-ovatus, fusco-niger, ferè glaber, squamulis densis aurichalceis sat nitidis tectus, prothorace brevi, lateribus rotundato, vita discoidali subrhombea et vittis duabus lateralibus angustis obscurioribus notato, elytris fusco maculatis, apice conjunctim obtusè subrotundatis, interstitiis breviter setosis. —* Long. 4-5 millim.

Ressemble extrêmement au *fritillum;* en diffère par la taille toujours plus grande, la couleur presque constamment métallique et brillante, la forme un peu moins convexe, les élytres plus amples, le corps presque glabre, n'ayant sur la tête et le rostre qu'une pubescence très-courte et sur les élytres des soies très-courtes peu serrées ; les lignes de points sont presque élevées, ce qui fait paraître les intervalles un peu déprimées ; le dessous est plus métallique ; les deux premiers segments de l'abdomen sont d'un verdâtre pâle, à ponctuation écartée et sans pubescence. La description du *glabratus* s'y rapporterait assez bien, mais la taille de ce dernier paraît plus petite ; il serait entièrement glabre avec des poils bruns hérissés sur la tête et le rostre.

Toulon, sur les chênes-liéges ; trouvé assez abondamment par **MM.** Vesco et Martin, et jamais avec le *fritillum.*

Fairm.

116. Brachyderes cribricollis. — *Convexus, niger, pube fulva et fusca sat densè hirsutus, carite rostroque densè punctatis, hoc striolato, apice modicè impresso, interoculos leviter impresso, prothorace grossè punctato, rugoso, interstitiis tenuiter punctatis, anticè transversim obsoletè impresso, elytris striatis, striis parum impressis sed valdè crenatis, interstitiis transversim rugosulis. —* Long.8 à 9 millim.

Mâle. *Elongatus, prothorace longitudine vix breviore, elytris elongatis, ferè ellipticis, basi posticeque angustatis, striis magis impressis, abdominis segmento ultimo apice impresso, impressionis lateribus arcuatis, leviter elevatis.*

Femelle. *Oblonga, prothorace breviore, elytris ovatis latioribus, pice vix acuminatis.*

Ressemble extrêmement au *B. pubescens;* en diffère par les élytres pro-

7

portionnellement plus courtes, le rostre à impression intérieure un peu plus marquée, le front moins convexe et offrant souvent un gros point peu enfoncé ou une légère impression entre les yeux, par le corselet un peu moins court, moins rugueux, à grosse ponctuation moins serrée, à forme moins convexe, avec une impression antérieure moins obsolète; par les élytres plus convexes, plus brusquement rétrécies en arrière, à intervalles plus convexes, enfin par l'impression du dernier segment abdominal chez le mâle.

Collioure. Perthus. Arles-sur-Tech. (Grenier.)

Fairm.

117. Sitones cinnamomeus. — *Elongatus, niger; capite punctulato cupreo-aureo; prothorace latitudine ferè longiore, supra nigro brunneo, aureo-trilineato, crebrè punctulato, elytra fusco-squamosa, punctato-striata; antennis pedibusque nigris.* — Long. 5 2/3 millim. Larg. 1 2/3.

Cette espèce a la physionomie d'un petit *S. puncticollis;* il est presque aussi long, mais d'un quart plus étroit; la tête est semblable, sauf la dépression du front et du rostre qui est un peu plus creusée. Le prothorax est aussi long que large, c'est-à-dire plus étroit que dans le *puncticollis;* les squamules y sont disposées de même: trois lignes longitudinales dorées, quatre points de même couleur tranchant sur un fond brun foncé. Les élytres ont la même conformation, parallèles sur les côtés, arrondies à l'extrémité, ponctuées de la même manière; mais elles sont d'un quart moins larges relativement que dans le *puncticollis* et densément revêtues de squamules brunes, plus claires à l'écusson, à la naissance du cinquième intervalle et sur les bords latéraux; le dessous est noir, couvert de squamules dorées, les pattes et les antennes sont noires, pubescentes.

Saint-Raphaël. (M. Raymond.)

Allard.

118. METALLITES LARICIS. — *Alatus, elongatus, nigro-plumbeus, pube tenui cinerea indutus; antennis, tibiis tarsisque rufo-obscuris; capite modicè convexo, fovea inter oculos parva; rostro breviori, anticè recto et paululùm angustato, supra cruciatim impresso. Oculis nigris. Prothorace latitudine et longitudine æquali, modicè convexo, lateribus rotundato, rugosè punctato, anticè posticèque recto, sed extùs suprà humerum obliquè subemarginato, linea dorsali elevata. Scutello punctiformi. Elytris versùs apicem paululùm ampliatis, posticè convexis, conjunctim rotundatis, punctato-striatis; interstitiis 2 et 4 paululùm elevatis.* — Long. 5 à 6. Latit. 1 2/3 millim.

Cette espèce, voisine du *M. atomarius,* se distingue de celles connues par une couleur d'un noir-plombé. On la trouve en nombre, pendant les mois de juillet et d'août sur les mélèzes des Alpes-Maritimes.

Elle a été prise par M. Peragallo de Nice.

A. CHEVROL.

119. METALLITES GEMINATUS. — *Alatus, elongatus, posticè ampliatus et convexus, pube viridi-aurea densè tectus; antennis validis pedibusque obscurè rufis; capite convexo, foveola punctiformi inter oculos; rostro breviore, crasso, lateribus compresso, anticè anguloso-emarginato, medioque breviter sulcato; prothorace paululùm longiore quàm latiore, latitudine capitis, anticè posticèque recto, lateribus modicè rotundato supràque convexo, vix distinctè punctato; scutello punctiformi; elytris confertim punctato-striatis, striis 2-3, 4-5, 6-7 geminatis atque posticè conjunctis.* — Long. 5, 6, Latit. 2, 3 millim.

Cette espèce se rapproche infiniment du *M. atomarius,* mais elle est couverte d'un duvet d'un vert doré plus épais, et les stries des élytres sont géminées, au lieu d'être à égale distance comme chez l'*atomarius.*

Un mâle et une femelle m'ont été donnés par M. le capitaine Gaubil, comme pris par lui dans les Hautes-Alpes. Je possède un troisième exemplaire, venant d'Autriche.

A. CHEVROL.

120. Liophœus opacus. — L. chrysoptero *affinis, niger, opacus, coriaceus; rostro longitudine capitis, subconico, anticè latiore, crebrè rugoso-punctato; capite convexo, declivi, inter oculos breviter foveolato; prothorace anticè paululùm angustato et coarctato, ferè recto, ad basin modicè arcuato et tenuiter sulcato, lateribus medius rotundato, suprà convexo, minutè tuberculato; tuberculis confertis, elongatis, linea media glabra, anticè posticèque abbreviata; scutello parvo, rotundato; elytris subglobosis, ad apicem conjunctim breviter acuminatis, punctato-striatis, coriaceis; corpore infrà minutè et crebrè punctato; tibiis pilosis cinereis.* — Long. 10. Lat. 5 1/2 millim.

L'unique exemplaire que je possède m'a été donné par M. Varin, comme trouvé par lui en Bretagne. Depuis j'ai eu en communication d'autres individus de la même espèce, recueillis aux environs d'Étampes.

A. Chevrol.

121. Leiosomus Lethierryi.— *Oblongo-ovatus, convexus, subglaber, nigro-violaceus vel nigro-virescens, nitidus; antennis tibiis tarsisque ferrugineis; rostro modicè arcuato punctato; thorace oblongo, profundè sat minus crebrè punctato, lateribus subrectis; elytris punctato-striatis, interstitiis subtilissimè parcèque punctulatis; pectore utrinque griseo-pubescente; femoribus muticis.* — Long. 2 3/4 à 3 1/5 millim.

D'un noir bleuâtre, violacée ou verdâtre, surtout sur les élytres, d'une forme oblongue, couvert d'une pubescence éparse et très-courte, peu visible. Tête arrondie, à ponctuation fine et éparse, avec une petite fossette entre les yeux. Rostre un peu épais, arqué, presque de la longueur du corselet, strié, couvert d'une ponctuation assez forte, écartée sur le disque, serrée vers les bords latéraux. Antennes ferrugineuses : massue obscure ; chez le mâle deuxième article allongé obconique, troisième un peu plus court seulement que le deuxième, près de deux fois et demie plus long que le quatrième ; 4e-8e petits presque aussi longs que larges : massue ovale acuminée ; chez la femelle, deuxième article allongé obconique, troisième, presque

deux fois plus court que le deuxième, 4e-8, courts, distinctement transversaux : massue ovale acuminée. Corselet un peu plus long que large, très-
légèrement arrondi ou presque droit sur les côtés, un peu rétréci près du
bord antérieur, coupé un peu obliquement de chaque côté, à la base;
couvert d'une ponctuation forte et profonde mais peu serrée, avec une
légère carène longitudinale au milieu du disque. Elytres très-convexes,
ovales, à leur base un peu plus larges que le corselet, arrondies sur les côtés, distinctement rétrécies vers l'extrémité qui est arrondie ; épaules rectangulaires, un peu déprimées devant la base, ce qui relève un peu le
bord antérieur; ponctuées striées, les stries distinctes, surtout antérieurement, quoique peu profondes, avec une série de gros points enfoncés,
profonds, qui deviennent un peu plus petits vers l'extrémité : intervalles
légèrement convexes vers la base, avec une série de très-petits points
espacés. Pattes assez fortes; cuisses d'un noir brun ou brunâtres avec
les tibias et les tarses et quelquefois la base des cuisses, d'un rouge ferrugineux.

Mâle. Tibias antérieurs distinctement courbés. La femelle diffère du
mâle par sa forme moins allongée, ses élytres plus courtes, plus dilatées sur
les côtés, ses antennes plus courtes, et ses pattes antérieures moins
allongées.

Cette espèce se distingue très-facilement par la longueur du troisième
article de ses antennes.

Pyrénées-Orientales, Mont-Louis, sous les mousses; découvert par
M. Lethierry.

J'ai dédié cette jolie espèce à mon excellent compagnon de voyage,
M. Lethierry.

Ch. Bris.

122. Lieosomus muscorum. — *Oblongo-ovatus, niger, nitidus,*
subglaber; antennis ferrugineis, clava obscura ; pedibus nigro-piceis,
tarsis ferrugineis; rostro arcuato, subtiliter punctato; thorace pro-
fundè sat fortiter, minus crebrè punctato, lateribus leviter rotundato;
elytris remotè punctato-striatis, interstitiis planis; pectore utrinque,
albo-pubescente. Mas, femoribus muticis; femina, dentatis. — Long.
2 à 2 1/2 millim.

Mâle en ovale allongé; femelle en ovale oblong. Tête plus étroite que le corselet à sa partie antérieure, arrondie, avec une petite fossette obsolète entre
les yeux; couverte d'une ponctuation fine et écartée. Rostre assez fortement
arqué, à peine de la longueur du corselet chez la femelle, un peu plus court

chez le mâle, strié plus ou moins fortement, et couvert d'une ponctuation assez fine et peu serrée. Antennes médiocrement fortes, deuxième article obconique plus du double plus long que le troisième, celui-ci obconique, environ de 1/3 plus long que large, 4e-8e subarrondis, transversaux : massue ovale. Corselet un peu plus large chez la femelle que chez le mâle; à peu près aussi long que large, assez fortement rétréci en avant; côtés latéraux distinctement arrondis vers leur milieu, et presque en ligne droite en arrière; médiocrement convexe, couvert d'une ponctuation assez forte et profonde, peu serrée. Elytres chez le mâle ovales assez convexes, arrondies sur les côtés, leur plus grande largeur se trouvant vers le milieu, pas plus larges à leur base que le corselet dans sa plus grande largeur, distinctement rétrécies vers le sommet, où elles sont arrondies; avec une légère dépression devant la base, ce qui relève un peu le bord antérieur; épaules subrectangulaires; chaque élytre avec neuf séries de points gros, profonds et espacés, placés dans des stries obsolètes; les points deviennent plus petits vers l'extrémité; intervalles avec une série de points très-fins et très-espacés; chez la femelle les élytres sont plus larges et courtement ovales, les points des stries sont généralement un peu plus rapprochés : on remarque à la base au point de rencontre de la troisième et de la quatrtème strie, un point ou petite strie fortement enfoncé. Dessous du corps à ponctuation forte et écartée; dernier segment abdominal à ponctuation très-serrée et plus fine. Pattes médiocrement fortes, d'un noir brunâtre, avec les pattes et quelquefois les tibias ferrugineux. Mâle; cuisses mutiques; tibias antérieurs à peine légèrement courbés; femelle, toutes les cuisses armées d'une petite dent aïgue, tibias droits, un peu plus courts que chez le mâle. Varie un peu de forme et de ponctuation; quelquefois le corselet est couvert d'un ponctuation forte et serrée.

Voisin de l'*oblongulus*, mais s'en distingué par son rostre plus arqué, moins fortement ponctué, ses cuisses obscures : celles des femelles dentées. La femelle est très-semblable à l'*ovatulus*; elle s'en éloigne par son rostre plus finement ponctué, ses antennes plus grêles, son corselet à ponctuation moins grosse, ses élytres à stries presque nulles et à séries de points, moins gros et plus distants.

Hautes-Pyrénées. Cauterets. (Delarouzée.)

Ch. Bris

123. Leiosomus geniculatus. — *Oblongo-ovatus, niger nitidus, subglaber; antennis pedibusque ferrugineis, femoribus apice nigro-piceis; rostro leviter arcuato, subtiliter punctato; thorace angustiore, profondè fortiter sat crebrè punctato, lateribus subrectis; elytris punc-tato-striatis, interstitiis leviter convexis; pectore utrinque griseo-pubescente; femoribus muticis. —* Long. 2 millim.

Tête arrondie, couverte d'une ponctuation assez fine et écartée. Rostre de la longueur du corselet, légèrement arqué, cylindrique, légèrement strié; couvert d'une ponctuation assez fine et peu serrée. Antennes, à deuxième article obconique, un peu plus de moitié plus long que large, plus long que les deux suivants réunis, troisième à peine plus long que large, un peu plus long que le suivant, 4e-8e transversaux : massue ovale. Corselet un peu plus long que large, rétréci en avant dans son tiers an-térieur, légèrement arrondi sur les côtés avant le milieu, et droit dans sa moitié postérieure; base légèrement bisinuée, la partie médiane assez saillante au-devant de l'écusson; disque médiocrement convexe; couvert de points enfoncés, assez gros et profonds, médiocrement serrés. Élytres plus larges que le corselet, subovales, arrondies, dilatées sur les côtés : leur plus grande largeur se trouvant au milieu, rétrécies vers l'extrémité qui est arrondie; disque assez convexe, avec neuf séries longitudinales de points enfoncés, assez gros et pas très-rapprochés, placés dans des stries distinctes : les premières sont un peu plus fortement marquées; les points des stries deviennent plus petits vers l'extrémité; épaules rectangulaires, avec une légère dépression devant la base, ce qui relève un peu le bord antérieur, intervalles légèrement convexes, avec une série de points très-fins et très espacés. Dessous du corps à ponctuation assez forte et écartée; dernier segment abdominal à ponctuation plus fine et rugueuse. Pattes assez fortes.

S'éloigne des *L. muscorum* et *rufipes* par sa taille bien plus petite, son rostre moins épais, son corselet plus étroit et plus long, ses antennes à deuxième et troisième articles plus courts et ses élytres distinctement striées; elle se distingue encore du premier par les points enfoncés de ses stries plus rapprochés. Il s'éloigne des *L. cribrum* et *concinnus* par son rostre moins arqué, ses stries moins profondes et ses intervalles moins relevés.

Rouen. (M. Leboutellier.)

Ch. Bris.

124. Leiosomus rufipes. —*Oblongo-ovatus, niger, parum nitidus, subtiliter parcè grisco-pubescens; antennis pedibusque ferrugineis; rostro minus arcuato, subtiliter punctato; thorace sat fortiter minus crebre punctato, lateribus leviter rotundato; clytris punctato-striatis, interstitiis planis; pectore utrinque grisco-pubescente; femoribus muticis.*

En ovale allongé, couvert d'une pubescence grise, assez courte et peu serrée, mais qui disparaissait facilement. Tête un peu plus étroite que le corselet à son bord antérieur, arrondie, couverte d'une ponctuation assez fine et assez serrée. Rostre peu arqué, à peine de la longueur du corselet, strié, couvert d'une ponctuation assez serrée et assez forte. Antennes assez fortes, ferrugineuses, à massue un peu plus obscure, deuxième article allongé, obconique, plus du double plus long que le suivant; celui-ci de un tiers environ plus long que large, 4e-8e transversaux, peu à peu plus larges : massue ovale. Corselet à peine plus large que long, assez fortement rétréci en avant; côtés latéraux légèrement arrondis un peu avant leur milieu et presque en ligne droite en arrière; base coupée un peu obliquement de chaque côté, ce qui forme un angle sensible devant l'écusson; disque peu convexe, avec une légère élévation longitudinale, caréniforme dans son milieu; couvert d'une ponctuation assez forte et assez profonde, assez serrée, avec un petit espace lisse au milieu. Élytres ovales, avec les épaules rectangulaires, arrondies latéralement, leur plus grande largeur se trouvant vers le milieu, distinctement rétrécies vers l'extrémité qui est arrondie, avec neuf séries de points assez forts et profonds, rapprochés, placés dans des stries peu marquées, ces points deviennent plus petits vers l'extrémité, intervalles avec une série de points fins, assez distants. Dessous du corps à ponctuation forte et écartée; dernier segment abdominal à ponctuation très-serrée et plus fine. Pattes assez fortes, ferrugineuses; tibias antérieurs un peu arqués. Mâle : poitrine et premier segment abdominal fortement déprimés; femelle inconnue.

Très-semblable au mâle du *muscorum* Ch. Bris, mais il s'en distingue par sa tête à ponctuation plus serrée, son corselet un peu caréné, ses élytres à séries de points moins gros et plus rapprochés et par ses pattes plus claires.

Cette espèce a été trouvée par M. S. Linder, à Costa-Bonna, dans les Pyrénées-Orientales.

Ch. Bris.

125. Phytonomus Anonidis.—*Statura et magnitude* P. variabilis, *lurido-fulvus, pilis erectis, cinereis et nigris, retro projectis
parcè vestitus; rostro brunneo, subcylindrico, arcuato, longitudine
prothoracis; antennis (clava fusca), pedibusque obscuro-ferrugineis,
his densè breviterque pilosis; capite convexo, linea longitudinali
lutea, sulco tenui inter oculos; prothorace elongato, lineis quatuor brunneis et quinque albidis vel fulvis, media augusta; scutello parvo, lu-
rido. Elytris elongatis, obovalibus, convexis, conjunctim rotundatis,
minutè punctulato-striatis, singulatim obsoletè albido quinquies li-
neatis et nigro maculatis, serie suturali interstitioque quinto amplius
nigro-notatis, notula humerali brunnea.* — Long. 5 ; lat. 2 à 2
1/2 millim.

Var. A. *In elytris margine laterali, suturali vittaque media nigro
brunneis, medio duplicata, posticè abbreviata.*

Var. B. *Vittis quatuor brunneis in prothorace, obsoletis.*

Cette espèce devra être placée entre les *Ph. Viciæ* et *setosus;* elle a été
trouvée en assez grand nombre par M. Raymond, sur une espèce d'*Ononis*,
à Saint-Raphael (départ. du Var).

A. Chevrol.

126. Omias montanus.— O. brunnipedi *similis, sed duplo major.
niger, nitidus; antennis (clava fusca), pedibus (breviter pilosis) et
abdomine, ferrugineis: rostro subconico, anticè latiore, brevi, punctato, supra longitudinaliter impresso, lateribus carinato; capite punctato, convexo, inter oculos foveola parva signato; prothorace paululùm
longiore quam latiore, anticè posticèque recto, lateribus regulariter
rotundato, supra convexo, punctis mediocribus sat impressis, lineola
longitudinali medio glabra; scutello acuto, parvo; elytris oblongis,
nitidis, punctato-striatis, striis duabus suturalibus et penultima marginali obsulcatis, ultima anticè curvata.* — Long. 4 3/4 ; lat. 3
millim.

Provient du Mont Pilat.

A. Chevrol.

127. Omias mandibularis. — *Villosus, ferrugineus, subnitidus; mandibulis maris valdè productis, arcuatis, nigris; capite punctato, in fronte convexo, sulco inter oculos incipiente usque ad apicem rostri protenso et ibi utroque reflexo; antennis brevibus, scapo clavato, arcuato, articulo primo funiculi elongato, articulis sequentibus moniliformibus connatis, clava breviter ovali obtusa; prothorace rotundato convexo, anticè paululùm attenuato, posticè recto, regulariter punctato, punctis mediocribus; scutello elevato, punctiformi; elytris pubescentibus, ovalibus, ultra medium latioribus, convexis, punctatostriatis; pedibus breviusculis, sat validis.*—Long. 3, 4 ; lat. 2 à 2 3/4 millim.

Cet insecte, qui probablement devrait être dans un autre genre, n'est, peut-être, qu'une variété immature de l'*O. Raymondi*. En tout cas, le mâle, qui est d'un tiers plus petit que la femelle, et dont les mandibules sont si développées, n'avait pas encore été signalé.

J'ai reçu de M. Raymond une dizaine d'exemplaires des deux sexes.

A. Chevrol.

128. Peritelus ruficornis. — *Oblongus, niger, densè griseosquamosus; antennis pedibusque ferrugineis; thorace lateribus rotundato, minus crebrè punctato; elytris subtiliter punctato-striatis, interstitiis ferè planis, non setulosis.* — Long. 3 à 4 1/3 millim.

Tête courte assez convexe. Yeux oblongs, non proéminents. Rostre un peu plus long et un peu plus étroit que la tête, très-légèrement déprimé au sommet. Antennes ferrugineuses, à peine plus longues que la tête et le corselet, assez fortes, les deux premiers articles du funicule allongés, le deuxième près de moitié plus court que le premier, le troisième trèscourt, presque transversal, le septième transversal : massue ovalaire plus longue que les trois précédents articles réunis. Corselet un peu plus court que large, assez fortement arrondi sur les côtés, rétréci à la base et au sommet, mais plus fortement au sommet, surface couverte de gros points enfoncés, peu serrés. Élytres presque ovales, un peu plus larges chez la femelle que chez le mâle, de la même largeur que le corselet à sa base, puis obliquement amplifié, et, après le premier tiers, peu à peu rétréci vers le sommet. Pattes médiocres, ferrugineuses ; tibias densément pubescents au côté interne.

Mâle. Tibias postérieurs armés à leur côté interne d'une série de petites dents obtuses assez distantes, les intermédiaires et les postérieures avec quelques petites dents obsolètes.

Femelle. Tous les tibias très-obsolètement armés de quelques petites dents à leur côté interne.

Cette espèce est voisine du *subdepressus* Muls. ; elle s'en éloigne par sa squamosité plus fine, la coloration plus claire de ses pattes et de ses antennes ; son corselet plus large et plus fortement arrondi sur les côtés et par ses tibias intermédiaires non distinctement épineux au côté interne. Elle se rapproche aussi du *rusticus*, dont elle se distingue par la couleur plus claire des pattes et des antennes, le corselet plus large, plus fortement arrondi sur les côtés et les antennes plus courtes, à troisième article du funicule de beaucoup plus petit.

Trouvé aux environs du Vernet.

Ch. Bris.

129. Otiorhynchus Coryly.— *Similis O.* rufipedi Sch., *sed elytris ovalibus, angustioribus, convexioribus distinctus. Niger, nitidus; pedibus rufis; rostro conico anticè latiore, angulosim emarginato, crebrè rugosimque punctato, linea elevata anticè furcata; capite dimidio breviore, convexo, punctulato, fovea parva inter oculos signato; antennis elongatis, fuscis, scapo tertiam partem prothoracis attingente, articulo primo funiculi elongato, secundo sesqui duplo longiore, clava ovali, elongata, minus acuta; prothorace lateribus mediis subrugulosim rotundato, anticè posticèque recto, tuberculis confertis distinctè rotundatis; elytris ad apicem conjunctim obtusè productis, striis foveato gemmatis, interstitiis tuberculato-coriaceis; pedibus crebrè punctulatis, inermibus, femoribus tibiisque ad apicem clavatis, pectore minutè tuberculato; abdomine nitido, punctato, rugoso atque strigoso.* — Long. 11, lat. 5 millim.

Cette espèce, voisine de l'*O. rufipes*, est d'un noir plus brillant ; la massue est moins amincie à l'extrémité ; le prothorax est plus étroit et moins rétréci en avant, les tubercules du disque sont plus grands et mieux arrondis ; les élytres, plus étroites, sont régulièrement convexes et se terminent en une pointe mousse ; les stries ont des enfoncements carrés, séparés par des tubercules réguliers dont la surface est plane ; interstices couverts de fortes granulations.

Alpes-Maritimes. — Trouvé par M. Peragallo sur les noisetiers.

A. Chevrol.

130. Otiorhynchus prælongus. — *Oblongo-ovatus, convexus, ater, nitidus, glaber; antennis sat brevibus, haud crassis; rostro lato, punctato, striolato, apice dilatato; prothorace angusto, oblongo, lateribus medio modicè rotundato, parum densè sat tenuiter punctato ; elytris ovatis, apice attenuatis, striis parum impressis, sat fortiter punctatis et catenulatis interstitiis planis transversim leviter rugatis; tibiis apice valdè incurvis.* — Long. 10 à 11 millim.

Ovalaire-oblong, atténué en avant, convexe, d'un noir brillant. Rostre large, court, assez fortement dilaté à l'extrémité, à ponctuation presque striolée, plus fine sur la tête ; une trace peu distincte de carène médiane; entre les yeux un gros point oblong. Antennes d'un brun noirâtre ; funicule recouvert d'une pubescence cendrée, de grosseur ordinaire et atteignant l'insertion des pattes postérieures. Corselet beaucoup plus étroit que les élytres, un plus long que large; côtés médiocrement dilatés et arrondis au milieu: redressés et presque sinués à la base; ponctuation assez fine, médiocrement serrée. Écusson très-petit. Élytres ovalaires notablement atténuées en arrière, assez courtes, à stries faiblement enfoncées, un peu plus vers la suture, mais marquées de points carrés assez gros, formant une caténulation; intervalles presque plans, un peu coriacés et finement ridés transversalement. Pattes assez grêles; cuisses fortement renflées, échancrées avant l'extrémité. Mâle à l'abdomen impressionné à la base dont les deux premiers segments sont très-brillants et finement striés ; dernier segment ayant à l'extrémité une petite fossette ronde assez profonde, et, de chaque côté, une faible impression arrondie peu distincte.

Pyrénées-Orientales. Le Vernet. (Ch. Martin.) Hautes-Pyrénées. (De Bonvouloir.) Fort rare.

Ressemble à l'*O. Naui*, mais le corselet est beaucoup plus étroit, moins dilaté; les élytres sont bien plus atténuées en arrière. L'*O. jugicola* en paraît très-voisin, mais il en différerait par le rostre moins dilaté, sans point entre les yeux, et par les stries des élytres non distinctement ponctuées.

FAIRM.

131. Otiorhynchus muscorum. — *Breviter ovatus, nigro-piceus, tenuiter grisco-pubescens; antennis pedibusque rufo-ferrugineis; rostro impresso; thorace subgloboso, confertim ruguloso, medio carinula abbreviata instructo; elytris magis nitidis, punctato-striatis, interstiliis dorsalibus planis, sublævibus; lateribus subtiliter rugulosis; femoribus anticis dentè bifido instructis: posticis simpliciter dentatis.* —Long., 4 1/3 à 5 millim.

Tête large, à ponctuation rugueuse, avec un court sillon sur le front. Yeux médiocrement saillants. Rostre court, un peu plus étroit que la tête, un peu dilaté en avant, longitudinalement déprimé sur le disque, avec une apparence de petite carène au milieu; surface couverte d'une ponctuation rugueuse assez forte. Antennes ferrugineuses; deuxième article du funicule légèrement plus long que le premier, le troisième presque deux fois plus petit que le deuxième; le septième aussi long que large : massue oblongue-ovale, acuminée. Corselet convexe, très-peu plus large que long, base et sommet tronqués, côtés latéraux assez fortement arrondis; dessus fortement tuberculé, rugueux; les tubercules un peu lisses, assez déprimés, avec un point enfoncé au milieu. On remarque au milieu du disque une carène lisse, raccourcie en avant et en arrière. Élytres ovales, convexes, avec les épaules très-arrondies, peu à peu rétrécies en arrière, après le milieu; surface couverte d'une pubescence grise, peu serrée, assez courte, condensée par places en petites taches obsolètes. Dessous du corps à ponctuation peu profonde et peu serrée. Pattes ferrugineuses avec les cuisses souvent plus obscures.

Très-voisin de l'*ovatus* : s'en distingue par son rostre moins large, distinctement déprimé au milieu; ses élytres moins larges, plus allongées, et sa pubescence condensée en petites taches.

Nous avons trouvé cette espèce avec M. Lethierry, dans une forêt de Pins du Cambredaze, sous les mousses.

CH. BRIS.

132. Troglorhynchus terricola. — *Rufescens, nitidulus, elongatus, subdepressus, rostro anticè incrassato, indistinctè tricarinato, fronte lævi, thorace oblongo-ovali, anticè et posticè attenuato, sparsim punctato, elytris foveo-lineatis.* — Long., 3 à 1 1/3 millim.

Allongé, un peu déprimé, d'un brun roussâtre. Rostre assez fortement

élargi en devant, chargé de trois petites carènes presque indistinctes.
Front lisse. Antennes de la longueur de la tête et du corselet. Celui-ci
en ovale allongé, une demi-fois plus long que large, légèrement arrondi
sur les côtés; presque également atténué en avant et en arrière; légèrement déprimé sur son disque, chargé de gros points épars, ridé tranver-
salement à la base. Élytres allongées, subparallèles, deux fois et demie plus
longues que larges, diminuant imperceptiblement de largeur des épaules
vers l'extrémité, couvertes de fossettes disposées en stries longitudinales.
Cuisses épaissies en forme de massue. Poitrine largement et très-légèrement excavée. — Dans l'individu que je crois être un mâle, cette exca-
vation est un peu plus prononcée.

Le *Trogl. terricola* se distingue aisément de ses deux congénères par sa
taille beaucoup plus petite, sa forme plus allongée, et par la longueur de
son corselet.

J'ai pris deux exemplaires de cette remarquable espèce dans les monts
Albères (Pyrénées-Orientales), aux environs de Banyuls-sur-Mer, sous de
très-grosses pierres profondément enfoncées en terre, dans les mêmes
localités et les mêmes conditions qu'un autre Curculionite aveugle, la *Raymondia Delarouzei*. Cette découverte est d'autant plus intéressante, que le
genre *troglorhynchus* paraissait jusqu'ici exclusivement cavernicole.

Voir la figure publiée dans les *Annales de la Société entomologique de
France*, année 1863.

J. LINDER.

133. RHINOCYLUS PROVINCIALIS. — *Oblongus, subcylindricus, niger, subopacus, pube cinerascenti maculosus, rostro capite haud
sensim angustiore, apice leviter attenuate, supra planato, inter oculos obsolete impresso, prothorace elytris angustiore, dense tenuiter
punctato-ruguloso, elytris punctato-substriatis, interstitiis tenuissime
rugosulis.* — Long., 4 millim.

Oblong, presque cylindrique, d'un noir presque mat, parsemé de taches
formées par une pubescence d'un cendré roussâtre. Rostre aussi large que
la tête, plan, atténué seulement à l'extrémité, rugueusement ponctué,
presque striolé. Au milieu, une ligne élevée, courte, ayant en dedans un
sillon court, mais bien marqué. Tête densément ponctuée. Antennes
noires. Corselet plus étroit que les élytres, presque droit sur les côtés, se
rétrécissant tout à fait en avant, rugueusement et densément ponctué; de
chaque côté, avant la base, une courte impression transversale. Élytres à
stries à peine enfoncées mais fortement ponctuées; les intervalles plans, à
rugosité extrêmement fine et serrée.

Ressemble au *latirostris*, mais plus petit, plus parallèle; à rostre plan et rétréci en avant et à stries fortement ponctuées. C'est, après le *R. Lareynii*, le plus petit du genre.

Saint-Raphael. (Raymond.)

FAIRM.

134. DICHOTRACHELUS ANGUSTICOLLIS. — *Affinis* D. Rudenii, *sed major, elongatus, griseus, setis erectis, griseis partim densè tectus; rostro æquali, plano, anticè declivi, brunneo, sulcis longitudinalibus duabus obsoletis; capite modicè convexo, sub-transversim constricto, nodulis duobus approximatis suprà oculos sitis; prothorace elongato, angusto, medio angustè canaliculato, margine antico et laterali densè setoso, post oculos angulatim producto, setis lateralibus dentes tres-efficientibus; elytris obscuris, cinereo subfasciatis, obovalibus, elongatis, modicè convexis, ultrà medium paululùm ampliatis, singulatim tricastatis (costis setiferis, media abbreviata), novem striis levibus conspicuè punctulatis; antennis, corpore subtus, pedibusque cinereis.* — Long., 5 ; lat. 3 1/3 millim.

Cet insecte est surtout remarquable par son prothorax étroit et par l'agglomération partielle des soies qui, sur le bord antérieur, sont épaisses et sur chaque bord latéral, forment comme trois dentelures.

Environs de Lyon ; probablement sur le mont Pilat.

A. CHEVROL.

135. ACALLES PERAGALLOI. — *Brevis, globosus, fuscus, setis griseis, brevibus, erectis undique suprà tectus; capite convexo, cinereo; rostro subæquali modicè convexo, in canaliculo pectorali projecto usque ad insertionem pedum intermediorum, arcuato, obscuro, crebrè punctato, longitudinaliter strigato; prothorace transverso, anticè angustato, semi-rotundatim emarginato, ad basin recto, lateribus rotundato, supra convexo, punctis excavatis remotis, fovea basali parva lutea; elytris glomeratis, cinereo nigroque confusè fasciatis, striato-punctatis, interstitiis latis convexis, seriatim setosis; pedibus cinereo densè pilosis; segmentis abdominalibus tribus primis connatis, ultimo magno.* — Long., 2 2/3; lat. 2 millim.

Cette espèce est voisine de l'*A. ptinoïdes* Mœrsh (*nocturnus* Sch.), dont elle a tout à fait la forme.

Sa découverte est due à M. Peragallo, inspecteur des contributions indirectes à Nice. J'ai pensé lui être agréable en lui dédiant cet insecte.

A. CHEVROL.

136. ERIRHINUS GLOBICOLLIS. — *Fuscus, indumento, griseo sat densè tectus; rostro rufescente, arcuato, punctulato, tenuisimè carinulato; prothorace transverso, lateribus valdè rotundato, dorso infuscato; elytris sat brevibus, striatis, nebulosis; pedibus rufescentibus, griseo-squamosis.* — Long., 3 millim. sans le rostre.

D'un brun foncé, couvert d'écailles grises, assez serrées par places. Rostre roussâtre, assez grand, arqué, finement ponctué, avec une carène très-fine. Tête maculée de brun au-dessous des yeux. Antennes roussâtres. Corselet presque deux fois aussi large que long, un peu plus étroit au milieu que les élytres; convexe, fortement arrondi sur les côtés, densément et finement granuleux, un peu enfumé sur le disque avec une bande brunâtre, assez vague de chaque côté. Élytres assez courtes, ayant à peine deux fois en longueur la largeur de la base, anguleuses aux épaules, rétrécies à l'extrémité, à stries bien marquées, mais paraissant très-finement ponctuées, comprimées en arrière sur les côtés au-dessous du calus postérieur. Pattes roussâtres, couvertes d'écailles grises.

Trouvée à Béziers, par M. V. Bruck; Marseille. (Coll.-Aubé.)

Cet *Erirhinus*, remarquable par la largeur du corselet, présente le faciès d'un *Tychius* et presque d'un *Bagous*; on peut le ranger près de l'*E. acridulus.*

FAIRM.

137. NANOPHYES BREVICOLLIS. — *Breviter ovatus, convexus, testaceo-ferrugineus, pube brevi pallida adspersus, antennarum basi pedibusque testaceis; rostro longitudine capitis cum thorace, arcuato, basi striolato; thorace subconico, brevi, parcè punctulato; elytris tenuiter punctato-striatis, interstitiis parum convexis ferè lævigatis; pectore abdomineque nigris; femoribus muticis.* — Long., 1 1/3 millim.

D'une forme ovale très-courte et très-convexe; couvert d'une pubescence un peu soyeuse, très-courte, peu serrée, d'un jaunâtre brillant. Tête arrondie, ferrugineuse, obsolètement pointillée; yeux grands, médiocrement saillants, noirs. Rostre aussi long que la tête et le corselet, cylindrique, un peu courbé, d'un rouge ferrugineux, strié jusqu'à l'insertion des antennes, lisse après. Antennes de la longueur de la tête et du rostre ; deuxième article ovalaire, 3e-6e très-petits, arrondis : massue oblongue, brunâtre, formée de trois articles bien détachés, les deux premiers arrondis, légèrement transversaux, le dernier ovalaire acuminé, aussi long que les deux précédents. Corselet beaucoup plus large que long, côtés latéraux très-obliques, base légèrement arrondie, pas plus large que la tête, à son bord antérieur; couvert d'une ponctuation éparse et superficielle. Élytres courtes, très-convexes; épaules saillantes et arrondies, finement ponctuées-striées ; intervalles peu convexes, presque lisses; d'un testacé un peu plus clair que la tête et le corselet. Dessous du corps noir, à ponctuation obsolète et écartée, couvert d'une très-fine pubescence grisâtre peu serrée. Pattes d'un testacé ferrugineux, assez grêles; cuisses mutiques.

Se distingue du *brevis* par sa taille plus petite, sa forme encore plus ronde, sa pubescence plus courte et uniforme, son rostre bien plus court, ses antennes à massue obscure, ses stries moins fortes et ses pattes plus grêles; s'éloigne des variétés pâles du *Lythri* par sa forme arrondie, sa pubescence uniforme et bien plus courte, son corselet très-court, ses élytres à stries plus fines et à surface presque lisse, ainsi que par ses pattes plus grêles.

Trouvé sur le bord de la Seine (Paris).

Ch. Bris.

138. NANOPHYES TETRASTIGMA. — *Pallide testaceus, capite, pectore tarsisque infuscatis. Thorace utrinque confuse ferrugineo maculato Elytris singulis paulo ultra medium lineolis duabus rufo-ferrugineis ornatis. Femoribus unidentatis.* — Long. 3/4 millim.

Cette espèce est de la taille et de la forme du *pallidulus*; sa tête est rembrunie, avec le rostre souvent un peu plus pâle. Le corselet offre de chaque côté au-dessus une petite tache assez vague d'un brun ferrugineux. Les élytres sont ornées chacune de deux petites fascies allongées, d'un roux ferrugineux, et placées un peu au delà du milieu sur les troisième et cinquième intervalles: la suture est souvent aussi un peu ferrugineuse. La poitrine est noirâtre en arrière; l'abdomen et la partie antérieure de la poitrine quelquefois également rembrunies, mais toujours plus pâles. Cuisses armées d'une seule dent. Tarses légèrement rembrunis.

Le *Nanophyes tetrastigma* ne peut se confondre avec le *pallidulus* dont

8

il a la forme et la taille, mais dont il diffère par les taches des élytres et les épines des cuisses, ces organes étant mutiques chez cette dernière espèce. Il se distingue également de la variété à deux taches du *pallidus* Oliv. (*stigmaticus* Kiesenw) par sa taille plus petite ; les taches des élytres plus grandes, allongées et placées un peu plus en arrière. En outre, les cuisses du *pallidus* sont bidentées.

Trouvé sur le *Tamarix gallica* par MM. Alliez et Soumet, de Narbonne.

AUBÉ.

139. CIONUS LONGICOLLIS. — *Fusco-brunneus, inæqualiter cinereo-albido, vel flavescenti pubescens ; rostro validiusculo, rugoso ; elytrorum margine basali latè pectorisque, lateribus densè, subochraceo-pubescentibus ; thorace longiore ; elytrorum interstitiis alternis, parum elevatis, maculis indeterminatis bruneis pallidisque tessellatis, duabus suturalibus rotundis, atro-holosericeis, ochraceo-limbatis.* — Long., 4 à 5 millim.

D'une forme plus allongée que le *thapsus*. Tête arrondie. Yeux oblongs. Rostre un peu plus long que le corselet, légèrement arqué, assez fort, à ponctuation assez forte et rugueuse. Antennes testacées ; troisième article presque aussi long que le deuxième. Corselet un peu plus large que long, médiocrement rétréci en avant, tronqué au sommet, légèrement bisinué à la base ; surface assez densément couverte d'une pubescence assez longue, cendré-blanchâtre ou verdâtre.

Écusson oblong, peu rétréci vers l'extrémité qui est arrondie. Élytres subglobuleuses, coupées un peu obliquement aux épaules, avec un dessin disposé comme chez le *thapsus*, seulement les taches suturales sont plus grandes, et entourées d'un anneau ochracé ; la pubescence est plus dense sur la région suturale et vers les bords latéraux de la base. Dessous du corps à pubescence plus épaisse sur les côtés, et même un peu ochracée vers les bords de la poitrine. Pattes fortes, couvertes d'une pubescence cendrée ; cuisses fortement dentées, d'un noir brunâtre, avec un anneau de pubescence blanchâtre ; tibias et tarses ferrugineux, dernier article des tarses de longueur ordinaire, un peu plus long chez le mâle que chez la femelle.

Très-voisine du *thapsus* ; s'en distingue par sa forme plus allongée, son rostre un peu plus épais, son corselet plus long, à côtés moins obliques, et, par suite, moins rétréci en avant ; les taches suturales de ses élytres plus grandes et entourées d'une pubescence ochracée. S'éloigne de l'*Olivieri* par sa taille plus petite, son rostre plus court, le troisième article de ses antennes moins longs, ses élytres à taches plus nombreuses et moins nettes, et ses taches suturales plus grandes, avec un anneau ochracé.

Cette espèce est commune dans la vallée du Vernet, sur les *Verbascum*. Récolté avec MM. Puton, Marmottan et Lethierry.

Ch. Bris.

140. Cionus Schoenherri (*ungulatus* Sch. IV, 728). — *Sub hemisphæricus, brunneus: thorace macula dilatata in margine elytrorum basali, pectore pedibusque densè flavescenti ochraceoque tomentosis: elytris parcè subpilosis, interstitiis striarum alternis parum elevatioribus, obsolete tenellatis, maculis duabus suturalibus orbiculatis, atro holosericeis et flavescenti limbatis; articulo ultimo tarsorum anticorum in mare reliquis breviore.* — Long. 3 2/3 à 4 millim.

Cette espèce se trouve dans les Pyrénées-Orientales et en Espagne.

M. Aubé a déjà fait remarquer que Schœnherr avait confondu deux espèces distinctes sous le nom d'*ungulatus*. L'une, décrite par Germar, Mag. IV, pag. 302-3, qui se trouve en Dalmatie, présente un caractère très-remarquable dans la longueur du dernier article des tarses antérieurs du mâle. Chez notre espèce, au contraire, le dernier article des tarses antérieurs est beaucoup plus petit. La description de Schœnherr se rapporte évidemment à notre espèce, sauf en ce qui concerne le caractère du mâle. Nous proposons donc de baptiser ce nouveau *Cionus* du nom de *Schœnherri*.

Ch. Bris.

141. Amaurorhinus narbonnensis. — *Ferrugineus, nitidulus, glaber; rostro leviter arcuato, apice leviter dilatato, punctato; antennis brevioribus; thorace fortiter sat densè punctato; elytris ovato-oblongis, seriatim punctulatis.* — Long. 2 1/2 millim.

Tête arrondie, un peu plus étroite que la partie antérieure du corselet, avec une ponctuation extrêmement fine et éparse. Rostre plus court que le corselet, subcylindrique, un peu élargi au sommet, couvert d'une ponctuation bien distincte, peu serrée, un peu plus serrée vers la partie antérieure; Yeux nuls. Antennes à peine plus longues que le rostre, assez grêles, insérées vers le milieu du bec: scape grêle un peu courbé, funicule

de cinq articles: premier, obconique, environ de moitié plus long que
large; deuxième, un peu plus large que long, à peine plus long que le
suivant; 3e-5e transversaux; massue brièvement ovale, de moitié plus large
que l'article précédent; le funicule est un peu plus obscur que le reste de
l'antenne. Corselet subovale, plus long que large, arrondi sur les côtés;
sa plus grande largeur se trouvant après le milieu, plus fortement rétréci
en avant qu'en arrière; couvert d'une ponctuation assez forte et médiocrement serrée, avec un petit espace longitudinal, lisse dans son milieu.
Écusson indistinct. Élytres ovales-oblongues, de moitié plus longues que
le corselet, un peu plus larges que lui dans leur plus grande largeur, à
peine arrondies sur les côtés, rétrécies vers l'extrémité qui est arrondie;
épaules presque rectangulaires, non saillantes; marquées chacune de neuf
séries de points assez petits, et qui deviennent presque obsolètes vers
l'extrémité; intervalles avec une série de points plus petits et plus distants
que ceux des séries principales; le troisième et le dernier intervalle sont
légèrement convexes postérieurement, et se réunissent avant l'extrémité;
toute la surface des élytres paraît légèrement rugueuse par de fines rides
transversales obsolètes. Poitrine et premier segment abdominal assez fortement déprimés, avec une ponctuation assez forte et écartée; dernier
segment de l'abdomen ponctué et un peu rugueux, fortement déprimé.
Pattes fortes; cuisses en massues; tibias de largeur uniforme, terminés à
l'extrémité par un fort crochet.

Très-voisin du *Bonnairii*-Fairm; s'en distingue par sa taille moindre, sa
couleur un peu plus claire, ses antennes plus courtes, à articles du funicule
plus courts, son corselet à ponctuation moins abondante, surtout vers les
côtés, et par ses élytres un peu moins longues, à stries de points moins
profonds, et moins distincts sur les côtés et en arrière.

Trouvé aux environs de Narbonne.

CH. BRIS.

142. PHYTOECIA OBSCURA. — *Elongata, nigro-plumbea; capite
subtiliter sulcato; thorace subquadrato, minus profundè punctato;
elytris profundè punctatis.* — Long. 6 millim.

D'un noir plombé, revêtue d'un duvet cendré obscur, couché et assez
fin; hérissée de poils obscurs assez nombreux, plus longs sur la tête, le
corselet et la partie antérieure des élytres. Tête, avec les yeux, un peu plus
large que le corselet, assez plane, finement sillonnée entre les yeux, marquée de points enfoncés, peu serrés; yeux très-échancrés; palpes et antennes noires, ces dernières de la longueur du corps, filiformes, garnies en

dessous de quelques poils rares. Corselet aussi long que large, distinctement arrondi sur les côtés, tronqué à la base et au sommet : marqué de
points enfoncés, assez gros et peu profonds, médiocrement serrés ; surface
paraissant un peu rugueuse. Ecusson tronqué en arrière, couvert d'un
duvet grisâtre. Elytres un peu plus larges que le corselet, presque parallèles, déprimées longitudinalement sur leur disque, avec une ligne longitudinale élevée, obsolète dans son milieu ; surface couverte de points
enfoncés, assez gros et profonds, médiocrement serrés. Dessous du corps
et pieds finement ruguleux, garnis d'un duvet cendré ; avec de longs poils
blanchâtres sous le corselet à la poitrine, aux hanches et aux cuisses ;
dernier segment de l'abdomen finement sillonné à sa base ; son extrémité
est presque tronquée et ciliée de longs poils gris. Pattes assez courtes ; tibias antérieurs et intermédiaires légèrement courbés : ces derniers obsolètement échancrés extérieurement ; premier article des tarses intermédiaires un peu plus long que les deux suivants réunis.

Voisine de l'uncinata s'en distingue par sa tête sillonnée, son corselet
plus court et plus arrondi latéralement ; s'éloigne de la malybdxna par sa couleur plus obscure, sa tête plus plane, son corselet plus court, ses antennes obsolètement ciliées en dessous, et sa ponctuation moins serrée. Mâle inconnu.

Trouvé à l'île de Porteros (près Hyères), par Delarouzée.

Ch. Bris.

143. AGAPANTHIA PYRENÆA. — *Nigra, subconvexa: antennis pedibusque nigris; thorace subconico: elytris nigro-plumbeis. flavescenti-
pubescentibus.* — Long. 16 à 17 millim.

Corps allongé. Tête noire, couverte de points serrés, creusée entre les
antennes d'un large sillon, revêtue sur la face d'un duvet jaunâtre ; nue
derrière les yeux, avec une bande longitudinale d'un duvet jaune, sur le
vertex. Yeux noirs, très-échancrés. Antennes, plus longues que le corps,
sétacées, garnies en dessous de longs cils noirs, assez abondants sur les
quatre premiers articles et presque nuls sur les derniers ; noires, couvertes d'un duvet cendré, avec l'extrémité de chaque article très-légèrement renflé et d'un noir soyeux ; chez les mâles, l'extrême base des quatre
premiers articles paraît légèrement ferrugineuse, leurs antennes sont
légèrement plus longues que chez la femelle. Corselet un peu plus court
que large, arrondi sur les côtés, distinctement rétréci en avant, couvert
d'une ponctuation serrée, et de longs poils noirs hérissés, comme sur la
tête : orné de trois bandes de duvet jaune, l'une au milieu, les deux

autres sur les côtés. Ecusson transversal, velouté de jaune. Elytres environ de un tiers plus larges que le corselet, près de cinq fois aussi longues que lui, parallèles, rétrécies à l'extrémité, couvertes d'une ponctuation assez forte et serrée, et de longs poils noirs hérissés ; noires, plombées, parsemées de fascicules serrés d'un duvet jaune verdâtre. Dessous du corps couvert d'un duvet jaune verdâtre, parsemé de tâches nues. Pattes assez fortes ; tarses épais, deuxième article des postérieurs à peu près deux fois aussi long que large.

La femelle est un peu plus large que le mâle, et ses antennes sont un peu plus courtes.

Espèce très-voisine de la *Cardui* ; s'en distingue par ses antennes noires peu dissemblables dans les deux sexes, beaucoup plus courtes chez le mâle que celles de la *Cardui* ; elle s'éloigne de l'*angusticollis* par sa taille plus grande, sa forme plus large, ses pattes plus fortes à tarses plus épais, etc.

Trouvé au Canigou, par M. le docteur Marmottan et moi.

CH. BRIS.

144. MOLORCHUS MARMOTTANI. — *Piceus, pubescens; elytris, thorace brevioribus, testaceis; lateribus apiceque brunneis; antennis pedibusque brunneo-ferrugineis, thorace subgloboso.* — Long. 5 1/3 millim.

Tête un peu plus étroite que le corselet, couleur de poix, couverte de gros points enfoncés, rapprochés ; ces points, entre les yeux, sont plus distants ; un large sillon entre les antennes. Yeux noirâtres, très-échancrés. Antennes sétacées atteignant les deux tiers des cuisses postérieures, d'un brun-ferrugineux ; deuxième article, près de trois fois plus petit que le troisième. Corselet couleur de poix, un peu plus long que large, creusé légèrement, près du sommet, et profondément au-dessus de la base, d'un sillon transversal ; arrondi sur les côtés, subitement et fortement rétréci vers sa base ; surface couverte de gros points enfoncés, rapprochés, avec un tubercule allongé brillant et lisse, sur la partie postérieure de sa ligne médiane, et de chaque côté, un peu en avant, avec un calus lisse et brillant. Elytres à peine plus larges que le corselet, mais distinctement plus courte que lui ; épaules saillantes, avec une longue fossette humérale ; arrondies à l'angle extérieur, et plus encore à l'angle sutural ; surface couverte d'assez gros points enfoncés, peu profonds et peu serrés ; d'un brun ferrugineux sur les côtés et vers la partie inférieure, testacées sur la partie du disque rapprochée de la suture. Pieds allongés, grêles, d'un brun ferrugineux ; cuisses rétrécies en un long pédicule à la base, brusquement renflées vers le sommet. Mâle inconnu.

Cette espèce s'éloigne de l'*umbellatorum* par sa taille moindre, son corselet plus court, plus fortement arrondi sur les côtés, et ses élytres beaucoup plus courtes.

Trouvé au Canigou, par M. le docteur Marmottan.

Ch. Bris

115. Dia Saportæ. — *Breviter ovata, anticè vix attenuata, convexa, virescenti-aurea, sat densè pubescens; ore, pedibus antennisque rufo-testaceis, his apice infuscatis; capite, prothoraceque sat densè punctatis; scutello suborbiculari, lævigato aut vix punctato: elytris basi haud sensim angustatis, humeris subrectis, callo præminente polito, intùs obsolete impresso, minus densè et fortiter punctatis, subtilissimè coriaceis.* — Long. 2 à 3 millim.

Courte, à peine ovalaire, convexe, d'un vert clair ou d'un doré-verdâtre, à pubescence blanchâtre, couchée, assez longue et modérément serrée; bouche, antennes et pattes d'un roux testacé; extrémité des antennes et tarses rembrunis; ordinairement à la partie moyenne externe des cuisses, une tache brune mal limitée à reflet verdâtre métallique. Tête large, à ponctuation assez serrée, ayant une forte impression entre les yeux. Corselet rétréci presque également en avant et en arrière, arrondi sur les côtés, plus étroit que les élytres, à ponctuation profonde et assez serrée. Écusson presque orbiculaire, lisse ou à peine ponctué à la base. Élytres courtes, à peine rétrécies en avant, anguleuses aux épaules avec un calus lisse, brillant, tuberculiforme, ayant en dedans une dépression légère et couverte, dans les intervalles des points qui sont moins serrés et moins profonds que ceux du corselet, de très-fines aspérités qui les font paraître, à un fort grossissement, comme légèrement chagrinées.

J'ai pris un certain nombre d'individus de cette espèce à Aix en Provence, sur les bords de la rivière d'Arc, vers la fin de juin.

Je me fais un véritable plaisir de la dédier à M. le marquis de Saporta, qui a si généreusement enrichi ma collection en mettant à ma disposition une partie des trésors entomologiques laissés par Boyer de Fonscolombe.

J'ai voulu que ma première description fût un acte de reconnaissance

A. Gren.

146. TIMARCHA SEMI-POLITA. —*Simillima* T. tenebricosæ *L., sed
distincta capite prothoraceque politis. Capite crebrè punctato, medio
depresso, impressione anticè angulata, linea frontali tenui; antennis
pilosis, punctatis, nigris, cyaneo tinctis; prothorace ut in* tenebricosa *sed acutius puncticulato, punctulis evidentioribus regulariter
dispositis, sulco marginis magis impresso et angulis posticis acicu-
latis; scutello triangulari, levi. Elytris ovalibus, nigro-opacis, regulariter punctulatis, pectore punctulato, punctis abdominalibus in
femina rimosis. Pedibus nitidis; femoribus nigris vix punctatis;
tibiis cyaneo-violaceis, ad apicem crebrè punctatis; tarsis nigris,
subtùs luteis, anticis in mare ampliùs dilatatis.* Long. 15 à 17 1/2,
millim. Latit. 7 1/2 à 10 millim.

Cette espèce a la même forme que la *tenebricosa* dont elle se distingue
par sa tête et son prothorax très-luisants; ce dernier offre un pointillé
plus net et plus régulièrement espacé; le faible sillon qui l'entoure est
mieux marqué, et l'angle postérieur est aigu et plus adhérent en dessous;
la tranche humérale des étuis, à leur début, est un peu plus saillante et
sinuée un peu plus haut.

Cette espèce a été trouvée par M. Peragallo sur les montagnes près de
Nice.

A. CHEVROL.

147. CHRYSOMELA PELAGICA. —*Statura* scribrosæ *Germ. sed affinis*
cœruleæ *Duft.; hemisphærica subopaca, subtùs cyanescens, tota punctulata; capite angulosè impresso, linea tenui abbreviata; antennis vio-
laceis, ad apicem incrassatis; prothorace transverso, semi arcuatim
emarginato, posticè latè arcuato, leviter sulcato: lateribus, anterius
modicè angustatis et rotundatis, posterius fortiter incrassatis et intus
breviter impressis. Scutello subtriangulari impunctato. Elytris conjunctim rotundatis, crebrè punctulatis; punctis dorsalibus paululùm
rimosis, serie marginali punctorum medio interrupta; epipleuris
planis levibus, transversè plicatis. Pedibus nitidis cyaneis, remotè
punctatis: tibiis extùs uni-sulcatis; tarsis subtùs cinereis spongiosis.*
— Long., 10 1/2, lat.. 8 millim.

Cette espèce a la taille de la *cribrosa*, et doit être placée près de la *cœrulea*.

On la rencontre dans la saison d'hiver aux environs de Nice, sur les bords de la mer ; elle m'a été donnée par M. Peragallo.

A. Chevrol.

148. Orestia Pandellei. — *Ovata, convexa, castanea, nitidissima; oculis nigris; prothorace postice impresso ; impressione utrinque profunda sed transversim parum distincta ; elytra punctis ordinatis notata ad apicem evanescentibus.* — Long. 1 4/5 millim., larg. 1 1/4.

Cette espèce a la même conformation que l'*Or. Leprieuri*; mais elle est plus que de moitié moins grosse et d'une couleur uniforme d'un brun d'acajou, sauf les antennes qui sont testacées ; elle est parfaitement lisse et n'a d'autre ponctuation que celle des élytres. La tête est inclinée, petite, enfoncée dans le corselet; elle est creusée transversalement entre la base des deux antennes d'un sillon profond au-dessus duquel sont deux gibbosités arrondies et peu marquées ; sa partie antérieure est élevée en carène obtuse. Les antennes sont moins longues que la moitié du corps ; l'article basilaire est trois fois long comme le suivant; le troisième est le plus petit; les autres, très-pubescents, sont courts, obconiques et s'épaississent jusqu'à l'extrémité. Le corselet est transversal, échancré en avant, arrondi à la base, très-convexe, ses côtés sont obliques, rebordés ; l'inclinaison des angles antérieurs le fait paraître plus large à la base, quand on le regarde en dessus ; il s'avance un peu dans une échancrure des élytres en se déprimant bien distinctement vers deux petites stries longitudinales et courtes, placées de chaque côté de sa base, en un point correspondant à peu près au tiers externe de la base de chaque élytre ; entre ces deux limites, la dépression n'est pas sensible. L'écusson est triangulaire, lisse. Les élytres sont à peine plus larges que le corselet à la base ; elles sont obliquement arrondies aux épaules, s'élargissent fortement ensuite, puis se rétrécissent peu après le milieu et se terminent en pointe; elles sont très-gibbeuses, très-convexes et ont des lignes longitudinales de points fins, régulièrement disposés, qui disparaissent vers l'extrémité. Le dessous est lisse et brillant comme le dessus; le dernier segment abdominal, beaucoup plus long que les autres, est marqué chez les mâles dans son milieu d'une forte impression au fond de laquelle est une ligne noire. Les pattes sont d'un brun testacé; les cuisses postérieures sont plus longues que les antérieures et très-faiblement épaissies.

Trouvé auprès de Cauterets.

Nous devons cette remarquable espèce, précieuse conquête pour la faune française, aux recherches si persistantes et si intelligemment faites de notre savant ami M. Pandellé, auquel nous l'avons dédiée.

ALLARD.

149. SCYMNUS BINOTATUS. — *Breviter ovatus, pubescens, capite, thorace, elytrorumque magna plaga triangulari, rufo-ferrugineis; antennis pedibusque ferrugineo-testaceis; elytris flavo-testaceis discoïdali macula parva transversali, pone medium notatis; pectore abdominisque nigris.* — Long. 1 3/4 millim. environ.

D'une forme ovale assez courte; assez densément couvert d'une pubescence pas très-courte, d'un gris blanchâtre. Tête transversale, à ponctuation fine, mais pas très-serrée. Yeux noirs. Palpes et antennes d'un testacé ferrugineux. Corselet transversal, plus de deux fois plus large que long, rebordé sur les côtés, très-finement au bord postérieur; légèrement arrondi latéralement, assez fortement rétréci en avant; surface convexe, couverte d'une ponctuation fine et assez serrée. Écusson triangulaire, ferrugineux. Élytres plus de trois fois plus longues que le corselet et plus larges que lui à leur base, élargies sur les côtés, leur plus grande largeur avant le milieu, arrondies ensemble à l'extrémité; épaules avec un calus assez saillant; surface assez convexe, couverte d'une ponctuation fine et assez serrée, mêlée de quelques points plus forts; d'un jaune testacé, avec une grande tache triangulaire ferrugineuse à leur base, partant des épaules et aboutissant environ au quart de la suture : elle se prolonge étroitement le long de cette dernière, souvent jusqu'à l'extrémité; les côtés latéraux sont aussi quelquefois plus ou moins ferrugineux; après le milieu, à quelque distance de la suture, on remarque une petite tache transversale, noire. Dessous du corps ferrugineux, avec la poitrine et la base de l'abdomen noirâtres, couvert d'une ponctuation fine et serrée, et revêtu d'une pubescence grisâtre assez courte et assez serrée; plaques abdominales incomplètes, légèrement courbées, atteignant à plus des deux tiers du premier arceau ventral; le point où s'oblitère la plaque abdominale se trouve près du bord extérieur de l'abdomen.

Cette petite espèce a été prise à Béziers, sur les Cyprès, par M. Peilet.

Son dessin la fera facilement reconnaître, ainsi que la forme de ses plaques abdominales.

CH. BRIS.

150. SCYMNUS TIBIALIS. — *Ovalis, pubescens, niger-nitidus; an-*
tennis, palpis, tibiis tarsisque testaceis; laminis abdominalibus inte-
gris, posticè rotundatis. — Long. 1 2/3 à 1/4 millim.

D'une forme ovale, médiocrement convexe; couvert d'une pubescence
d'un gris blanchâtre, mi-redressé, assez courte et peu serrée. Tête subcarrée, avec une faible impression longitudinale de chaque côté près des
yeux; couverte d'une ponctuation excessivement fine et écartée. Bouche,
palpes et antennes, testacés. Corselet transversal, à son bord antérieur
plus large que la tête avec les yeux, élargi d'avant en arrière, en ligne légèrement courbe; angles postérieurs un peu obtus, bord postérieur en arc;
noir avec le bord antérieur légèrement brunâtre; couvert d'une ponctuation fine et peu serrée. Élytres arrondies sur les côtés et à l'extrémité, plus
larges que le corselet, environ trois fois plus longues que lui; épaules
avec un calus saillant bien distinct, couvertes d'une ponctuation assez
forte et un peu écartée. Dessous du corps noir, avec le bord postérieur des segments abdominaux, très-étroitement, et le dernier entièrement brunâtre. Métasternum couvert d'une ponctuation assez forte et de
quelques rides sur la partie antérieure de son disque, presque lisse postérieurement. Plaques abdominales complètes, prolongées jusqu'aux deux tiers
de la longueur de l'arceau; couvertes vers leur base d'une ponctuation
moins distincte que celle du premier arceau ventral; lisses vers leur partie postérieure. Pattes d'un ferrugineux testacé, avec les cuisses plus ou
moins noirâtres: celles-ci en ellipse allongée.

Voisin du *capitatus*; s'en distingue par sa taille moindre, sa forme plus
étroite, sa tête noire, son corselet moins saillant au devant de l'écusson,
son métasternum moins fortement ponctué, et ses plaques abdominales
moins prolongées sur le premier arceau, plus arrondies à leur côté externe,
et à ponctuation beaucoup moins forte.

Hautes-Pyrénées, M. Pandellé, sur les Sapins.

CH. BRIS.

151. SCYMNUS RUFIPES. — *Breviter ovatus, pubescens, niger, nitidu-*
lus; capite, antennis, palpis pedibusque, rufo-ferrugineis; laminis
abdominalibus integris, posticè rotundatis. Long. 1 3/4 environ.

D'une forme ovale, assez courte et assez large, médiocrement convexe;
couvert d'une pubescence grise, courte et assez serrée, mi-redressée. Tête

transversale, d'un ferrugineux obscur, couverte d'une ponctuation très-
fine et écartée. Bouche, palpes et antennes testacés. Corselet transversal,
à son bord antérieur un peu plus large que la tête avec les yeux, élargi
d'avant en arrière en ligne légèrement courbe, angles postérieurs obtus,
bord postérieur en arc; noir avec le bord antérieur d'un brun ferrugineux;
couvert d'une ponctuation fine et assez serrée. Élytres moins de trois fois
aussi longues que le corselet, un peu plus longues que larges, arrondies
sur les côtés et à l'extrémité; épaules avec un calus huméral distinct, couvertes d'une ponctuation assez forte et assez serrée ; sur la partie antérieure
du disque avec quelques vestiges d'impressions longitudinales en forme de
stries, et vers les trois quarts postérieurs de chaque élytre, on remarque
sur le disque une transparence rougeâtre. Dessous du corps noir avec le
bord du dernier segment abdominal ferrugineux. Plaques abdominales
complètes, larges, arrondies postérieurement, prolongées presque jusqu'au
bord postérieur du premier arceau ventral, et atteignant par la partie basilaire de leur bord externe le côté latéral de l'abdomen ; couvertes d'une
ponctuation un peu plus forte, mais moins serrée que celle des bords latéraux du premier arceau ventral. Pattes d'un rouge ferrugineux ; cuisses
en ellipse un peu allongée.

Voisin du *capitatus* femelle ; s'en distingue par sa taille un peu moindre,
sa forme moins large, son aspect moins brillant, sa ponctuation plus serrée et moins forte, son calus huméral moins saillant, ses pattes rouges et
ses plaques abdominales plus larges, arrondies au côté externe.

Trouvé à La Nouvelle, près de Narbonne.

CH. BRIS,

152. SCYMNUS ATRICAPILLUS. — *Ovalis, parcè pubescens, ferrugi-
neo-testaceus ; capite, suturæ medio, pectore abdominisque basi, nigricantibus ; laminis abdominalibus integris.* — Long. 1 1/3 millim.

D'une forme ovale, assez large, couvert d'une pubescence blanchâtre,
brillante, mi-redressée, courte et peu serrée. Tête subcarrée, noirâtre, à
ponctuation extrêmement fine et écartée. Bouche, palpes et antennes testacés. Corselet transversal, plus large que la tête à son bord antérieur, fortement élargi d'avant en arrière, en ligne à peu près droite ; angles postérieurs presque droits, bord postérieur dirigé en arrière en angle très-ouvert,
ou en arc; ferrugineux avec le milieu du disque, un peu plus obscur; couvert d'une ponctuation extrêmement fine et peu serrée. Élytres plus larges
que le corselet, convexes, plus de trois fois plus longues que le corselet,

un peu obtusément arrondies à l'extrémité, ferrugineuses avec la suture plus ou moins noirâtre dans sa partie médiaire ; couvertes d'une ponctuation assez forte et un peu écartée ; épaules avec un calus distinct. Dessous du corps noirâtre, avec le dessous du corselet et l'extrémité de l'abdomen d'un rouge ferrugineux. Plaques abdominales complètes, prolongées un peu au delà des deux tiers de la longueur de l'arceau, arrondies, et atteignant par la partie basilaire de leur bord externe un peu au delà des hanches postérieures ; couvertes d'une ponctuation plus forte que celle du premier segment abdominal, sans ponctuation vers sa partie postérieure. Pattes ferrugineuses ; cuisses en ellipse allongée.

De la forme du *fulvicollis* ; s'en distingue par sa couleur, ses élytres plus larges, sa ponctuation moins forte, moins profonde, un peu plus serrée et ses plaques abdominales un peu plus prolongées sur le premier arceau ventral.

Trouvé à Béziers.

CH. BRIS.

SUPPLÉMENT

153. — (1. A.) Leistus pyrenæus. — *Nigro-piceus, suprà cyanes-cens, antennarum basi, ore, thoracis margine laterali, femoribus tibiisque magis minusve piceo-rufis, antennis, tarsisque rufis, thorace subcordato, coleopteris elongato-ovatis, basin versùs sensim attenuatis.* — Long. 8 millim.

Cet insecte a presque tout à fait le facies du *L. piceus*, mais il est un peu plus petit et plus étroit, le prothorax, dont les côtés sont plus largement marginés, est moins rétréci en arrière, et les élytres sont plus fortement ponctuées-striées. Tête subréticulée près de l'insertion des antennes. Prothorax transverse, fortement arrondi sur les côtés, très-rétréci vers la base, avec les angles postérieurs droits légèrement relevés, creusé en dessus d'une ligne longitudinale, médiane, ponctué à la base et au sommet, avec ses bords latéraux élevés et ponctués d'une manière tout à fait semblable à celle du *L. nitidus*. Elytres oblongues, trois fois plus longues que le prothorax, sensiblement un peu plus étroites vers la base, plus larges après le milieu et moins subtilement ponctuées-striées.

Un mâle et une femelle de cette jolie nouvelle espèce se trouvaient parmi une récolte de Coléoptères faite par M. Nau sur le Canigou (1862), quelque temps avant l'excursion annuelle des membres de la Société entomologique de France, que j'avais le plaisir d'accompagner.

G. Kraatz.

154. — (9. A.) Hydroporus Ypsilon. — *Oblongo ovalis, an-gustatus, niger, nitidus, parce pubescens; palpis, antennarum basi, thoracis lateribus, elytrorum maculis (apicali in forma ɔ) epipleu-ris, pedibusque testaceo flavis.*—Long. 2 millim. (7/8 Linn.) Lat. 7/8 millim. (2/3 Lin.)

Ovale-oblong, étroit, d'un noir brillant, avec une tomentosité grise peu dense. Tête large, transverse, couverte de points enfoncés, peu serrés ; organes de la bouche et les quatre premiers articles des antennes testacés. Corselet un peu plus large que la tête, deux fois et demi plus large que long, à peine rétréci en avant, légèrement arrondi sur les côtés, très-fine-ment ponctué à points espacés avec un sillon ponctué bien marqué le long du bord antérieur : quelques strioles longitudinales obsolètes au bord pos-térieur et une petite strie de chaque côté limitant la coloration jaune qui le borde. Elytres de la largeur du corselet à leur base, un peu élargies au milieu, arrondies et un peu acuminées à leur point de jonction à l'extré-mité, finement ponctuées, à points peu serrés, avec quelques points plus gros espacés çà et là ; elles ont chacune trois taches basilaires jaunâtres : la première plus petite, oblongue, près de l'écusson, la deuxième linéaire au milieu, la troisième ovale sub-humérale, rejoignant le bord d'où elle descend presque à l'extrémité; on remarque une quatrième tache au delà du milieu près du bord latéral en forme de Y. Epipleures ferrugineuses. En dessous la poitrine assez fortement ponctuée; l'abdomen coriacé; les petites ferrugineuses.

Des Cévennes et des montagnes du département de la Drôme.

Cette espèce très-voisine de *Hydr. varius* Aubé, en diffère par sa taille, moitié plus petite, par sa forme plus allongée, par sa ponctuation propor-tionnellement plus marquée et par la disposition des taches de ses élytres.

Reiche.

155.—(9. B.) Limnebius gyrinioïdes. Raymond in litt. *Exiguus, ovalis, nigro-piceus; thorace ferrugineo; pedibus testaceis. Ely-tris pubescentibus, antice sparsim, postice densiùs punctulatis.* — Long. 1/2 millim.

Très-petit, ovale, un peu allongé, plus étroit en arrière. Tête noirâtre, assez brillante, avec les antennes, la bouche et les palpes testacés. Corselet d'un brun ferrugineux, plus clair sur les côtés, lisse, brillant, deux fois aussi large que long, plus étroit en avant où il est aussi large que la tête. Écusson assez grand, lisse. Élytres ovalaires, tronquées en arrière, moins de deux fois aussi longues que larges, entièrement couvertes d'une ponctuation bien visible, surtout en arrière où elle est un peu plus forte et plus serrée ; de chacun des points sort une petite soie très-fine, assez longue et couchée. Extrémité du corps dépassant l'abdomen et terminée par deux petites soies raides en dessous. La tête et le corselet sont testacés ; la poitrine et l'abdomen noirâtres : ce dernier un peu ferrugineux à son extrémité. Pattes testacées.

Il se distingue facilement de l'*atomus*, seule espèce avec laquelle il soit possible de le confondre, par sa taille moitié plus petite et principalement par la ponctuation des élytres qui est très-sensible surtout en arrière.

J'ai reçu cet insecte de M. Raymond sous le nom que je lui ai conservé ; il a été pris aux environs de Fréjus. J'en possédais déjà un exemplaire provenant de l'Asie Mineure.

Ch. Aubé.

156. — (51. A). Stenus Fauvelii. — *Nigro-subœneus, nitidulus, densè sat fortiter punctatus, parcè albido-pubescens ; antennis medio, palpis basi femoribusque testaceis, his apice piceis ; abdomine sat crebrè, basi fortius punctato.* Long. 3 1/3 à 3 3/4 millim.

D'un noir plombé légèrement bronzé, médiocrement brillant. Tête un peu plus étroite que le corselet, avec deux sillons assez larges, mais bien distincts, séparés par un espace, légèrement relevé en forme de carène ; surface couverte d'une ponctuation serrée et assez forte, avec une petite ligne lisse longitudinale dans son milieu. Antennes deux fois plus longues que la tête, testacées, avec la massue et le premier article en dessus d'un brun noirâtre ; troisième article un peu plus d'un tiers plus long que le quatrième. Palpes testacés, avec le dernier article d'un brun de poix. Corselet un peu plus large que long, arrondi sur les côtés ; sa plus grande largeur se trouvant avant le milieu, un peu plus fortement rétréci à la base qu'au sommet, avec un sillon longitudinal dans son milieu, et deux légères impressions obliques, situées l'une près des angles postérieurs, et l'autre vers le milieu des côtés ; surface couverte d'une ponctuation serrée et assez forte. Élytres un peu plus larges que le corselet, près de moitié plus longues que lui, avec trois dépressions longitudinales situées : la première sur la suture, la deuxième aux épaules, et la troisième près des angles postérieurs. On remarque en outre de plus légères dépressions transversales, un peu obliques, placées vers le milieu et avant l'extrémité; surface à ponctuation un peu plus grosse que celle du corselet. Abdomen un peu plus étroit que les élytres, fortement rétréci vers l'extrémité, rebordé sur les côtés; surface couverte d'une ponctuation assez serrée, assez forte sur les premiers segments, et assez fine sur les derniers. Poitrine à ponctuation assez forte et peu serrée. Pattes testacées, avec le sommet des quatre cuisses antérieures et la base des postérieures brunâtres; tarses allongés, premier article aussi long que les deux suivants réunis.

Mâle. Sixième segment abdominal triangulairement échancré à son extrémité. — Femelle. Cette extrémité arrondie.

Cette espèce se distingue de l'*impressus* et du *subœneus* par son aspect moins bronzé et moins brillant; elle s'éloigne du premier par la coloration de ses palpes et de ses antennes, le troisième article de celles-ci moins allongé, son corselet à ponctuation plus uniformément serrée, ses élytres plus longues, son abdomen plus fortement rétréci, et ses pattes moins claires; elle se distingue du second par sa taille moindre, la coloration plus claire de ses antennes et de ses pattes, et par sa ponctuation moins forte et moins profonde.

Trouvé à la Marsanne, près Collioure, sous les feuilles, en compagnie du *subœneus*. Pris aussi à Bordeaux.

Ch. Bris.

157. — (134. A). STYPHLUS (ORTHOCHÆTES) INSIGNIS. — *Supra rufo ferrugineus, infra piceus, elytris pallidioribus; his singulis macula arcuata nigro-decoratis.* — Long. ? 1/2 millim.

Tête ferrugineuse, couverte de points enfoncés assez forts qui la font paraître rugueuse. Rostre noirâtre, ferrugineux à la base, profondément marqué de deux sillons longitudinaux. Antennes ferrugineuses. Corselet ferrugineux, un peu plus long que large, à peine dilaté au milieu, presque cylindrique, très-peu convexe en dessus; il est couvert de points enfoncés, très-forts, très-serrés, plus ou moins confluents, et présente aussi quelques poils roides assez rares. Élytres plus pâles que la tête et le corselet, assez régulièrement ovalaires, environ trois fois aussi longues que le corselet, marquées de stries profondes et fortement ponctuées; les intervalles alternativement relevés en carènes, dont les deuxième et sixième réunis en arrière; elles sont ornées chacune, un peu au delà du milieu, d'une tache très-noire, demi-circulaire, bien isolée, et dont la concavité est dirigée en dedans; ces taches représentent assez exactement deux C majuscules, dont l'un est retourné. Dessous du corps d'un brun noirâtre. Pattes testacées.

9

Cet insecte remarquable m'a été communiqué par M. Allard, comme ayant été pris sur la plage sablonneuse de Camaret, aux environs de Brest.

Ch. Aubé.

158. — (141. A). Raymondia Marqueti. — *Rufo picea, elongata. Thorace remote fortiter punctato. Elytris striato-punctatis, striis postice evanescentibus, interstitio septimo ad apicem valde carinato. Tibiis fortius triangulariter externe dilatatis. in dente productis.* Long. 2 millim. 1/2.

Assez allongée et d'un brun de poix brillant. Tête rougeâtre, assez brillante et légèrement ponctuée sur le front; le rostre assez fort. un peu plus foncé que la tête, marquée de quelques lignes vagues de très-petits points et d'une très-légère carène au milieu. Antennes testacées. Corselet assez régulièrement ovalaire, tronqué en avant et en arrière; il est couvert de très-forts points enfoncés très-espacés, et offre sur son disque une ligne longitudinale lisse et à peine saillante. Élytres ovalaires, allongées, deux fois et demie aussi longues que le corselet, couvertes de stries de très-gros points beaucoup plus petits sur les côtés, et qui tendent à disparaître en arrière; le septième intervalle, à partir de sa moitié postérieure, relevé en carène d'autant plus saillante qu'elle s'approche davantage de l'extrémité où elle est très-élevée, très-mince et forme une bordure assez tranchante. Le dessous du corps un peu plus pâle, avec la poitrine et le premier segment abdominal très-grand et très-saillant couverts de gros points enfoncés, très-écartés ; les derniers segments très-courts et déprimés. Pattes testacées; tibias fortement et triangulairement dilatés en dehors, avec une large échancrure en avant de la dilatation et lui donnant l'apparence d'une forte dent ; l'échancrure est garnie de petits poils en brosse.

Cette espèce ressemble à la *R. fossor*, dont elle diffère cependant essentiellement par sa taille plus grande, sa couleur plus foncée, la disposition du septième intervalle des élytres, qui est relevé en carène étroite en arrière, et par les tibias, qui offrent en dehors plutôt une forte dent qu'une dilatation triangulaire.

Cette espèce, dont j'ai vu deux exemplaires, a été prise en janvier dernier, par M. Marquet, aux environs de Toulouse, sous des couches d'argile formant les talus de la Garonne.

Ch. Aubé.

REMARQUES

Notre catalogue était déjà imprimé quand nous avons eu connaissance des quelques modifications suivantes :

Les *Adelops depressus, grandis* et *meridionalis* ne sont que des *Adelops Schiodtei*, d'après les observations de M. Félicien de Saulcy.

Deux années de suite, on a retrouvé dans les Pyrénées-Orientales un certain nombre de *Machærites Mariæ*, Jacquelin Duval, et l'on a reconnu que chez cette espèce l'absence d'yeux n'était pas constante. Partant de là, M. Félicien de Saulcy a créé un genre nouveau *(Linderia)*. Nous n'avons pas osé l'adopter en réfléchissant que cette particularité n'était pas suffisante, que d'ailleurs dans les *Anophthalmus* il existait déjà une espèce : le *Milleri*, dont quelques individus avaient présenté un rudiment d'yeux.

La conséquence de ces divers faits doit nécessairement amener à ne pouvoir regarder d'une manière absolue l'absence de cet organe comme caractère générique.

D'après des observations présentées par M. Reiche, relativement au Catalogue des Coléoptères d'Europe, publié à Berlin en 1862, par M. le docteur Schaum (*Ann. Soc. Ent. Fr.* 1863). 1° Le *Carabus purpurascens* Fabr. doit être regardé comme formant une espèce distincte du *violaceus* Linné, et le *fulgens* ne serait qu'une variété du premier ; 2° le *Brachinus atricornis* Fairm. Lab. doit porter le nom d'*obscuricornis* Brullé : cette dernière dénomination ayant l'antériorité ; 3° le *Dromius testaceus* Er. n'est pas une variété, mais une espèce distincte du *meridionalis* Dej.; 4° l'*Amblystomus Raymondi* Gaut. serait la variété *minor* du *metallescens* Dej.; 5° le *Cardiomera Bonvouloirii* Schaum a été décrit antérieurement par Rossi sous le nom de *Genei*, qui doit être adopté ; 6° le *Lampyris mauritanica* L. ne se trouverait pas en Europe ; 7° au *Lampyris Reichii*, J. de Val, ajouter en synonymie : *mauritanica* Oliv. (ex parte) ; 8° le *Malachius ovalis* Cast. (*cyanipennis* Er.) entre dans le genre *Cyrtosus* Motschusky ; 9° les *Dasytes quadripustulatus* et *bipustulatus* Fabr. ne constitueraient qu'une seule et même espèce.

TABLE DES MATÉRIAUX

POUR SERVIR A LA FAUNE FRANÇAISE

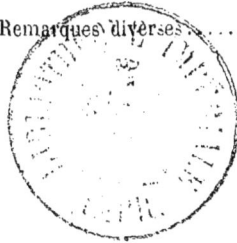

FIN

IMPRIMERIE DE L. TOINON ET Cᵉ, A SAINT-GERMAIN.

www.ingramcontent.com/pod-product-compliance
Lightning Source LLC
Chambersburg PA
CBHW071700200326
41519CB00012BA/2581